本书先后得到国家自然科学基金项目（52009033；52006053；5 [illegible]
科学基金项目（BK20200509；BK20200508）和中国博士后科学基金项目（2022T150185;
2022M711021; 2021M690876）的资助与支持。

低扬程与低水头
水力机械瞬态过程水力特性

阚 阚　陈会向 ◎ 著

DIYANGCHENG
DISHUITOU

河海大學出版社
HOHAI UNIVERSITY PRESS
· 南京 ·

图书在版编目(CIP)数据

低扬程与低水头水力机械瞬态过程水力特性 / 阚阚，陈会向著. -- 南京 ：河海大学出版社，2023.12

ISBN 978-7-5630-8562-0

Ⅰ. ①低… Ⅱ. ①阚… ②陈… Ⅲ. ①水力机械—水力学 Ⅳ. ①TV136

中国国家版本馆CIP数据核字(2023)第236764号

书　　名	低扬程与低水头水力机械瞬态过程水力特性
书　　号	ISBN 978-7-5630-8562-0
责任编辑	周　贤
特约校对	吴媛媛
封面设计	张育智　周彦余
出版发行	河海大学出版社
地　　址	南京市西康路1号(邮编:210098)
电　　话	(025)83737852(总编室) (025)83722833(营销部)
经　　销	江苏省新华发行集团有限公司
排　　版	南京布克文化发展有限公司
印　　刷	广东虎彩云印刷有限公司
开　　本	787毫米×1092毫米　1/16
印　　张	12.75
字　　数	298千字
版　　次	2023年12月第1版
印　　次	2023年12月第1次印刷
定　　价	96.00元

目录

Contents

上篇

第 1 章　绪论 …… 002
1.1　研究背景及意义 …… 002
1.2　研究进展 …… 004
1.2.1　流固耦合研究进展 …… 004
1.2.2　过渡过程研究进展 …… 007
1.2.3　浸入边界法研究进展 …… 010
1.3　研究问题的提出 …… 011
1.4　主要研究内容 …… 012
1.5　主要创新点 …… 012
1.6　研究成果概要 …… 013

第 2 章　贯流泵瞬态流动特性数值计算方法 …… 014
2.1　概述 …… 014
2.2　计算流体动力学基本理论 …… 014
2.3　流固耦合基本理论 …… 018
2.3.1　弹性固体的有限元理论 …… 018
2.3.2　流固耦合计算实现方法 …… 019
2.4　启动三维过渡过程基本理论 …… 019
2.4.1　转矩平衡方程 …… 019
2.4.2　启动过程数值模拟方法 …… 021
2.5　自开发求解器基本算法 …… 023
2.5.1　无量纲形式下的流体控制方程 …… 023
2.5.2　离散与数值格式 …… 024
2.6　小结 …… 025

第 3 章　贯流泵叶轮叶片流固耦合结构响应研究 …… 026
3.1　概述 …… 026
3.2　物理模型及参数 …… 026
3.3　数值计算设定 …… 027
3.4　流场试验对比分析 …… 030

3.5 主要计算成果 …… 031
3.5.1 叶轮叶片应力分布 …… 031
3.5.2 监测点应力特性 …… 032
3.6 应力改善与分析 …… 036
3.6.1 结构改善模型 …… 036
3.6.2 改善结果分析 …… 037
3.7 贯流泵叶片应力测试试验方案设计与结果分析 …… 038
3.7.1 应力测量理论 …… 038
3.7.2 关键技术 …… 039
3.7.3 试验对比分析 …… 040
3.7.4 结果及误差分析 …… 041
3.8 小结 …… 041

第 4 章 贯流泵全过流系统启动过渡过程研究 …… 043
4.1 概述 …… 043
4.2 物理模型及参数 …… 043
4.3 数值计算设定 …… 043
4.4 主要计算成果 …… 045
4.4.1 外特性参数变化规律 …… 045
4.4.2 泵段流场特性 …… 047
4.4.3 叶轮段流场特性 …… 051
4.4.4 流道及闸门处流场特性 …… 053
4.4.5 监测点压力脉动特性 …… 056
4.5 小结 …… 059

第 5 章 基于浸入边界法的贯流泵非定常流动研究 …… 060
5.1 概述 …… 060
5.2 浸入边界法介绍 …… 060
5.3 基于浸入边界的壁模型 …… 062
5.4 任意复杂结构的流固交界面捕捉算法 …… 063
5.5 运动物体的流固交界面追踪算法 …… 065
5.6 算例验证法 …… 066
5.7 贯流泵算例 …… 072
5.7.1 算例设置 …… 072
5.7.2 结果验证 …… 074
5.7.3 一阶统计量分析 …… 075
5.7.4 湍动能分析 …… 077
5.7.5 导叶与叶轮处流动结构分析 …… 082
5.8 小结 …… 083

第 6 章 总结与展望 …… 084

6.1 研究总结 …… 084
6.2 展望 …… 086

参考文献 …… 087

下篇

第 1 章 绪论 …… 098
1.1 研究意义及背景 …… 098
1.2 灯泡贯流式水轮机的发展与研究 …… 101
1.3 水力机械过渡过程研究进展 …… 103
1.3.1 研究方法进展 …… 103
1.3.2 过渡过程数值解法研究进展 …… 106
1.3.3 过渡过程试验研究进展 …… 110
1.4 研究问题的提出 …… 111
1.5 主要研究内容 …… 111
1.6 主要创新点 …… 112
1.7 研究成果概要 …… 113

第 2 章 贯流式水轮机瞬态流动特性数值计算方法 …… 114
2.1 概述 …… 114
2.2 基本理论 …… 114
2.2.1 基本方程 …… 114
2.2.2 湍流模型和壁面函数 …… 115
2.2.3 数值离散和求解方法 …… 119
2.3 边界条件 …… 120
2.4 动网格技术 …… 121
2.4.1 动网格理论 …… 121
2.4.2 网格运动 ALE 方程 …… 122
2.5 三维过渡过程控制理论 …… 123
2.5.1 水轮机过渡过程算法实现 …… 123
2.5.2 水轮机导叶和桨叶控制方法 …… 124
2.6 小结 …… 126

第 3 章 贯流式水轮机动态过程模型试验 …… 127
3.1 水轮机模型试验相似准则 …… 127
3.2 水轮机模型试验装置及测量设备 …… 130
3.2.1 模型试验装置及控制操作系统 …… 130
3.2.2 各参数的测量 …… 133
3.2.3 微机测控装置 …… 133
3.3 水轮机模型试验结果与分析 …… 134

3.3.1 稳态特性 …… 134
3.3.2 动态特性 …… 137
3.4 小结 …… 143

第 4 章 贯流式水轮机过渡过程数值模拟 …… 144
4.1 概述 …… 144
4.2 物理模型及参数 …… 144
4.3 数值计算设定 …… 145
4.3.1 网格技术 …… 145
4.3.2 计算无关性验证 …… 146
4.3.3 数值格式及边界条件 …… 147
4.4 甩负荷过渡过程主要计算成果 …… 148
4.4.1 计算验证 …… 148
4.4.2 外特性参数变化规律 …… 149
4.4.3 监测点压力脉动特性 …… 150
4.4.4 内部流场特性 …… 153
4.5 飞逸过渡过程主要计算成果 …… 158
4.5.1 外特性参数变化规律 …… 158
4.5.2 监测点压力脉动特性 …… 160
4.5.3 内部流场特性 …… 161
4.6 小结 …… 164

第 5 章 自由液面对贯流式水轮机瞬态水力特性影响研究 …… 166
5.1 概述 …… 166
5.2 自由液面处理方法 …… 166
5.3 数值计算设定 …… 167
5.4 自由液面对水轮机稳态特性影响研究 …… 168
5.4.1 外特性参数变化规律 …… 168
5.4.2 压力脉动特性 …… 169
5.5 自由液面对水轮机甩负荷过渡过程影响研究 …… 172
5.5.1 模型验证 …… 172
5.5.2 外特性参数变化规律 …… 173
5.5.3 压力脉动特性 …… 174
5.5.4 上下游水池流动特性 …… 180
5.6 小结 …… 183

第 6 章 总结与展望 …… 184
6.1 研究总结 …… 184
6.2 展望 …… 186

参考文献 …… 187

上篇

第 1 章 绪论

1.1 研究背景及意义

我国是一个以农业为基础的发展中国家，农业的发展离不开水利技术作为基本保障。农业的发展是我国国民经济的命脉，直接关系到我国国民经济发展的好坏。在农业生产中，灌溉和排涝对农业生产有着巨大的影响[1,2]。由于特殊的地理和气候条件，我国水资源分布在时间和空间上都极具不均匀性，洪涝、干旱灾害频繁发生，同时水源充沛区和用水高负荷区不匹配，因而南水北调工程项目的实施是我国为实现水能资源合理分配与水资源可持续发展的一项重要举措。泵站作为水利排灌中关键的动力保障装置，承担着给水排水、灌溉调配、防涝防旱、环境治理和河道整治等方面重任，在南水北调工程中发挥了巨大作用[3,4]。

世界上第一台水泵于公元前 300 年由阿基米德发明，随后随着水泵技术的发展，依次出现了离心泵、齿轮泵、真空泵、混流泵、轴流泵等不同型式的泵[5,6]。针对南水北调工程所经地理位置条件与用水需求，工程所建泵站多具有大流量、低扬程和长期运行等特点，因此过去多采用立式轴流泵。由于扬程较低，立式装置进出水流道形状弯曲导致其水力损失较大，整体泵装置效率偏低。而贯流泵装置流道顺直，管路较短，进出水流平顺、流态均匀稳定，水力损失相对较小，因此贯流泵装置效率相对较高，且扬程越低其优势越明显[7]。此外，贯流泵过流能力大，机组结构紧凑，水工建筑物布置简单，土建和运行费用较低等优点使得贯流泵装置越来越受到学者的重视，在低洼与平原水网地带得到广泛应用[8]。

贯流泵又可分为灯泡贯流泵、竖井贯流泵、潜水贯流泵以及轴伸贯流泵。轴伸贯流泵装置最为显著的结构特征是电机、轴承及传动设备布置在流道外，泵轴伸出流道，可间接传动也可直接传动[9]。轴伸式泵段本身水平卧式安置，故对电机及齿轮防水性能及密封性能要求低。这种泵型具有结构简单、造价低、安装检修方便和电机通风散热条件好等特点，并且轴伸贯流泵为卧式布置，具有很好的双向运行功能，因此在南水北调工程及有防洪排涝和紧急调水需求的城镇具备广阔推广性[10]。

随着贯流泵的广泛应用，其研究手段也在不断深入。从早期的实验研究到一维特征线法，再到如今依托高性能计算机发展的三维计算流体动力学（CFD）方法，研究的精度在不断提升，研究方向也越来越广。从泵站结构优化、效率提升和性能预测等外特性研究不断地向内特性(如压力脉动、漩涡识别、压力分布和湍流机理等方面)拓展。泵装置制造技术不断完善的同时,对制造水泵主体结构所采用的材料也提出了新的要求,特别是水泵叶片材料的选择,对叶片在不稳定运行工况下的应力有着重要影响,因此关于水泵流固耦合计算及应力改善措施的研究也逐渐成为热点[11]。多年来,世界多地出现过由水电站或泵站内复杂非定常流动(如过渡过程)引发的安全事故。在泵站中,泵装置发生工况变化时叶轮转速快速变化,泵段前后压力脉动剧烈,极易引起机组振动,甚至严重到损坏整个厂房结构[12,13],因此泵装置中过渡过程等非定常流动特性的复核计算也逐步引起人们的关注和重视。

泵站工程是我国大型基础水利设施,其中贯流泵依靠其大流量、低扬程的优势,不仅在南水北调东线等重大调水工程中有着重要应用,在灌溉排涝以及城市排污等方面也应用广泛,对于促进我国农业经济的可持续发展以及社会的和谐稳定发挥了重要作用[14,15]。

随着贯流泵在实际生产生活中应用范围越来越广,提升泵装置工作效率与运行稳定性显得尤为重要。例如,在南水北调东线工程中,所选水泵多是扬程低、流量大、比转速高的泵型,使得水泵单机容量较大,机组尺寸也相对增大,且受泵站前池进水水位以及尾水出流水位的影响,很多泵站扬程变化幅度较大,进而引起流量和轴功率的波动,这意味着如何提升水泵安全运行稳定性成为一个重要研究方向[16,17]。目前,随着设计理论和设计手段的不断完善和提升,贯流泵装置的性能优化已经达到较高水准,其设计工况效率很难再有突破[18]。然而,在泵站实际运行过程中水泵装置很难保证长时间运行在设计工况点附近,当偏离设计工况时,泵装置进入不稳定运行工况,其内部流态紊乱,振动剧烈。因此,研究贯流泵非设计工况下的流动特性,对保障贯流泵的稳定运行、提高贯流泵在复杂工况下的应急能力具有重要的现实意义[19,20]。

随着我国泵站工程向大型化、高速化发展,泵站的稳定性问题也越来越多,除了偏离设计工况时水泵由于扬程或流量波动带来的机组稳定性问题之外,还包括泵站泵装置启停机过渡过程所引发的稳定性问题。泵装置过渡过程是泵站日常运行中的重要环节,其过渡过程特性对泵站机组的高效、安全、可靠运行有着重要影响[21]。

贯流泵的启动和停机过渡过程是贯流泵机组运行中的重要过程。在泵站过渡过程中,泵装置将承受载荷变化引起的动态附加水力矩,有时若过渡过程品质较差,动态附加力矩会很高,威胁机组的结构安全。泵站启停机过程中,机组流量转速变化快,泵装置流道内压力变化剧烈,这两个过程本身会对机组安全造成很大的威胁。特别是启动过程中,若调节品质太差,电动机启动会给电力系统带来冲击,甚至有可能导致电机不能牵入同步,进而引起电机烧毁事故[22,23]。对于流道较短的贯流泵站,当机组进入开机启动过程中时,泵内流量和扬程等参数会发生瞬时突变,使得水泵的瞬态水力矩在较短时间内快速上升,若是启动附加扬程过高造成电机超载,严重时可使电机烧毁,致使水泵机组无法正常启动。故对泵站过渡过程稳定性来说,其主要问题表现为泵装置过渡过程中的水力瞬变特性和瞬态水力激振动态响应问题[22-24]。众所周知,贯流泵站具有结构简单和高效节能的特点,因而应用广泛,但是因其在启动过渡过程中出现的问题,往往造成泵站机组的非正常运行,从而制约了贯流式泵装置的发展。因此,充分了解贯流泵过渡过程瞬态水力特性将有助于贯流式泵站的进步和发展,尤其是对贯流泵站的建设、运行以及管理提供有效帮助。研究贯流式泵站过渡过程的目的和意义在于,探明其物理过程的本质，在此过程中探索可靠的控制策略，进而提出有效改善措施以确保泵站机组的安全可靠运行，发挥泵站优势功能[25]。

水泵叶轮是泵装置中关键的机械部件，它的稳定高效运行直接影响整个泵站系统的安全可靠性。水泵的水力设计已经达到较高水平，而涉及结构有限元强度分析、结构变形以及水力激振等流固耦合问题还未得到充分研究，这些问题也逐步成为影响水泵机组水力性能及结构寿命提高的重要因素[25,26]。在水泵机组工作时，其各部件之间会产生剧烈的相互作用，特别是已经投入运行数十年之久的泵站，其水力运行条件可能已经发生改变，进而可能会引起机组的振动和较大的水力载荷，机组的持续振动和交变的水力载荷很有可能会导致水泵叶轮发生疲劳破坏。同时由于水泵材料的加工工艺和实际运行环境的不确定性，也有可能会加速泵装置结构的疲劳破坏的产生和恶化。因此，深入理解水泵结构在瞬态水力激励下的流固耦合动态特性问题，是大型泵站设计及安全运行的一个重要基础，对水泵结构设计和优化具有重要意义。

1.2 研究进展

1.2.1 流固耦合研究进展

流固耦合(Fluid-Structure Interaction, FSI)是一门交叉学科，涉及流体与固体结构相互作用，是流体力学与固体力学的结合。虽然流固耦合问题广泛应用于工程实际和科学研究，但是由于流体与固体相互作用的问题具有很强的非线性，而多数流固耦合问题的控制方程组会联合一些高阶偏微分非线性方程，难以直接求解；试验场地、技术等条件又难以达到要求，所以全面地研究这些问题仍然是一项巨大的挑战。目前主要通过数值计算的方法来研究流体与固体之间的复杂耦合过程，越来越多复杂的工程问题都能够通过数值模拟得到相对精准的结果[27]。

求解流固耦合问题的数值方法主要分为整体求解方法[28-30]和分步求解方法[31-33]。整体求解方法是将流体和固体的控制方程耦合在一个方程组中，在同一个时间步长进行整体求解，流固交接面的信息在求解过程中随之确定。这种方法理论上可以获得较高的计算精度，但是庞大的计算量导致更多的计算资源需求，同时也需要复杂的算法和求解思路来实现对含有非线性项的方程组的求解。目前，整体求解方法还只能求解梁、板等简单的结构。分步求解法是将流体域与固体域分成两个部分，并用相互独立的方法进行计算求解并得出显式结果，进而实现流固交界面之间的状态信息在流场和结构场之间的数据传递。一个成熟的分步求解方法需要协调流场和结构场之间的算法，使得流体场和固体场的算法均具有较高的计算精度和效率，这样才能够解决实际工程中复杂的流固耦合问题。流固交界面的空间位置常常并不明确，而且空间位置会随时间变化。因此，分步求解的方法需要保证每一时刻在求解下一时刻交界面的位置及与它相关的物理量时是准确的，这样才能保证随着时间推进对整个物理现象的捕捉是精准的。因此，这个环节是流固耦合计算中最为烦琐和易错的[34,35]。

早在19世纪初，学者就开始对流固耦合问题进行研究，早期的探索认知主要来源于航空领域的气动弹性问题[36]。到了20世纪，更多人参与到此类课题的研究当中，国外许多学者开始对涉及流固耦合问题的相关计算方法进行分析和研究。Morand 等[37]提出了一系列数值方法来模拟弹性结构与内部流体耦合的线性振动，其应用主要集中在晃动、水弹性和结构声学方面；Dowell 等[38]对流固耦合问题的非线性动力学模型进行了深入的讨论，主要是从航空航天工程的应用出发，重点讨论了基于严格流体动力学理论的降阶模型的构造；Chakrabarti[39]展示了几个在海洋工程背景下模拟流固耦合问题的数值工作；Mittal 等[40]广泛回顾了基于浸入边界公式的流固耦合计算技术；Shyy 等[41]描述了流体力学中一般移动边界问题的各种计算方法，其中也包括流固耦合应用；Brennen[42]最先将流固耦合理论推导应用到离心泵中，并进行了试验研究，分析了流固耦合作用下流体诱导振动的现象；Jiang 等[43]基于大涡模拟获得了水泵内的内部流动，利用有限元方法计算泵部件的瞬态动力学特性，同时分析了泵壳的流体诱导振动特性；Benra 等[44]利用 CFD 软件和有限元软件，分别采用单、双向耦合计算方法，分析了离心泵转子振动位移和所受的水力激励在两种耦合方式下的计算结果，并使用非接触式电涡量传感器对转子系统的水力激振位移进行测量，通过数模与试验的对比结果发现，双向耦合的计算结果更接近试验值；Lefrancois 等[45]提出了几种不同的流固耦合求解方法，通过活塞在封闭腔体中运动的算例对各个模型的优缺点进行了详细分析；Schmucker 等[46]通过双向流固耦合方法，利用计算流体力学软件 CFX 联合 ANSYS Workbench 结构分析模块，对轴流式水轮机转轮不同刚度下的叶片变形及流场特性进行了模拟，分析对比了不同叶片刚度下叶片变形对叶片上压力载荷的影响，指出流体和叶片固体结构的双向耦合求解方法将会在高性能低水头转轮，特别是大流量贯流泵叶轮的设计过程中越来越重要。

目前，国内许多学者也逐渐开始关注流固耦合问题的研究[47,48]，特别是针对双向流固耦合和强耦合问题提出了一套自己的计算分析方法，并将该方法应用到学术研究及工程应用中，弥补了单向流固耦合和弱耦合的弱势。孙方锦等[49]将推导的强流固耦合方程应用到膜结构中，通过求解强流固耦合方程，首先将模拟结果与风洞试验结果进行了对比，验证了算法的正确性；其次与采用 ANSYS-CFX 进行弱耦合计算的结果进行了对比，结果表明程序的精度和效率都要比商用软件高。杨庆山等[50]假设来流为均匀流，建立了薄膜的气弹动力耦合方程，并通过运用 Routh-Hurwitz 判别法得到薄膜气弹失稳的风速，最后列举了一系列措施用来防范结构出现气弹失稳。张立翔等[51]将 Newmark 法和 Hughes 预测多修正法相结合，提出了求解小变形弹性结构强耦合流激振动的计算方法，可用于计算复杂边界条件下的流激振动问题。国内对流体机械流固耦合中水力激振问题的研究刚处于萌芽阶段，相关研究成果较少。肖若富等[52]运用单向顺序耦合的方法，不考虑转轮的变形，通过瞬态计算得到的叶片表面水压力加载到水轮机转轮结构上，得到了转轮表面随时间变化的动应力规律，为今后应力特性和疲劳寿命特性分析提供了一定的参考；郑小波等[53]对轴流式水轮机转轮进行了动应力计算，通过将动水压力加载到叶片表面，获得不同时刻叶片表面应力分布和动应力频谱特性，结果表明幅值较高的应力成分是叶片产生裂纹的主要原因；王福军等[54,55]利用耦合界面模型将瞬态压力值施加到转轮结构上，计算得到动应力在时域和频域下的特性，进而对叶片的疲劳寿命进行了计算；张亮等[56]采用单向耦合的方法计算了垂直轴水轮机在不同速比下叶片与整机静应力和位移的分布情况，得出了水轮机运行过程中最危险的方位角，并分析了最危险方位角与水轮机速比之间的关系；胡丹梅等[57]利用流固耦合方法对风力机叶片变形和应力进行了计算，得到了叶片应力及变形的分布规律，结果表明叶片变形使得气动攻角增大，进而引起扭矩增大；张福星等[58]利用单向耦合方法计算了混流式水轮机转轮在不同扬程下的应力分布特性，结果表明，叶片出水边与上冠相连的地方应力集中，易发生疲劳破坏；Kan 等[59]分别对 3 个水头下各 7 个导叶开度下的混流式水轮机流场进行计算，然后基于单向流固耦合将叶片表面水压力加载到转轮的有限元固体模型，得到转轮固体应力分布和最大应力随水头和导叶开度的变化规律；唐学林等[60]对贯流泵流固耦合特性进行了计算分析，得到等效应力随着半径的减小而增大、叶片压力面与轮毂相交处出现应力集中、最大变形值出现在叶轮轮缘靠近进出口边的结论。

近年来，在电站和泵站的实际运行中偶尔会发生叶片产生裂纹甚至断裂的事故，即便工程在设计时已经取了较大的安全系数，而这些事故原因主要是交变动应力引起结构材料发生疲劳破坏。虽然有部分学者采用单向瞬态流固耦合的方法来计算转轮的动应力，然而在此过程中，流场的变形对于固体结构的反向作用是被忽略的，进而导致模拟精度较低。因此，国内外许多学者开始采用双向耦合的方法模拟计算流体机械的结构响应特性。Hübner 等[61]利用声学流固耦合方法计算了水轮机转轮在水中和空气中的模态特性，并将水轮机叶片简化为一个薄水翼，模拟叶片在复杂水体流动中的振型变化，最后运用整体流固耦合的方法来分析滑动门链的水弹性失稳情况。Wang 等[62]采用了分步求解的方法来模拟水力机械中的复杂流动，分别用不同的求解器对流体和结构方程进行求解，并将两个求解过程隐式地耦合到一个基于主要位移和应力模型的模块之中。结果表明，这个基于较少位移和应力变化的降阶模型与传统的方法相比，收敛性更好，同时大大节约了计算资源。付磊等[63]运用双向交错耦合迭代对水轮机叶片进行了非线性弹性模拟，计算得到了叶片流固耦合交界面上监测点的位移随时间变化的规律，结果表明，叶片变形会引起叶轮整体质心分布偏离旋转轴线，进而引起水轮机振动。黄浩钦等[64]分别运用单向和双向耦合对离心泵进行了瞬态计算，比较了两种耦合方式对离心泵叶轮应变和应力计算结果的影响。Pei 等[65,66]采用分块式求解策略，对单叶片离心泵进行了流固耦合求解，分析了不同工况下转子系统的周期性振动特性、等效应力分布以及水力径向力随时间的变化情况，提出了流固耦合面数据传递方式、阻尼系数、流体网格刚度、数据传递过程的收敛目标等参数是影响流固耦合计算结果的主要因素。Zhu[67]等对泵内部动静干涉流场引起的流体诱导振动现象进行了深入的探讨，他通过使用动网格技术控制流场中网格多维度变化，利用 ALE 方法表达流场的流动，同时进行双向流固耦合计算，得到叶轮固体结构动应力随时间变化曲线，并将该双向结果与单相流固耦合静应力作对比，得出叶轮固体结构变形越大，单一双向流固耦合应力差值越大，也就表明单向结果越不准确的结论。刘厚林等[68]通过对带导叶的离心泵进行双向流固耦合分析，研究其外特性参数及流场变化，指出双向流固耦合作用所产生的叶轮变形，尤其是叶轮出口处的大变形是导致离心泵外特性预测值变化的根本原因。

水力机械的动应力测量是一直被认为较难实现的操作，因为测量过程非常复杂且多变。从 20 世纪五六十年代开始国内外学者对其进行了许多研究，但进展较慢，成效不理想。主要是因为机组运行时叶轮处于旋转状态，试验时需要将安装在旋转部件上的应变片的输出信号传送到应变仪设备中。无论是拉线式集流环还是接触式刷环的传输设备，或者电感发射机、电磁波发射机或非接触式电容等传送装置，这些设备装置的噪声限制了整个测试系统的测量精度，影响了试验数据的可靠性[69]；如果将测量设备安放于转轮内部，由于机组转动原因，对测量设备的防水性能、与转轮同时旋转等性能要求极高。因而，研究水轮机转轮的动应力首先要解决水轮机转轮动应力的测试技术。近些年来，随着电子应用技术、计算机技术及无线数字传输技术突飞猛进的发展，水轮机转轮应力的测试技术开始有了新的进展，国内外不少水电集团公司，如 GE、VOITH、ALSTOM 等在分析和处理转轮叶片裂纹问题时，利用新的测试技术和测试装置开展了相应的真机应力现场测试，测试的结果为转轮部件应力的研究以及转轮叶片裂纹分析和处理提供了有力的技术依据[70,71]。同时，国内对水力机械真机叶片动应力测试技术的研究也取得了一定的成果。水科院机电所、清华大学、华中科技大学等单位对国内多个大型水轮机组转轮叶片开展动应力测试试验，研究了转轮在多工况下的应力水平和分布情况[72,73]，这些测试结果为水力机械裂纹产生原因的分析和裂纹处理方案提供了有力的技术依据。

1.2.2 过渡过程研究进展

泵站机组水力过渡过程是泵站安全运行的重要内容之一。泵机组水力过渡过程主要是由水泵启动和停机过程中水流动量发生急剧改变而引起的，该过程中，水流冲击水泵管壁及各部件，使得过流部件损坏，管道破裂对电站安全造成威胁。泵站水力过渡过程是水泵经历稳态到非稳态，再回归稳态的一种过程，它涉及机组多维度机械运动、泵装置全特性、流体力学特性、泵装置本身动态特性以及电机的电气特性等，影响因素复杂多变。泵站过渡过程中，由于水锤作用所引发的管路系统压力突变是危害整个泵系统安全的主要因素。泵装置在过渡过程中的不稳定性与其过渡过程中的内部流态演变息息相关，因此研究贯流泵过渡过程中内外特性的动态变化规律及水流瞬变机理，可以为泵站在优化设计、减小机组振动、提高系统稳定性方面提供可靠依据[74,75]。

从 19 世纪开始至今，国内外许多学者专家对水锤问题进行了大量的理论分析与实验研究工作。1850 年，Menabrea 发表了有关水锤问题的文章，通过能量分析法证明了水击的基本理论，导出波速公式，从此奠定了水击的理论基础[76]；1898 年，俄国的空气动力学专家 Joukovsky 发表了题为《管道中的水锤》的论文，首次提出了管道中的水锤理论及末端阀水锤计算公式，也就是著名的茹科夫斯基公式[77]；20 世纪初，意大利学者 Allievi 出版了一系列关于水锤理论和计算方法的论著，并且在他的计算公式中引进了迄今仍在使用的水锤常数，解决了间接水锤的计算问题，奠定了现代水锤理论分析的基础[77]。随着现代水力机械向着单机大容量、大尺寸的方向发展，引水管道和机组的安全运行问题逐渐凸显，越来越多的科研工作者把目光投向了水力机组过渡过程的研究领域中，开始了更加全面的实践探索[78]。一项大型水利工程项目的可行性与布置合理性也需要通过过渡过程的品质来衡量。从 20 世纪五十年代至七十年代，这期间涌现了许多学者致力于改善水锤和压力的求解方法，同时多部相关论著在此期间出版。这些学者包括 Rich、Jaeger 和 Parmakian，他们提出一种研究水锤理论的新方法，即图解法[77]。

20 世纪四五十年代，苏联建成了一批装有轴流转桨式机组的低水头电站，而在 1956 年卡霍夫卡水电站发生了一起由甩负荷过程引发断流反水锤造成的重大过渡过程事故，该事故造成巨大经济损失和人员伤亡，此后过渡过程的研究引起了国内外学者的普遍关注[78]。1975 年，苏联学者克里夫琴科编写了论著《水电站动力装置中的过渡过程》，他在该书中将苏联具有代表性的水轮机装置过渡过程领域中的研究成果进行了集中列举[79]。计算机技术和计算方法的发展，为旋转机械过渡过程一维、三维数值模拟计算提供了新的可能和实现手段。Wylie 和 Streeter、Suo[21]合著了《瞬变流》一书，最先提出一维特征线法，该方法创造性地沿特征线，将涉及管路摩阻的水锤偏微分方程转化为常微分方程，紧接着简化为差分方程，以此作为数值计算的条件。此方法较易进行编程，通过计算机模拟结果稳定且精度较高。

目前，国内外学者采用特征线法的过渡过程研究成果不计其数。巴西学者 Petry 等通过建立数学模型来表达过渡过程方程式，并用原型机对该模型进行验证，并将结果与真机试验结果进行比对[77]；Thanapandi 等[79]研究了离心泵启停机时的水力特性；Rohani 等[80]提出了一种点隐式特征线法和一种改进泵公式，用于计算泵装置故障引起的瞬态流动。武汉大学刘梅清等[81]对长管道泵系统中空气阀的水锤防护特性进行了模拟分析；河海大学郑源等[82]以某抽水蓄能电站为例，对其 6 个不同水头工况下的大波动过渡过程进行了计算研究，同时也探索了抽水蓄能电站可逆机组导叶关闭规律；史洪德等[83]针对二滩电站 6 号机甩负荷过渡过程进行了计算，并与实测结果进行了对比分析；清华大学杨琳等[84]结合工程算例，采用不同的水泵水轮机转轮全特性曲线，分别对抽水蓄能电站机组不同甩负荷工况下的过渡过程进行了模拟计算；于永海等[85]从整个水泵系统角度出发，基于扭矩和扬程的平衡关系表达式，建立了快速闸门断流下的轴流泵启动过渡过程计算模型，其中泵全特性边界采用的是 Suter 曲线表达；周大庆等[22,23]从水量平衡、水泵力矩平衡方程、水泵全特性及流量变化角度出发，计算验证了轴流泵启动与停泵过程中所采用的数学表达式，并利用此数学模型研究了闸门关闭方式及叶片角度对泵机组停机过程的影响；葛强等[86]为了获取水泵开机过程中外特性参数变化情况，对灯泡贯流式泵站水泵装置启动过程进行了模拟；陆伟刚等[87]从水泵机组停机过渡过程出发，结合快速闸门的特点，从理论上对闸门的下落速度、关闭时间、闸门关闭撞击力进行了分析并提出计算闸门下落运动的方法；西北农林科技大学刘进杨[88]针对某混流式水泵水轮机调节系统，基于实测电站运行参数，结合机组全特性曲线，利用外特性方法计算水轮机运行过程中的动态参数变化情况。上述研究大多采用基于外特性的特征线法进行，这种方法依赖于水力机械全特性曲线作为求解方程的边界条件，因此当缺少这一类的全特性曲线时过渡过程的准确计算便难以实现。若要获取某一水力机械全特性曲线，则需要花费大量人力物力进行全特性试验。1995 年，常近时等[89]首次发表了针对拥有高水头的抽蓄机组过渡过程进行参数计算的全新策略，也就是现在常用的基于抽蓄机组内特性解析理论的一维特征线法；刘延泽等[90]运用此内特性解法求解了灯泡贯流式水轮机甩负荷过渡过程，并将所得结果与试验数据进行对比，结果表明，该方法具有较高的求解精度；李卫县等[91]从水轮机内特性的过渡过程计算理论出发，选用不同的刚性和弹性理论，采用编程方式实现了计算机计算带有引水管道系统的水轮机装置水击压力计算；邵卫云[92]根据叶片式水力机械的内特性解析理论，建立含导叶不同步装置的水泵水轮机全特性曲线数学表达式，对水轮机工况飞逸状态和水轮机零流量工况进行了计算。从该方法诞生至今，其为解决水电站、泵站等水力系统中过渡过程问题发挥了重要的作用。以上两种方法均是采用一维方法，主要用于求解带有管路系统的水电站过渡过程水力特性，然而，一维的求解方法多用于计算过渡过程中工作参数变化情况，对该过程内部精细流动无法模拟。

近些年来，随着计算机技术的发展和计算流体动力学(Computational Fluid Dynamics，CFD)在各行各业得到广泛应用，各类商业软件日新月异，发展迅速，更新越来越完善，在水力机械行业中越来越受重视。原先的一维方法求解过渡过程已无法满足过渡过程的精确模拟需求，因此更多的学者将目光转向三维的求解方法，在他们的共同努力下，三维数值模拟方法求解水力机械过渡过程的研究取得了重大进展。

俄罗斯的Cherny等[93]利用三维手段对仅考虑导叶、转轮和尾水管3个重要部件的水轮机进行飞逸过程的数值模拟，采用简化方法处理蜗壳段流动，分析了不同湍流模型对计算结果的影响；加拿大的Nicolle等[94]通过对水电站开机过程的计算发现，启动过程中导叶的运动会造成该部分区域网格质量降低，导致模拟精度下降，提出了水轮机三维过渡过程模拟的难点。周大庆等[95]对轴流式水轮机模型飞逸过程进行研究，对机组最大飞逸转速值、达到最大逸速时间以及各工作参数变化曲线进行获取及分析；Yin等[96]模拟了某抽蓄电站水泵水轮机甩负荷过渡过程，基于动态滑移网格方法获得甩负荷过程中的转速变化曲线；Wu等[97]采用三维方法对某混流式泵站出口阀门瞬时开启过程进行了数值模拟，并对该过程中参数变化及流场演变进行了分析；李金伟等[98]利用三维数值模拟方法对混流式水轮机飞逸过渡过程进行了模拟，试验结果对比吻合较好；刘华坪等[99]对开启闸阀、蝶阀、球阀、调节阀的瞬态过程进行了三维模拟并详细分析了阀门处的流场变化情况；Xia等[100]联合一维特征线法与三维的数值计算方法对抽水蓄能机组进行了过渡过程计算，在保证计算精度的前提下缩短了计算时间，但存在对边界条件的简化；李文锋等[101]基于动网格技术对混流式水轮机转轮内部瞬态流动进行数值模拟，分析导叶关闭过程内部压力场与速度场变化，结果表明，动网格技术能够较好地模拟水轮机转轮内部流场动态变化；Li等[102]采用数值模拟和试验相结合的方法，对某离心泵启动过程瞬态特性进行了数值模拟研究；Hu等[103]采用三维数值模拟方法对离心泵启动过渡过程进行了研究，着重对该过程中泵内部流场涡的演变规律进行了观测分析；Zhang等[104]对某抽水蓄能电站中水泵水轮机抽水工况下水泵断电飞逸过渡过程进行了三维数值模拟，分析了该过程中工作参数变化及内部流场变化规律，且最大飞逸转速与试验结果误差较小。综上所述，水力机械的过渡过程情况复杂、类型多变，对其进行三维数值模拟时需要更加完善的理论体系和更高的计算模拟效率。虽然三维数值模拟方法已经运用较多，计算方法相对成熟，但是该方法对水力机械的边界条件都进行了适当简化，因此还需要更多科研工作者一起努力使水力机械三维数值模拟更加高效、更加准确。

除了数值方法可以对水力机械过渡过程进行模拟计算，试验方法也是研究过渡过程的重要方式和组成部分。虽然试验研究需要耗费大量的人力物力，且多数过渡过程较为危险，但是试验数据精确，因而其在过渡过程研究中依然有着无法替代的作用。众所周知，对水力机械进行过渡过程动态试验不仅仅是丰富研究机组过渡过程安全运行的重要手段，也是验证对比数值模拟计算精度的重要方式。国内外科研院所许多学者对水力机械的静、动态试验做了大量工作，积累了丰富的经验。中国水利水电科学研究院、清华大学、华中科技大学、江苏大学、扬州大学等对我国多座大中型水电站和泵站里的动力设备开展了全面广泛的模型试验及真机测试，得到了丰富的实测数据，并结合理论分析指导电站与泵站的安全运行[105-109]。近年来，武汉大学“抽水蓄能电站过渡过程物理试验平台”、浙江富安水力机械研究所“水力机械试验台”等平台在过渡过程试验中的精度都已达到国内领先、国际同类试验台的先进水平；同时，河海大学“水力机械动态试验台”作为国家 211 工程项目中的一员，先后对白石窑灯泡贯流式机组、葛洲坝轴流转桨式机组、潘家口抽水蓄能机组等项目的过渡过程进行了研究分析，取得了十分显著的成果。陆林广等[110]分别对直管式出水流道和虹吸式出水流道下两种泵装置效益进行了分析，同时对采用虹吸式泵装置和直管式出水流道泵装置不同断流方式进行对比，发现采用空气阀断流方式提高了虹吸式泵装置过渡过程的可靠性和安全性，而直管式出水流道在采用快速闸门断流时效果更好；于永海等[111]现场测试了某混流泵装置启停机过渡过程中工作参数变化规律，该混流泵机组采用肘形进水流道、虹吸式出水流道；董毅等[112]针对江都一站的实际运行情况，提出泵装置启动振动发生在启动扬程大幅下降过程中，且抽真空启动并不能降低虹吸式轴流泵的最大启动扬程，需从合理调节真空破坏阀启闭时间的角度来考虑降低最大启动扬程；李志锋[113]对某离心泵启动过渡过程进行了试验研究，他通过 PIV 测试手段对内部流场粒子进行追踪，所得结果与水泵相关特性吻合。与此同时，国外许多学者依靠先进的测量设备和试验条件，对水力机械过渡过程也开展了许多试验研究工作。Walseth 等[114]对某水泵水轮机模型在电机断开前低速运转向飞逸状态转换过程中的测点压力脉动进行了实测，结果发现水泵水轮机在飞逸前后压力、速度和流量等外特性参数均发生了阻尼振荡；Amiri 等[115]对某轴流式水轮机甩负荷和增负荷过渡过程压力脉动情况进行了试验研究；Houde 等[116]对某轴流式水轮机转轮内部压力脉动进行了实测，结果表明，水轮机从正常运行工况到空载转速过程中动态特性依旧不稳定；挪威科技大学的 Trivedi[117-121]进行了大量过渡过程试验，主要围绕压力脉动测试展开，先后对混流式水轮机失速到全甩负荷过程、增负荷和甩负荷过程、紧急停机过程、飞逸过程和停机过程等进行了相关试验研究，所获成果对研究水力机械过渡过程起到了很好的指导作用。

1.2.3 浸入边界法研究进展

相对于传统的任意拉格朗日-欧拉(Arbitrary Lagrangian-Eulerian, ALE)方法，在面对计算域中的复杂结构边界时，划分六面体网格会遇到极大的挑战。同时，作为最大的限制，当采用贴体网格时，由于需要使网格边界贴合固体表面，贴体网格的方法几乎无法直接解决固体结构大尺度的运动和变形，如昆虫飞行、鱼的游动以及水力机械中的转轮转动[122-124]。尽管一些方法，如网格变形拉伸、网格重构、带有交界面和其两侧相互插值的运动网格，运用起来暂时缓解了模拟物体运动中的一些问题，但是拉伸变形网格和重构网格本身往往较为复杂，而且网格在变形与重构中质量无法得到保证，同时包括运动交界面来插值其两侧流体的信息，都会导致整个模拟计算精度和效率的降低[38,40,125-128]。

将浸入边界法(Immersed Boundary Method, IBM)初次建立利用起来的是 Peskin[129]，在模拟心血管中的流动中，该方法提供了一种非常有效的方式来解决上述所提及的限制问题。与贴体网格不同的是，整个流体计算域和固体计算域采用一个固定的笛卡尔直角背景网格，固体边界本身采用拉格朗日的描述来表示，然后将固体放入笛卡尔背景网格中，而固体结构边界与流体之间的相互作用采用浸入边界法来描述。在计算点中离流固界面最近的点为浸入边界点，在浸入边界点上，于 N-S 方程的等号右边增加一个虚拟的体积力，以使流固边界处附近满足相应边界条件。当采用浸入边界法来进行流体-固体相关问题的数值模拟时，无论固体是否发生位移或者结构表面是否发生形变，整个流体区域的网格都是固定不动的笛卡尔正交网格，在整个计算过程中不会发生任何的变动，模拟需要注意的只是在每一个时间步长计算完之后需要重新标记出流固交界面附近的浸入边界点，再通过增加源项或插值等手段对浸入边界点上的速度、压力进行特殊处理。浸入边界法根据表征流固交界面的方式的不同可以分为扩散界面浸入边界法和尖锐界面浸入边界法[130]。

在扩散界面浸入边界法中，虚拟的体积力分散至若干毗邻浸没边界的背景网格点，通过 delta 函数将欧拉背景网格点上的流体信息插值至固体边界上或是将固体边界上的信息离散至周围的离散背景网格点。此外，扩散界面浸入边界法可以分为适用于解决弹性边界流固耦合问题的传统浸入边界法[129,131,132]，刚体边界运动问题的直接力浸入边界法[131,133]和将固体障碍物模型化为无空隙多孔介质的罚函数方法[134-136]。

尖锐界面浸入边界法可以分为切割单元法、笛卡尔浸入边界法和曲线浸入边界法[130]。在切割单元法中，包含流固界面的网格单元会根据局部几何的形状进行调整以符合真实的浸没边界[137-139]。而对固体几何形状采用尖锐界面的笛卡尔浸没边界法是由直接力浸入边界法延伸而来[131-140]。在所有基于这两种方法的尖锐界面浸没边界法中，尖锐的浸没边界通过笛卡尔背景网格上适当的插值策略进行追踪，如水平集函数法[141,142]。水平集函数定义为一个带有符号的指向浸没边界的距离函数，而符号的正负代表着背景网格计算点在流体区域还是在固体区域。由于复杂物体轮廓函数并不易(能)给出，Gilmanov 和 Sotiropoulos 等[143-145]利用了一套非结构网格来离散复杂的固体，同时通过用曲线边界的背景网格来替代笛卡尔背景网格，延伸出曲线浸入边界法。这里整体计算域采用了一个贴合外边界的体网格，以实现对更多非立方体的不同区域内模拟的计算，而域内的复杂固体仍然采用浸入边界法来辨识。

尽管浸入边界法非常便于解决网格难生成和固体结构大尺度运动的问题，但其在工业领域，包括流体机械的应用少之又少，远未成熟。Kang 等[146]初次报道了通过应用浸入边界法来研究了一个潮流能水轮机大涡模拟的三维尾流涡结构，Angelidis 等[147]随后基于这个算例开发测试了自适应网格技术来提高求解器的求解效率与精度。Pope[148]初次通过浸入边界法和大涡模拟研究了一个几何形状更为复杂的混流泵，虽然模拟的流场结果与 PIV 测试结果对比后吻合，但受限于计算资源的限制，他无法对全计算域进行模拟且无法提供一个具体的网格无关性分析。

1.3 研究问题的提出

综上所述，利用双向流固耦合技术，考虑水力机械与流体之间真实的相互作用，进而对固体结构的应力进行计算以及发展试验测量系统仍然是当下研究的热点和难点。因而本篇的研究主要运用双向流固耦合和试验的方法对叶轮叶片在瞬态水力激励下的结构响应应力分布进行分析，并提出对其结构的改进意见和数值验证，以弥补现有研究的不足。

针对水力机械过渡过程的研究，由于一维特征线法节省计算资源且方便快捷，故目前广泛应用的依旧是一维特征线法，而能够反映流动细节的三维湍流模拟的研究成果相对较少。目前，已有的三维过渡过程研究成果大多是针对水泵水轮机和水轮机，且计算方法和边界条件都有不同程度的简化；同时大尺度运动造成的网格变形导致网格质量严重下降、运动部件难以指定等问题的限制，部分过渡过程工况研究还有待深入。

此外，浸入边界法的算法本身为计算水力机械中非定常流动问题提供了一个很好的思路。但其受限于算法实现的复杂、开源程序和求解器极少及商用软件尚未能支持以进行大范围的推广，目前基于浸入边界法的求解器对水力机械进行模拟的文献和研究成果较少。开发适用于水力机械流动模拟的基于浸入边界法的数值求解器，对推动模拟水力机械流固耦合结构响应和复杂瞬态流动研究具有重大意义。

1.4 主要研究内容

本篇在前人研究的基础上，针对上述存在的问题，主要进行以下几个方面的研究：

(1) 建立单叶轮叶片有限元模型，基于双向流固耦合方法，计算不同工况下叶轮叶片的应力分布和随时间变化特性。对叶片根部不同加厚方案的模拟结果进行对比，并通过真机试验测量对数值计算结果进行验证。

(2) 基于三维数值模拟方法和力矩平衡方程，推导贯流泵开机过程中转速随时间的变化规律。利用动网格技术模拟分析含有附加拍门出水流道闸门的贯流泵全过流系统在开机启动过渡过程中的流场瞬变特性。

(3) 采用具有二阶空间精度的中心差分格式和二阶龙格-库塔时间推进法，基于水平集浸入边界法开发一套适用于求解复杂水力机械的数值计算求解器，并通过数值模拟标准测试算例进行对比验证。

(4) 通过大涡模拟，应用本篇开发的求解器对贯流泵装置设计工况附近的 5 个工况下的非定常流动特性和流动结构进行研究。运用统计量和湍动能输运方程等方法分析贯流泵湍流流动机理。

1.5 主要创新点

(1) 建立了重力场作用下贯流泵装置双向流固耦合求解方法和跟随叶轮叶片运动的旋转坐标系与空间静止坐标系的对应关系，揭示了在一个叶片旋转周期内，叶片等效应力随空间位置的变化规律。提出一种叶轮叶片根部“非对称结构”的加厚方法，可以在较小影响泵装置水力性能的前提下有效缩小应力集中范围和降低最大等效应力值。首次通过真机试验的方法，实现了在水下对旋转叶轮叶片的表面应力特性的测量。

(2) 利用力矩平衡方程推导叶轮实时转速，基于动网格技术实现对含有附加拍门的出水流道闸门运动规律的指定，提出了贯流泵全过流系统启动三维过渡过程的数值模拟方法。通过分析贯流泵在开机过程中外特性参数的变化规律和内部流场的演变过程，揭示了贯流泵启动过渡过程三维瞬变机理。

(3) 首次建立一套基于水平集浸入边界法，适用于计算复杂水力机械的计算流体动力学求解器。建立了任意复杂物体位于笛卡尔正交背景网格中的离散方法和水平集函数的构建准则，实现了固体壁面的压力边界条件以及压力泊松方程的加速求解方法，改善了笛卡尔背景网格中浸入边界点在固体运动过程中无法保留上一时间步长压力值所造成的数值不稳定。通过标准测试算例分别测试了求解器对直接数值模拟、大涡数值模拟、高低雷诺数流动求解和运动固体模拟的计算能力，验证了求解器的计算精度。

(4) 基于本篇开发的求解器和高性能计算平台，首次实现了贯流泵在充分发展的湍流来流下，基于浸入边界法的三维非定常大涡模拟。通过对设计工况附近5个运行工况的数值模拟，分析了贯流泵内部流动的统计学特性和湍流流动结构。基于湍动能输运方程分析了贯流泵内部湍动能强度、产生和耗散的空间分布以及随流向变化的规律，并解释了设计工况为最优工况的原因，进而揭示了贯流泵运行的非定常流动机理。

1.6 研究成果概要

建立了重力场作用下贯流泵装置流体域与旋转叶轮单叶片的固体域双向流固耦合求解方法，研究了叶片表面水压力分布和叶片等效应力分布趋势。通过建立跟随叶轮叶片运动的旋转坐标系与空间静止坐标系的对应关系，揭示了在不同扬程工况下，叶片结构应力特性于一个逆时针的旋转周期内出现明显的先增大后减小的波动趋势。同时引入无量纲应力系数，发现叶片进出水边等效应力波动大于叶片中部。

提出一种叶轮叶片根部“非对称结构”的加厚方法，研究了不同叶片根部加厚方案对叶片根部应力集中的改善效果。通过对不同加厚方案结果的对比发现，此加厚方法可以在较小影响泵装置水力性能的前提下有效缩小叶轮叶片应力集中范围和降低其最大等效应力值。同时设计了当贯流泵运行时，在水中对旋转叶轮叶片的表面应力特性进行测量的真机试验方法，数值模拟结果与试验结果一致。

利用力矩平衡方程推导叶轮实时转速，基于动网格技术实现含有附加拍门的出水流道闸门运动规律的指定，实现了贯流泵全过流系统启动三维过渡过程的数值模拟。通过分析贯流泵在开机过程中外特性参数的变化规律和内部流场的演变过程，揭示了贯流泵启动过程三维瞬变机理。结果表明，含有附加拍门的出水流道闸门可以有效地降低启动过程中的最大扬程，以增加机组的稳定性。数值模拟结果与试验结果吻合。

建立了一套基于水平集浸入边界法，可以计算任意复杂物体的计算流体动力学求解器，适用于复杂水力机械。空间离散采用二阶中心差分格式，时间推进采用二阶龙格-库塔法。建立了任意复杂固体于笛卡尔背景网格中的离散方法和水平集函数的构建准则，实现了固体壁面的压力边界条件以及压力泊松方程的加速求解方法，改善了笛卡尔背景网格点在固体运动过程中无法保留上一时间步长压力值所造成的数值不稳定。通过标准测试算例 Re=40，100，3 900 的圆柱绕流算例和振荡圆柱算例，分别验证了求解器的直接数值模拟、大涡数值模拟、高低雷诺数流动求解和运动固体模拟等方面的计算能力和精度。

基于本篇开发的求解器和高性能计算平台，实现了贯流泵在充分发展的湍流来流下，基于浸入边界法的三维非定常大涡模拟。通过对设计工况附近的5个运行工况的数值模拟，分析了不同工况下贯流泵内部流动的统计学特性和湍流流动结构。基于湍动能输运方程分析了不同工况下贯流泵内部湍动能强度、产生和耗散的空间分布以及随流向变化的规律，并解释了设计工况为最优工况的原因，揭示了贯流泵运行的非定常流动机理。

第 2 章
贯流泵瞬态流动特性数值计算方法

2.1 概述

计算流体动力学(CFD)是一门多学科的集合,它将流体动力学理论、数值分析计算方法、计算机理论技术相结合,在流动基本方程(质量守恒方程、动量守恒方程、能量守恒方程)的控制下对流动进行模拟。CFD 的核心思想可归纳为利用计算机数值计算和图形显示,对复杂的物理现象进行模拟,以获得复杂问题流场内的各个位置上的基本物理量(压力、速度、温度等),以及这些物理量在时间域上的变化情况。同时 CFD 商用软件提供了对部分物理量的积分特性进行内部计算的模块,据此还可以推算出其他相关的物理量,如旋转机械中的转矩、水力损失以及效率等,也可以直接或是经过后处理操作展现一些流动结构和流动细节特征。

2.2 计算流体动力学基本理论

自然界的流体流动都受物理守恒规律控制,这其中包括质量守恒方程(连续性方程)、动量守恒方程(Navier-Stokes 方程,即 N-S 方程)以及能量方程。本篇模拟中贯流泵内部流动属于以清水为工作介质的湍流流动,在此过程中热量交换很小以致可以忽略,因此不考虑能量守恒方程,且本篇计算的水体为不可压缩流体。因此,本篇仅采用连续性方程和动量守恒方程作为基本控制方程。

不可压缩流体的密度变化不考虑,故连续性方程[149]为

$$\nabla \cdot \boldsymbol{u} = 0 \tag{2.1}$$

动量守恒方程为

$$\frac{\partial \boldsymbol{u}}{\partial t} + (\boldsymbol{u} \cdot \nabla)\boldsymbol{u} = f - \frac{1}{\rho}\nabla p + \nu \nabla^2 \boldsymbol{u} \tag{2.2}$$

式中,$\boldsymbol{u}$ 为流体速度;t 为物理时间;f 为质量力;p 为压力;ρ 为密度;ν 为运动黏度。

流体在非定常流动中满足瞬态的 N-S 方程,因而需要将瞬态的脉冲量通过某种方式使其在时均化的方程中体现出来,即雷诺分解。其基本思想是不直接求解瞬态量,而是将瞬态量如流场速度 u 分解为时均分量 $\bar{u}$ 和脉动分量 u',通过这种方式来将湍流流动中

的 N-S 方程时均化，实现该转换的方法即为 Reynolds 平均法，转换后的 N-S 方程为雷诺时均 N-S(RANS)方程。

RANS 方程[149]的表达式为

$$\frac{\partial u_i}{\partial t}+u_j\frac{\partial u_i}{\partial x_j}=f_i-\frac{1}{\rho}\frac{\partial p}{\partial x_i}-\frac{\partial}{\partial x_j}\overline{(u'_i u'_j)}+\upsilon\,\nabla^2 u_i \tag{2.3}$$

式中，$-\overline{u'_i u'_j}$ 为雷诺应力项。

RANS 方程不仅避免了直接数值模拟(Direct numerical simulation, DNS)计算量大的问题，而且在工程实践应用方面可以取得很好的效果。然而，时均化的 N-S 方程中出现了关于脉动值的雷诺应力项 $-\overline{u'_i u'_j}$，这属于新的未知量，将会导致方程组不封闭。因此，要使方程组能够封闭，则需要建立相应的表达式将时均值域脉动值关联起来，这些被引入的表达式即为湍流模型。

本篇第 3 章与第 4 章的模拟采用商用 CFD 软件，使用其所提供的雷诺时均方程作为流体模拟的控制方程。

对于限定的边界以及在求解域内建立的非线性偏微分方程，理论上存在解析解，但在实际情况中由于高阶非线性项、压力梯度项求解以及计算资源受限等问题，很难获得方程的精确解，因此，需要通过某些数值方法将计算域内有限数量的位置进行空间离散，并通过适当的手段将微分方程及其定解条件转化为网格单元和网格节点上控制方程组，然后通过计算机求解离散后的控制方程组，从而得到节点的数值解[149]。

目前，根据应变量在节点之间分布规律的假设和离散方法的不同，形成了以下几种常用的离散方法：有限差分法(FDM)、有限元法(FEM)、有限体积法(FVM)等。

在数值求解中，有限差分法(FDM)是最经典，产生和发展相对最早的，也是当下较为成熟的。其基本思想为将求解域划分为差分网格，用有限个网格节点来代替连续的求解域，然后将节点上控制方程中的空间方向导数用差商来表示，进而推导出含有离散点的有限个差分方程组。这种方法发展较早，相对成熟，多用于求解双曲型和抛物型物理问题。FDM 在数值方法上较为直观，编程容易实现，然而该方法并不能灵活方便地处理带有复杂边界条件的流动问题。FDM 方法中，差商公式的构造方法采用的是泰勒级数展开，其主要的差分形式包括具有一阶精度的一阶向前差分和一阶向后差分以及具有二阶精度的一阶中心差分和二阶中心差分等，这几个格式通过不同方式组合可形成不同的差分计算格式。

有限元法(FEM)是将一个连续的求解域任意划分为许多互不重叠的空间单元，再将差值函数分别建立在各个网格单元中，然后借助于变分原理或加权余量法，将问题的控制方程转换为所有网格单元上的有限元方程，把总体单元合并，获得指定边界条件的代数方程组，最后将代数方程组进行离散求解，获得各节点上的待求函数值。

有限体积法(FVM)也叫控制体积法。它的核心思想是将计算域划分为一系列互不重复的控制体积，将待解的微分方程对所划分的每一个控制体积进行积分，从而获得一组离散方程组。FVM 基本思想较易理解，并可得出直接的物理解释。在计算流体力学中，基于 FVM 的常用离散方法有一阶迎风格式、二阶迎风格式、QUICK 格式、指数率格式等。其中，一阶迎风格式所生成的离散方程的截差等级较低，但由于其仅保留了泰勒级数展开后的首项，即把上游节点的物理量作为本地单元体积界面的物理量，故其仅具有一阶精度；二阶迎风格式保留了泰勒级数展开项的前两项，不仅用到上游最近一个节点的值，还要用到另一个上游节点值，因此具有二阶精度。FVM 方法是近年来发展非常迅速的一种离散化方法，具有计算效率高、网格之间通量守恒性好的优点，在 CFD 领域取得广泛应用，目前在商用 CFD 软件中大多采用这种方法[149]。

如今普遍认为，有限体积法在处理复杂几何形状时具有一定的优势，因而采用 CFD 方法进行数值模拟的算例中首选有限体积法，该方法在流体机械领域中被认为是目前最成熟的离散方法[150]。因此，本篇第 3 章与第 4 章的计算选用成熟的商用 CFD 软件，采用有限体积法进行流体计算域控制方程的集散。而第 5 章开发的基于浸入边界法的新算法求解器研究选用有限差分法，一方面是因为本篇开发的求解器的有限差分法不再局限于难以解决计算复杂物体的难题，另一方面是因为有限差分法更利于编程和代码开发。

目前，湍流数值模拟方法主要分为两大类：直接数值模拟方法（DNS）和非直接数值模拟方法。直接数值模拟方法直接求解瞬时湍流控制方程，这种方法对计算机能力有非常高的要求，目前还无法真正在工程计算中得到应用。而非直接数值模拟方法对湍流做某种程度的近似和简化处理，不直接计算湍流的脉动特性。非直接数值模拟方法根据所采用近似和简化方法的不同，可以分为大涡模拟、统计平均法、Reynolds 平均法[151]。湍流模型是通过计算雷诺时均方程中的未知雷诺应力项，从而使得 RANS 方程封闭的。本篇第 3 章、第 4 章的流体域数值模拟采用雷诺时均法中的 SST k-ω 模型[152]。

SST k-ω 模型是标准 k-ω 考虑剪切应力的修正模型，而标准 k-ω 模型是基于 Wilcox k-ω 模型产生，其中包含对低雷诺数效应、可压缩性和剪切流扩散的修改。对湍动能 k 和湍流扩散率 ω 剪切层外的自由流灵敏度敏感性较强是 Wilcox 模型的一个重要缺点，标准 k-ω 模型降低了此依赖性，同时可以对计算结果产生显著影响，特别是对于自由剪切流。标准 k-ω 模型湍动能 k 和湍流扩散率 ω 的输运方程为

$$\frac{\partial}{\partial t}(\rho k)+\frac{\partial}{\partial x_i}(\rho k u_i)=\left[\Gamma_k \frac{\partial k}{\partial x_j}\right]+G_k-Y_k+S_k \tag{2.4}$$

$$\frac{\partial}{\partial t}(\rho \omega)+\frac{\partial}{\partial x_i}(\rho \omega u_i)=\left[\Gamma_\omega \frac{\partial \omega}{\partial x_j}\right]+G_\omega-Y_\omega+S_\omega \tag{2.5}$$

式中，G_k 是指由于速度梯度产生的湍动能；G_ω 是指湍流扩散率的产生项；Y_k 和 Y_ω 代表湍流引起的耗散；S_k 和 S_ω 是指用户自定义的源项；Γ_k 和 Γ_ω 分别代表 k 和 ω 的有效扩散系数，由下式得出：

$$\Gamma_k=\mu+\frac{\mu_t}{\sigma_k} \tag{2.6}$$

$$\Gamma_\omega=\mu+\frac{\mu_t}{\sigma_\omega} \tag{2.7}$$

其中，σ_k 和 σ_ω 分别为 k 和 ω 的湍流 Prandtl 数，其中湍流黏度项 μ_t 为

$$\mu_t=\alpha^* \frac{\rho k}{\omega} \tag{2.8}$$

SST $k-\omega$ 模型湍动能 k 与湍流扩散率 ω 的输运方程为

$$\frac{\partial}{\partial t}(\rho k)+\frac{\partial}{\partial x_i}(\rho k u_i)=\left[\Gamma_k \frac{\partial k}{\partial x_j}\right]+G_k-Y_k+S_k \tag{2.9}$$

$$\frac{\partial}{\partial t}(\rho \omega)+\frac{\partial}{\partial x_i}(\rho \omega u_i)=\left[\Gamma_\omega \frac{\partial \omega}{\partial x_j}\right]+G_\omega-Y_\omega+D_\omega+S_\omega \tag{2.10}$$

SST $k-\omega$ 和 Standard $k-\omega$ 模型之间的主要区别在于由给出的等式中的交叉扩散项 D_ω，计算公式为

$$D_\omega=2(1-F_1)\rho \frac{1}{\omega\sigma_{\omega,2}}\frac{\partial k}{\partial x_j}\frac{\partial \omega}{\partial x_j} \tag{2.11}$$

同时，在 SST $k-\omega$ 模型下，湍流黏度的表达式为

$$\mu_t=\frac{\rho k}{\omega}\frac{1}{\max\left[\frac{1}{\alpha^*},\frac{SF_2}{a_1\omega}\right]} \tag{2.12}$$

$$F_2=\tanh(\Phi_2^2) \tag{2.13}$$

$$\Phi_2^2=\max\left[2\frac{\sqrt{k}}{0.09\omega y},\frac{500\mu}{\rho y^2\omega}\right] \tag{2.14}$$

SST $k-\omega$ 模型在湍流黏度中加入了剪切应力的输运。这使得 SST $k-\omega$ 模型比标准 $k-\omega$ 模型能更加精准地用于高压力梯度流、翼型绕流等更为广泛的流动模拟。在本篇对水泵流场非定常模拟计算中，也表现出较好的模拟效果。

对于近壁区域的流动，在很薄的壁面边界层中，黏性力占主导地位，只有在壁面边界层中使用很密的网格并且采用低雷诺数湍流模型是模拟此处流动最可靠的方法。但是这样会导致很大的计算量，特别是在模拟三维流动中，同时在沿壁面流动方向上网格布置若是不够，高纵横比的网格单元会导致计算精度的失准和发散。所以，解决此问题的传统方法是使用壁面函数。商用软件壁面函数理论是在基于对数率准则的基础上发展而来的，即认为近壁处的切向速度与壁面剪切应力 τ_ω 呈对数关系。其关系式为

$$u^+=\frac{U_t}{u_\tau}=\frac{1}{\kappa}\ln(y^+)+C \tag{2.15}$$

$$y^+=\frac{\rho\Delta y u_\tau}{\mu} \tag{2.16}$$

$$u_\tau=\left(\frac{\tau_\omega}{\rho}\right)^{\frac{1}{2}} \tag{2.17}$$

式中，u^+ 为近壁流体速度；u_τ 为壁面摩擦速度；τ_ω 为壁面切应力；U_t 表征距离壁面法向距离 Δy 处的壁面切向速度；C 为常数；y^+ 表征网格节点沿壁面法向到壁面的无量纲距离；κ 为 Karman 常数。

2.3 流固耦合基本理论

2.3.1 弹性固体的有限元理论

当水泵工作时，水泵叶片结构的表面会受到流体压力的作用，水压力是叶片的结构动力载荷，叶片因此产生变形；同时叶片的变形会对流场和流体流动产生影响，因此运动的叶片表面是流体域的运动边界。绕轴旋转的水泵叶轮和不断通过叶轮叶片流动的水体两种介质相互作用、耦合，构成了一个整体。而如何正确处理这流固交界面上流体与固体的相互作用成为研究流固耦合现象的关键问题。综合考虑数值计算成本与效率，本篇采用商用软件 ANSYS 提供的分步求解法来进行第 3 章的流固耦合计算[27]。

随着计算资源和方法的发展，有限元方法广泛应用于计算固体力学、电磁学、热学问题中，在计算工程和结构力学领域中得到了广泛的应用和大量的验证实践。在流体与固体相互作用的流固耦合问题中，可变形的弹性固体可以用弹性系统的求解方程（动力学运动方程）来分析[153]。动力学运动方程如下：

$$[\boldsymbol{M}]\{\ddot{u}\}+[\boldsymbol{C}]\{\dot{u}\}+[\boldsymbol{K}]\{u\}=\{\boldsymbol{Q}\} \tag{2.18}$$

式中，$[\boldsymbol{M}]$、$[\boldsymbol{C}]$、$[\boldsymbol{K}]$、$\{\boldsymbol{Q}\}$ 分别为质量矩阵、阻尼矩阵、刚度矩阵和节点载荷矢量；$\{\ddot{u}\}$、$\{\dot{u}\}$、$\{u\}$ 分别为系统节点的加速度向量、速度向量和位移向量，如 $\{u\}=\{x,y,z\}^t$，x、y、z 均为时间 t 的函数。

在商用软件 ANSYS 中求解线性方程(2.18)的方法主要有 2 种，即进行显示瞬态分析的前差分时间积分法和进行隐式瞬态分析的 Newmark 时间积分方法。

Newmark 时间积分方法基本原理源于基于线性加速度方法[154]，其中变量假定如下：

$$\dot{q}_{t+\Delta t}=\dot{q}_t+[(1-\beta)\ddot{q}_t+\beta\ddot{q}_{t+\Delta t}]\Delta t \tag{2.19}$$

$$q_{t+\Delta t}=q_t+\dot{q}_t\Delta t+\left[\left(\frac{1}{2}-\alpha\right)\ddot{q}_t+\alpha\ddot{q}_{t+\Delta t}\right]\Delta t^2 \tag{2.20}$$

式中，通过调整确定 Newmark 积分参数 α 和 β 来控制计算的精度和稳定性；$q_{t+\Delta t}$、$\dot{q}_{t+\Delta t}$、$\ddot{q}_{t+\Delta t}$ 分别为 $t+\Delta t$ 时刻节点的位移、速度和加速度向量。

求解的最终变量为位移向量 $q_{t+\Delta t}$，因此在 $t+\Delta t$ 时刻的运动方程可以化为只含有一个未知量 $q_{t+\Delta t}$ 表示的形式：

$$e_0M+e_1C+Kq_{t+\Delta t}=Q_t+M(e_0q_t+e_2\dot{q}_t+e_3\ddot{q}_t)+C(e_1q_t+e_4\dot{q}_t+e_5\ddot{q}_t) \tag{2.21}$$

式中，各个积分常数取值分别为 $e_0=\dfrac{1}{\alpha\Delta t^2}$、$e_1=\dfrac{\beta}{\alpha\Delta t}$、$e_2=\dfrac{1}{\alpha\Delta t}$、$e_3=\dfrac{1}{2\alpha}-1$、$e_4=\dfrac{\beta}{\alpha}-1$、$e_5=\dfrac{\Delta t}{2}\left(\dfrac{\beta}{\alpha}-2\right)$、$e_6=\Delta t(1-\beta)$、$e_7=\beta\Delta t$。进而由此式可以得出位移矢量 $q_{t+\Delta t}$。

通过对 $t+\Delta t$ 时刻的运动方程整理可以得到速度和加速度向量的表达式：

$$\ddot{q}_{t+\Delta t} = e_0(q_{t+\Delta t} - q_t) - e_2\dot{q}_t - e_3\ddot{q}_t \tag{2.22}$$

$$\dot{q}_{t+\Delta t} = \dot{q}_t + e_6\ddot{q}_t + e_7\ddot{q}_{t+\Delta t} \tag{2.23}$$

根据第四强度理论可计算等效应力[65,66]：

$$\sigma_e = \sqrt{\frac{1}{2}[(\sigma_1 - \sigma_2)^2 + (\sigma_2 - \sigma_3)^2 + (\sigma_3 - \sigma_1)^2]} \tag{2.24}$$

式中，σ_1、σ_2、σ_3 分别为 3 个主应力值。

2.3.2 流固耦合计算实现方法

本篇流固耦合计算利用的是 ANSYS Workbench 多物理场求解器来实现 CFX 流体计算软件与结构计算模块在交界面上的数据传递[154]。在一个耦合步内，通过 CFX 计算流体域中叶片表面瞬态压力分布，然后将交界面上流体压力信息传递给结构分析模块，作为结构计算的边界条件；再通过结构计算模块求解固体场有限元的结果信息，如叶片的变形、位移，最后再将数据传递返还给 CFX，以此实现流固耦合作用下的贯流泵转轮叶片结构动态响应模拟。这里涉及流体域和固体域交界面上信息的交换，交换交界面信息的时刻被称之为同步点，而交界面上的信息只有在同步点时刻才会被传递，其基本原理如图 2.1 所示。

第 3 章中流固耦合计算中流场计算使用六面体结构化网格，而叶片结构有限元计算的网格为四面体网格，这两种网格在流固交界面上的节点并不是一一对应的，因此需要通过插值算法实现交界面两侧流固网格节点上数据的互相交换。较多使用的是如图 2.2 所示的守恒插值方法。

守恒插值法基本原理如下。首先，流固交界面上发射侧和接收侧每个网格单元被分成 n 个小面，n 是交界面上该单元节点的个数；然后，这些三维的小面被转换到一个由行和列像素点构成二维的多边形上。这些分别从发射侧和接收侧转换过来的多边形会形成许多重叠的区域，称为控制面，进而通过这些控制面来传递两侧的数据。如果发射侧的面与接收侧的面完全匹配，则发射侧的信息会通过控制面准确地传递到接收侧的面上；当发射侧和接收侧的面不完全重合时，两侧不重合区域上的信息守恒插值将会把这个区域的信息设为零，同时不会被传递。因此，CFX 求解器将会忽略接收侧不重合区域的网格变形，并将这一区域的网格变形设为未指定的边界条件。

2.4 启动三维过渡过程基本理论

2.4.1 转矩平衡方程

第 4 章中，对轴伸贯流泵机组进行启动过渡过程数值模拟时，在电机电磁力矩带动叶轮从静止到开始旋转的过程中，流场的大幅改变会导致叶轮叶片表面所受水体阻力矩的剧烈变化，能否准确捕捉和模拟叶轮转速的提升规律是三维过渡过程的关键。此处引入力矩平衡方程，利用非定常数值计算在不同离散时间步长上进行时间推进的特点，通

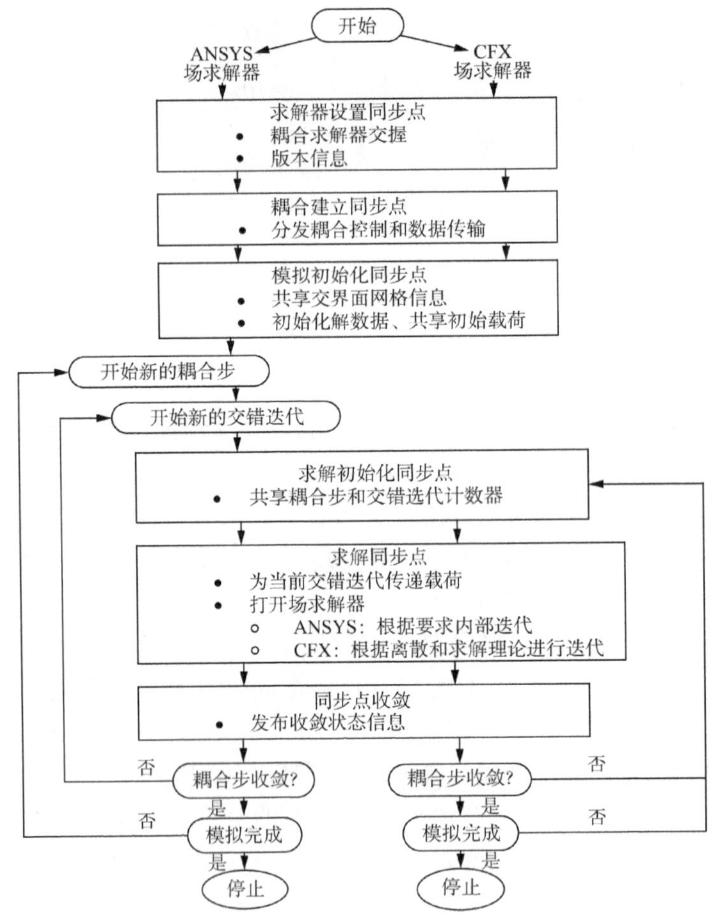

图 2.1　流体求解器与结构求解器数据交换的过程

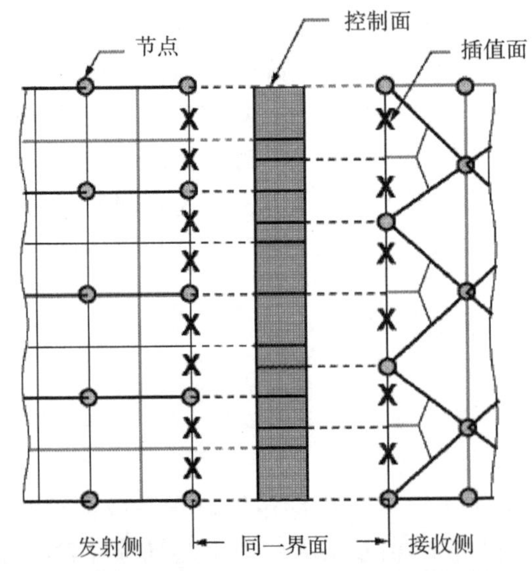

图 2.2　流固耦合交界面数据映射过程

过每一时间逐步推进计算转轮转速下一时刻的数值，对于开机，初始机组为静止状态，转速为 0。力矩平衡方程如下：

$$M_0 - M_1 - M_2 - M_3 = J\frac{\mathrm{d}\omega}{\mathrm{d}t} = \frac{\pi J}{30}\frac{\mathrm{d}n}{\mathrm{d}t} \tag{2.25}$$

式中，M_0 为水泵机组启动过程中的电机电磁力矩；M_1 为水泵机组启动过程中叶轮所受水阻力矩，通过 UDF 功能实时读取叶轮转矩得到；M_2 为机组启动过程中轴承的摩擦力矩；M_3 为机组启动过程中电机的风损力矩，数值较小，在本篇模拟中忽略；J 为机组转动惯量；ω 为机组叶轮的旋转角速度；n 为机组叶轮的转速。

其中，电动机电磁力矩 M_0[155]为

$$M_0 = \frac{(2+2S_m)M_m}{\frac{S_m n_0}{n_0 - n} + \frac{n_0 - n}{S_m n_0} + 2S_m}\left[1 - \frac{U_0 - U_m}{U_0}e^{-R(t/T)^K}\right]^2 \tag{2.26}$$

式中，M_m 为电动机最大转矩；S_m 为临界转差率；n_0 为同步转速；n 为瞬时转速；U_0 为定子端电压额定值；U_m 为启动瞬间定子端电压；R 为常系数，$R=0.6-0.8$；K 为常指数，$K=5.0-6.5$；T 为电动机启动时刻至转速达亚同步($n=0.95n_0$)时刻之间的历时。

轴承摩擦力矩 M_2[155]包括：

(1) 旋转叶轮因其所受重力、轴向水推力及受水体浮力而产生的推力轴承摩擦力矩 M_c。

(2) 水泵、电机上、下导轴承的径向摩擦力矩为 M_r，M_r 相较于推力轴承摩擦力矩较小，此处省略。因此，M_2 计算公式为

$$M_2 = M_C = (G' + P)r_{CP}f \tag{2.27}$$

式中，G' 为转动部件重力减去转轮在水中的浮力(N)；P 为水泵叶轮所受轴向水推力，由 UDF(用户自定义函数)功能实时读取得到；r_{CP} 表示轴承摩擦半径(m)，$r_{CP} = \frac{2}{3}\frac{({r_1}^2 + r_1 r_2 + {r_2}^2)}{r_1 + r_2}$，公式中 r_1、r_2 分别为内径和外径(m)；f 为动摩擦系数，$f = 0.007 \sim 0.01$。

2.4.2 启动过程数值模拟方法

轴伸贯流泵在启动过渡过程中，当闸门没有完全打开时，存在水锤，启动扬程会比额定运行时高出几倍，为了降低启动扬程，减小启动电机载荷，本篇所研究的泵站在闸门上附加了两个拍门分流。因此，在对此贯流泵启动过渡过程进行数值模拟时，由于边界的运动，如何实现拍门、快速闸门的开启在三维数值模拟中不可避免地成为需要解决的问题。本篇第 4 章三维过渡过程模拟使用的 CFD 软件为 ANSYS-FLUENT，利用 FLUENT 自带的动网格及用户自定义函数(UDF)来解决快速闸门及附加拍门开启问题。

2.4.2.1 用户自定义函数 UDF

用户自定义函数(UDF)是 FLUENT 软件提供的对软件中特定功能进行扩展的功

能，其基本编译语言为 C 语言[154]。

FLUENT 在软件内预置了众多的预定义宏和函数，而当使用 UDF 功能时，除了需使用其指定的 C 语言编写程序外，还需使用 DEFINE 宏来实现想要的功能。可以说，UDF 是预置在 FLUENT 内供用户调用的半规范程序。UDF 用途很广：修改边界条件、边界变化、运输方程源项、扩展率系数等；对迭代过程计算值进行调整；预设几何模型的变化、运动规律；自行设置初场、定义初始参数值；其他多种功能等[156]。

本篇中使用的编译型 UDF[154]，其应用主要体现在三个方面：一是预先定义力矩平衡方程推导叶轮转速的规律和指定拍门、快速闸门的运动规律；二是运用 UDF 功能在每个时间步长后读取叶轮力矩、轴向力等数值，进一步实现叶轮力矩方程的计算，控制开机过程中叶轮的转速变化；三是实现参数的输入输出。

2.4.2.2 闸门启动过程数值模拟方法

本篇所研究的贯流泵站是具有“S”形出水流道的轴流贯流泵机组，启动过程需要快速闸门的开启来实现[157]。在对快速闸门进行三维数值模拟时，本篇中应用了动网格中的铺层法动网格。铺层过程中包含了边界上网格的生成与消失，也就是说该方法可以根据计算区域的扩张或者收缩来相应地生成网格或者合并网格。铺层法动网格的特点是随着网格区域的变化，自动对网格进行生成和销毁；支持的网格类型为四边形(二维)、六面体、三棱柱网格；适用于运动边界做线性变化的情况[158]。

鉴于铺层法动网格的特点，利用其处理快速闸门处的运动边界条件十分合适。快速闸门从关闭到开启过程中，利用 UDF 方法预先写入闸门体的运动规律，当闸门体变化至最小值时，使其保有一定网格高度且与主体流道分离，从而保证流道的完全断流。

而对于拍门，依附于闸门上，鉴于重构网格的难度较大，本篇运用铺层网格和滑移网格的方法代替网格重构，模拟拍门启闭过程。拍门总体滑移速度与闸门启闭速度相同，同时拍门按照两侧水压大小进行开启和关闭。

快速闸门及拍门流体网格开启过程不同时刻位置如图 2.3 所示。t_1 时刻为闸门未开启时刻；t_2 时刻为闸门刚刚开启上升，同时拍门左侧压力大于右侧，拍门网格开始进行滑移运动；t_3 时刻为闸门升起近流道高度的一半，同时拍门开始逐渐关闭；t_4 时刻为闸门离开出水流道，为完全开启状态。

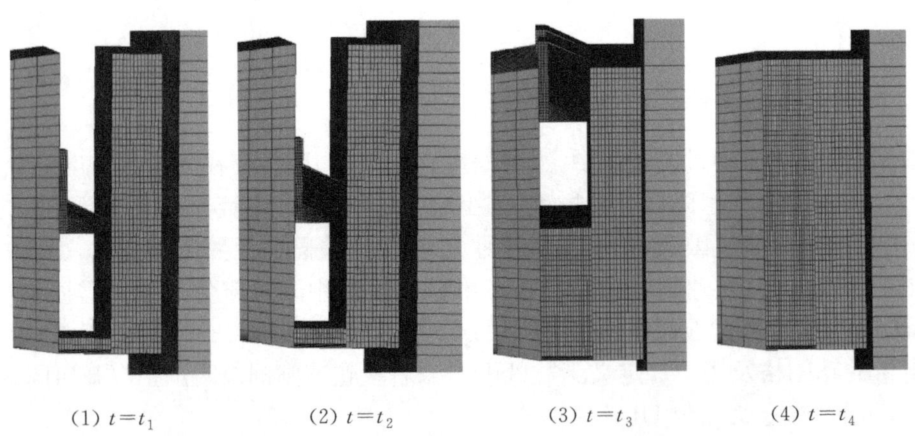

(1) $t=t_1$　(2) $t=t_2$　(3) $t=t_3$　(4) $t=t_4$

图 2.3 快速闸门及拍门流体网格开启过程不同时刻位置图

2.5 自开发求解器基本算法

2.5.1 无量纲形式下的流体控制方程

不可压缩的牛顿流体流动由以下连续性方程和 N-S 动量方程[159]表述：

$$\nabla \cdot \vec{u} = 0 \tag{2.28}$$

$$\frac{\partial \vec{u}}{\partial t} + \vec{u} \cdot \nabla \vec{u} = \frac{1}{\rho}(-\nabla p + \nabla \cdot (2\mu \overline{\overline{D}}) + \rho \vec{g}) \tag{2.29}$$

式中，$\vec{u}$ 为速度矢量，t 为物理时间，ρ 为流体密度，p 为压强，μ 为流体动力黏度，$\overline{\overline{D}}$ 为剪切应力张量，$\vec{g}$ 为重力加速度。利用长度 L、水的密度 ρ_w、水的动力黏度 μ_w 来无量纲化上述的控制方程，即将

$$x = L \cdot x \tag{2.30}$$

$$\vec{u} = U \cdot \vec{u} \tag{2.31}$$

$$t = \frac{L}{U} \cdot t \tag{2.32}$$

代入上述方程，可以得到无量纲形式下的连续性方程及动量方程：

$$\nabla \cdot \vec{u} = 0 \tag{2.33}$$

$$\frac{\partial \vec{u}}{\partial t} + \vec{u} \cdot \nabla \vec{u} = -\frac{1}{\rho} \nabla p + \frac{1}{\rho} \frac{1}{Re} \nabla \cdot (2\mu \overline{\overline{D}}) + \frac{1}{Fr^2} \vec{j} \tag{2.34}$$

其中，Re 为雷诺数，表征为流体惯性力与黏性力之比：

$$Re = \frac{\rho_w UL}{\mu_w} \tag{2.35}$$

Fr^2 为弗洛德数，表征为惯性力与重力之比：

$$Fr^2 = \frac{U^2}{gL} \tag{2.36}$$

雷诺时均方法可以在有限的计算资源下较好地对流动的时均特性进行捕捉，工程应用广泛，但无法得到湍流运动的很多细微结构和瞬态流动特征。大涡模拟(LES)是对湍流脉动的一种空间平均，通过滤波函数将大尺度的涡和小尺度的涡分别进行辨识，辨识出来的大尺度的涡进行直接数值模拟，而小尺度的涡通过数学模型来进行描述。大涡模拟成立的理论基础是在高雷诺数湍流中存在惯性子区尺度的涡，而该尺度的涡是具有统计学意义上的各项同性的性质，理论上它既不含能量也不耗散能量，它将含能的大尺度涡的能量传递给耗散尺度的涡。

考虑大涡模拟的动量方程为

$$\frac{\partial \boldsymbol{u}}{\partial t}+\boldsymbol{u}\cdot\nabla\boldsymbol{u}=\frac{1}{\rho}(-\nabla p+\nabla\cdot(2\mu\overline{\overline{D}})+\rho\boldsymbol{g}-\nabla\cdot\boldsymbol{\tau}_{sgs}) \tag{2.37}$$

式中，$\boldsymbol{\tau}_{sgs}$ 为亚格子应力，采用动态 Smagorinsky 模型[160-162]。

2.5.2 离散与数值格式

基于直角坐标系 (x,y,z) 空间区域使用交错笛卡尔网格 Marker and Cell (MAC) 网格[150]进行离散，如图 2.4 所示。u、v、w 分别为速度在 x、y、z 方向上的分量，分别定义于 x、y、z 轴穿过的垂直平面中心。而其余变量，如压强、密度、动力黏度均定义于六面体网格单元的体心。每个网格中心序列标记为 (i,j,k)，同时 x、y、z 方向上网格面分别标记为 $(i-1/2,j,k)$、$(i+1/2,j,k)$、$(i,j-1/2,k)$、$(i,j+1/2,k)$、$(i,j,k-1/2)$、$(i,j,k+1/2)$。

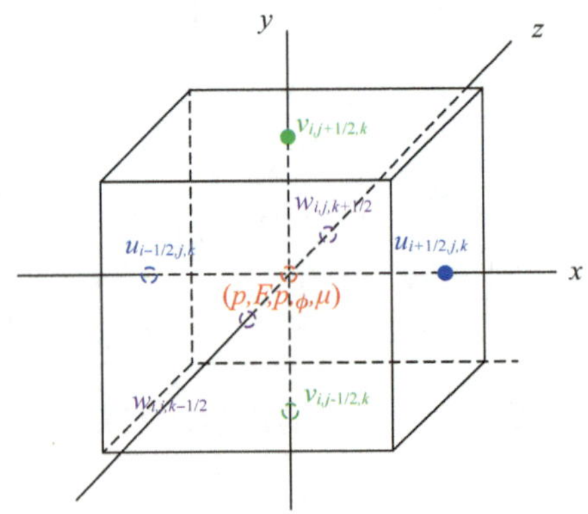

图 2.4 MAC 网格及变量定义位置示意图

流体计算区域空间上基于有限差分法进行离散，使用二阶中心差分格式，即在空间上为二阶精度。N-S 方程利用投影法分解进行求解。时间推进上使用二阶龙格-库塔(Second-Order Runge-Kutta，RK2)法[160]。

$$H_i^n=-\frac{\partial u_i^n u_j^n}{\partial x_j}+\frac{\partial}{\partial x_j}\left[\mu\left(\frac{\partial u_j^n}{\partial x_i}+\frac{\partial u_i^n}{\partial x_j}\right)\right] \tag{2.38}$$

$$u_i^{n+1,*}=u_i^n+H_i^n\Delta t \tag{2.39}$$

$$\frac{\partial^2 p^{n+1}}{\partial x_i\partial x_i}=\frac{1}{\Delta t}\frac{\partial u_i^{n+1,*}}{\partial x_i} \tag{2.40}$$

$$u_i^{n+1}=u_i^{n+1,*}-\frac{\partial p^{n+1}}{\partial x_i}\Delta t \tag{2.41}$$

$$H_i^{n+1}=-\frac{\partial u_i^{n+1}u_j^{n+1}}{\partial x_j}+\frac{\partial}{\partial x_j}\left[\mu\left(\left(\frac{\partial u_j^{n+1}}{\partial x_i}+\frac{\partial u_i^{n+1}}{\partial x_j}\right)\right)\right] \tag{2.42}$$

$$\overline{H}_i^{n+1}=\frac{1}{2}\left(H_i^{n+1}-H_i^n+\frac{\partial p^{n+1}}{\partial x_i}\right) \tag{2.43}$$

$$\overline{u_i^{n+1,*}} = u_i^{n+1} + \overline{H}_i^{n+1} \Delta t \tag{2.44}$$

$$\frac{\partial^2 p^{n+1,c}}{\partial x_i \partial x_i} = \frac{2}{\Delta t} \frac{\partial \overline{u_i^{n+1,*}}}{\partial x_i} \tag{2.45}$$

$$\overline{u_i^{n+1}} = \overline{u_i^{n+1,*}} - \frac{1}{2} \frac{\partial p^{n+1,c}}{\partial x_i} \Delta t \tag{2.46}$$

式(2.38)至式(2.46)为时间步长 n 至 $n+1$，采用二阶龙格-库塔法和投影法求解 N-S 方程程序算法的求解过程[159-163]。

2.6 小结

本章主要对本篇研究内容所涉及的基本理论和计算方法做了简要概述，介绍了 CFD 商用软件的基本理论，包括流体基本控制方程、空间离散格式、封闭雷诺时均方程的湍流模型以及解决近壁流动所采用的壁面函数方法；阐述了流固耦合相关理论，其中主要包括流固耦合基本原理和方程，有限元理论和商用软件所实现的流固耦合数值计算方法；给出了过渡过程转矩平衡方程及方程中各参数的取定；同时由于本篇水泵三维启动过程中考虑闸门及拍门的参与，介绍了闸门及拍门在数值模拟中实现的方法。最后给出了自开发求解器的无量纲控制方程，空间离散交错网格的形式以及其他数值格式，如时间推进的二阶龙格-库塔法。本章内容是后面章节的理论基础。

第 3 章
贯流泵叶轮叶片流固耦合结构响应研究

3.1 概述

叶轮作为贯流泵装置抽水的核心部件，在高速旋转的工作状态下持续对流体做功，保证其结构的安全、稳定至关重要。本章以某泵站轴伸贯流泵原型为研究对象，基于多重坐标系下，利用 ANSYS Workbench 的多物理场求解器中结构场与流体场模块来建立相应的贯流泵内部流动 CFD 计算、固体有限元动态求解以及传递交界面上不同模块之间数据等数值计算方法，并首次尝试通过真机试验的方法进行验证。同时对叶轮叶片物理结构提出改进，以探究不同叶片结构在瞬态流场下的结构响应分布。本章对贯流泵流固耦合的研究能够为贯流泵叶轮叶片在设计阶段进行结构稳定性分析和改善提供依据和参考。

3.2 物理模型及参数

以中国江苏某轴伸贯流泵装置为研究对象，建立了包括进出水流道、前置导叶、叶轮、后置导叶的全流道计算模型，如图 3.1 所示，主要过流部件如图 3.2 所示，水泵特征参数如表 3.1 所列。本章通过商用软件 ANSYS Workbench 和双向流固耦合方法计算分析了轴伸贯流泵装置叶轮叶片多工况下的结构响应应力分布，通过建立叶轮叶片旋转坐标系与空间静止坐标系间的对应关系，研究了叶片应力变化规律。具体包括：

建立了重力场作用下贯流泵装置流体域与旋转叶轮叶片双向流固耦合求解方法，研究了叶片表面水压力分布和叶片内外等效应力分布趋势，发现叶片压力面与吸力面的进水边侧根部与轴连接处均发生应力集中同时应力水平较大，叶片最大等效应力出现在吸力面进水边侧根部与轴连接处。通过建立跟随叶轮叶片运动的旋转坐标系与空间静止坐标系的对应关系，揭示了在不同工况下，叶片结构监测点的等效应力在一个逆时针的旋转周期内均出现先增大后减小的波动趋势。并引入无量纲应力系数，发现叶片进出水边应力波动幅值大于叶片中部。

提出一种叶轮叶片根部“非对称结构”的加厚方法，研究了不同叶片根部加厚方案对叶片根部应力集中的改善效果，分析了一个叶轮叶片旋转周期内最大等效应力波动以及叶片根部应力分布在不同加厚方案下的差异。通过对比发现，对叶轮叶片应力集中区域的加厚可以在较小影响泵装置水力性能的前提下有效缩小应力集中范围和降低最大等效应力值。因此，在叶轮设计阶段可以通过流固耦合的方法来改善叶片的应力分布以增强水泵叶轮的结构稳定性。同时设计了当贯流泵运行工作时，于水中对旋转叶轮叶片的表面应力特性进行测量的真机试验方法，试验结果与数值模拟结果一致，并分析了误差产生的原因。进出水流道俯视为平面“S”形，叶片调节机构采用蜗轮蜗杆停机手动调节。为全面分析泵装置流动与应力特性，选取叶轮叶片安放角 0°下，扬程分别为 2.5 m、3 m、3.5 m、4 m 的 4 个工况点进行计算。流体域采用 UG 软件进行建模。

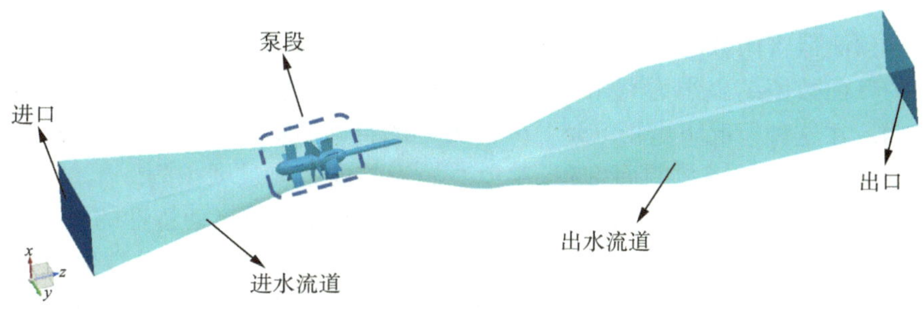

图 3.1 轴伸贯流泵装置几何模型

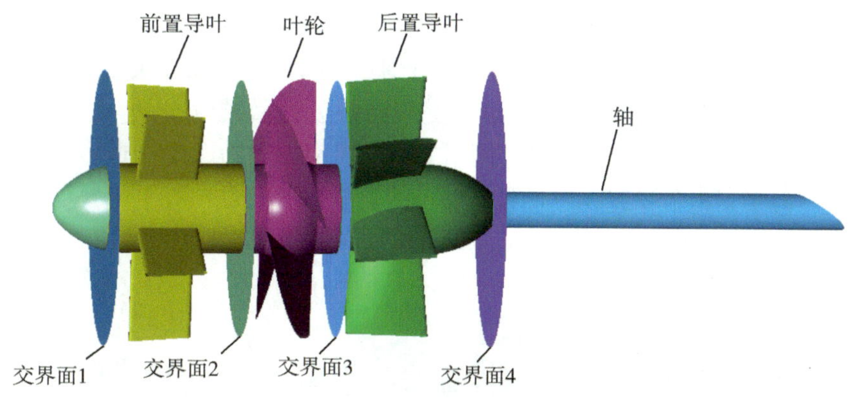

图 3.2 主要过流部件

表 3.1 泵装置特征参数

水泵型号	1700ZWSQ10-2.5	叶片安放角	−6°～+4°
叶轮直径	1.7 m	叶轮中心高程	1 m
叶轮叶片数	4 片	设计流量	10 m^3/s
前置导叶数	5 片	设计扬程	2.5 m
后置导叶数	7 片	额定转速	250 r/min

3.3 数值计算设定

本章计算控制方程基于连续性方程与雷诺时均 N-S 方程，求解采用双向流固耦合计算方法，考虑叶轮结构与流场间的相互作用。计算中，对泵装置内部流场进行非定常计算，将每一个时间步长内流场计算结果中流固交界面的水压力作为叶轮叶片动力学计算的载荷，得到叶片变形结果后将变形数据返还至流场，流场做相应更新，再进行下一个时间步长的计算。

水力机械中的流动一般认为水流是不可压缩流体，热交换量忽略，故不考虑能量守恒方程。通过雷诺时均 N-S 方程描述湍流运动时具有不封闭性，需要引入湍流模型来封闭方程组。水泵工作过程中，叶片周围的流场会出现边界层分离的现象，此时壁面函数法不能正确预测低雷诺数的边界层内流动。而在水力机械流固耦合数值计算中，流固耦合交界面的壁面数值结果作为有限元分析的载荷边界条件，对计算结果精度有着直接、重要的影响。在这种情况下，基于 SST k-ω 方程的自动壁面处理模型能够在近壁区将壁面函数自动调整为低雷诺数壁面方程，避免对涡流黏度造成过度预测[145]。因此，本章采用能够准确模拟近壁面区域的 SST k-ω 模型进行流场计算域流动特性的模拟。

流体域包括进水流道、前置导叶、叶轮、后置导叶和出水流道。在数值模拟中，网格不仅是几何模型的间接表达形式，也是数值计算、分析的重要载体，网格质量的好坏直接关系到计算的精度及效率，同样直接影响计算结果的正确性与可靠性。泵装置全流道过流部件多、几何形状复杂，为保证计算精度，运用 ANSYS-ICEM 对流体区域进行六面体结构化网格划分，其中前置导叶与后置导叶运用 H 型网格拓扑，考虑叶轮叶片包角较大，为保证网格质量，使用 J 型网格拓扑对叶轮网格进行剖分，同时对过流部件壁面进行了边界层网格划分及局部加密。对划分出来的不同尺度的网格进行敏感性分析，划分选取 226 万、314 万、406 万、455 万这 4 套不同数量的网格方案。当网格数为 406 万时，力矩相对变化值小于 1.2%，因而整个水泵装置流体计算域网格的数量取 406 万。对于主要过流部件，边界层处距离壁面第一层网格 $30<y^+<60$。流体计算区域网格如图 3.3 所示。

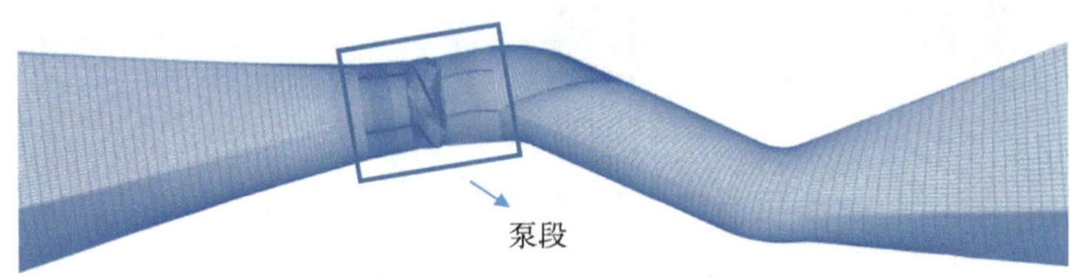

(1) 全过流流道

前置导叶 叶轮 后置导叶

(2) 主要部件过流表面

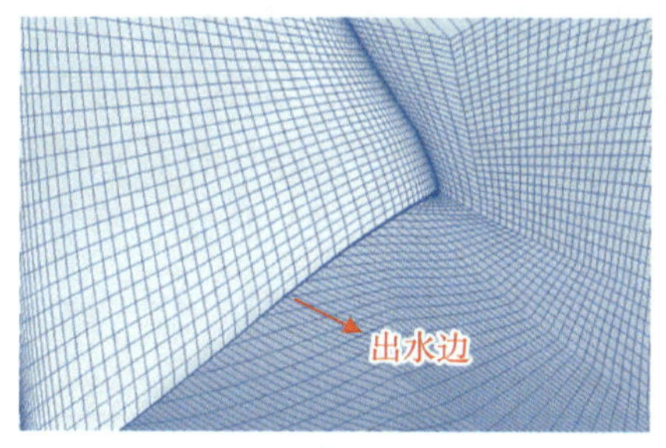

(3) 叶片前缘根部

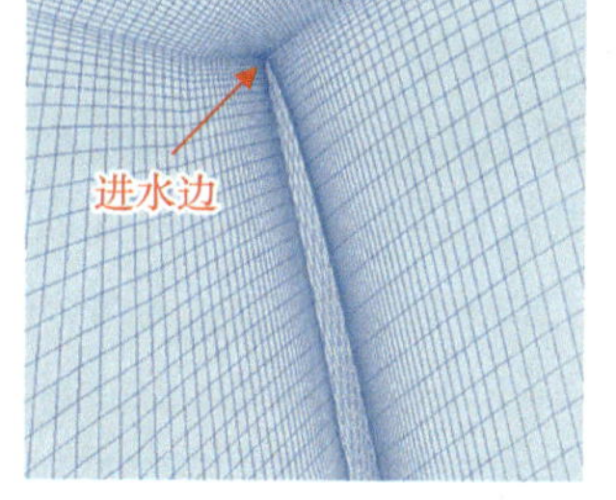

(4) 叶片前缘顶部

图 3.3 流体计算区域结构化网格

在 CFX 软件平台上完成对流场计算的数值模拟工作，采用有限体积法对控制方程组进行离散，对流项采用高阶求解格式，扩散项和压力梯度采用有限元函数表示。流场的求解使用全隐式多重网格耦合方法，将动量方程和连续性方程耦合求解[65,149]。边界条件为流场进口处设置质量流量进口，出口处设置静压出口，固壁上采用绝热、无滑移边界条件，叶轮流体域与叶轮实体相接部分定义为流固耦合边界，采用瞬态冻结转子法处理动静区域间动静耦合的参数传递。考虑重力对整体流场的影响，时间步长取 0.001 s，即每个时间步长叶片转过的角度为 1.5°，转过一个周期需 240 个时间步长。综合考虑计算的时间和资源以及结果的可靠性，整个模拟取 8 个完整的周期，即总计算时间为 1.92 s。

过去许多学者将叶轮整体作为结构计算的对象，仅仅保留了研究对象的外形轮廓，而没有对其结构细节进行讨论分析[53,60,64-68]。实际中，本篇叶片调节机构采用蜗轮蜗杆停机手动调节，叶轮内部结构较为复杂。如图 3.4 所示，不同的叶片结构决定了不同的有限元的计算域，因此有限元计算中并不能简单考虑叶轮整体为实心结构。所以，本章流固耦合结构计算的对象考虑为该叶轮单个叶片，这样可以更为精确地描述有限元计算的结构、边界条件，并获得精确的有限元计算结果。叶片实体部分仍采用 UG 软件建模。

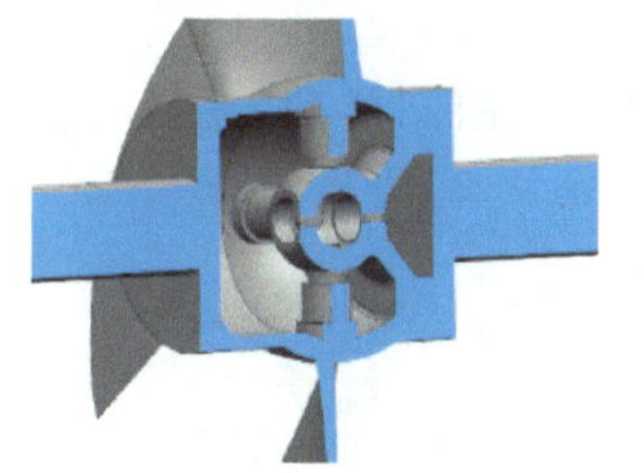

(1) 中截面侧视图

(2) 轴向中截面轴向视图

(3) 单叶片结构

图 3.4 叶轮结构图

叶轮的材料为 ZG0Cr13Ni4CuMo，其材料特性见表 3.2。采用自由划分的方法对叶片划分网格，由于应力集中常发生在叶片根部区域[164]，故对这一敏感区域网格进行了加密。通过对网格尺寸大小分别为 20 mm、10 mm 及 10 mm 以下 2 种不同加密程度，共 4 种方案进行等效应力有限元静力学计算来进行网格敏感性分析，分析发现 10 mm 以下 2 种不同加密程度网格所得结果较为接近，即在当前网格划分方案下模拟结果能够收敛。网格划分共产生 126 136 个单元和 198 127 个节点，如图 3.5 所示。

叶片模型边界条件包括结构约束和载荷,有限元计算需要施加足够的约束来约束结构的运动,防止结构产生刚体位移,故对圆柱面 A 施加固定约束以限制 A 面在空间各方向的运动,对图中的 B、C 两个圆柱面施加圆柱约束,来约束叶片在径向的运动。叶片表面 D 面设置为流固耦合交界面,将流场与固体场相应信息进行传递。有限元分析时间步长和总时间与流场设置相同。整个叶片载荷和约束的设置如图 3.6 所示。

表 3.2 叶轮材料特性

参数	密度 ρ (kg/m^3)	杨氏模量 E(GPa)	泊松比 μ	屈服强度 σ_s(MPa)
值	7 730	203	0.291	550

图 3.5 叶片网格　　图 3.6 叶片边界条件设置

3.4 流场试验对比分析

得到精确的流场计算结果和获取准确的固体结构表面瞬态水压力载荷是保证流固耦合计算结果正确的关键。因此,对比所建立的结构化网格下对流场多工况进行非定常计算的数值模拟结果和厂家提供的水泵性能曲线图纸,得到了该贯流泵装置的流量-扬程-效率外特性数值模拟与试验对比曲线,如图 3.7 所示。由图可知,流量、扬程、效率的

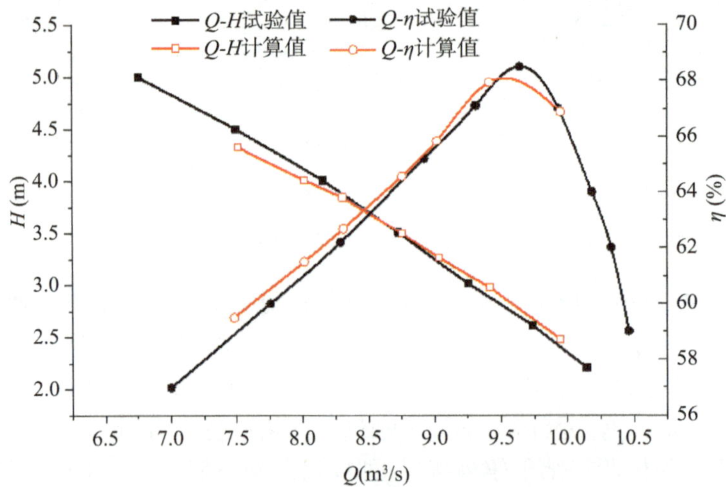

图 3.7 贯流泵叶轮外特性计算和试验值的对比

计算值与试验值吻合程度较高，各点误差均不超过±3%，这也说明本篇所生成的流体域结构化网格与采用的数值计算模型方法可以较为准确地预测该贯流泵的特性，从而为下文研究贯流泵叶轮叶片应力特性提供保证。

3.5 主要计算成果

3.5.1 叶轮叶片应力分布

为分析流固耦合计算中不同工况叶轮叶片应力分布与空间位置的关系，定义了静止坐标系(x, y)与跟随叶轮叶片旋转的旋转坐标系(ψ, ξ)，如图 3.8 所示。叶轮叶片在一个旋转周期内的位置决定于旋转坐标系的正 ψ 轴与静止坐标系的正 y 轴逆时针方向的转动角度 φ。当所分析的叶片位于旋转最高点，叶片顶部至轴的方向为重力方向时，$\varphi=0°$。

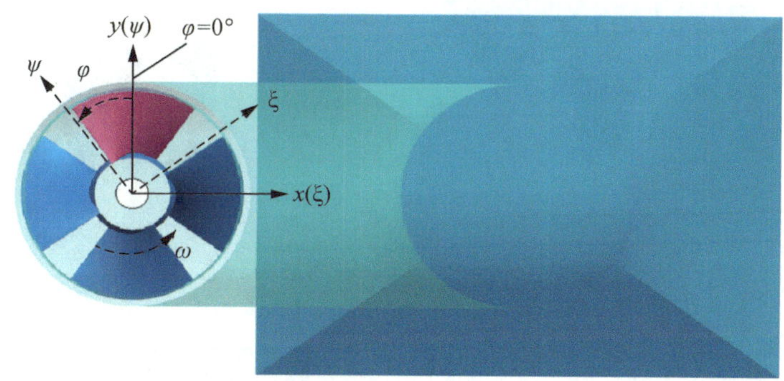

图 3.8 坐标系定义

叶片结构的应力分布变化源于贯流泵内部流场强烈的周期性水动力的持续作用。本篇计算了 $H=2.5$ m(设计扬程工况)、$H=3$ m、$H=3.5$ m、$H=4$ m(最大扬程工况)4 个工况下轴伸贯流泵装置全流道非定常湍流流场和叶轮叶片应力特性。4 个工况下叶片表面水压力与结构应力分布规律均较为相似，但是数值上有较大区别。图 3.9 是设计工况($H=2.5$ m)$\varphi=0°$时叶片表面压力分布云图。高压区出现在叶片压力面的进水侧，低压区出现在叶片吸力面的进水侧；压力面从进水侧到出水侧压力逐渐减小，吸力

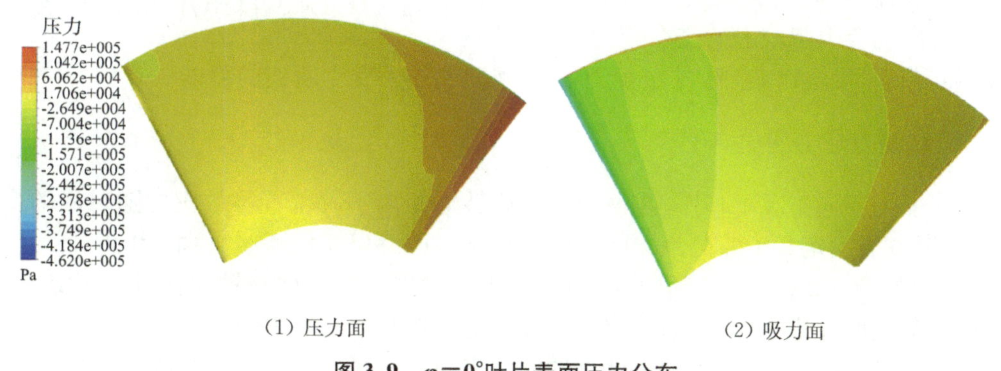

(1) 压力面 (2) 吸力面

图 3.9 $\varphi=0°$叶片表面压力分布

面从进水侧到出水侧压力逐渐增大。压力梯度变化在靠近进水侧较大，反映出水泵工作时，叶轮进水侧对流体做功较多。图 3.10 所示为叶片角度 $\varphi=0°$时在水力激励下相应的应力分布。由图可见，叶片应力较大的区域主要分布在靠近叶片进水侧，叶片出水侧附近区域的应力值较小。叶片压力面与吸力面的进水侧根部与轴连接处均发生应力集中，最大等效应力出现在叶片吸力面进水侧根部与轴连接处。图 3.11 所示为该泵装置叶轮叶片实际裂纹产生处，与图 3.10(2)对比可见裂纹产生处位于数值模拟中的应力集中区域，说明实际裂纹的产生是高应力区域集中造成的结构损伤。

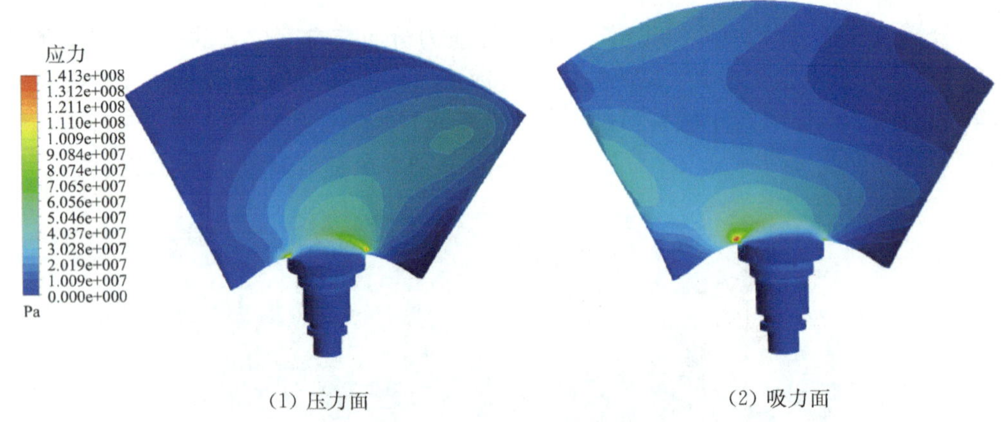

(1) 压力面　　(2) 吸力面

图 3.10　$\varphi=0°$叶片表面应力分布

如图 3.12 所示是不同扬程工况下 $\varphi=0°$时，叶片内缘附近截面应力分布云图。由图可见，随着扬程的升高，叶片内部与外侧应力值均有所升高，这是因为叶片表面承受更为强烈的水压力脉动。叶片根部的应力集中区域，由外至内逐渐扩大。叶片根部两侧与轴连接处内外出现大区域的高应力分布，在实际泵装置运行中，此处是叶片结构较为容易产生裂纹的部位。在此高应力区域，叶片内部本身和后天缺陷部位会诱发和扩大微观裂纹，随着叶轮旋转的动静干涉作用，流场的压力脉动会引起较大的交变应力，导致微观裂纹不断萌发、聚集、相互影响，进而形成宏观裂纹加大发生断裂的可能。

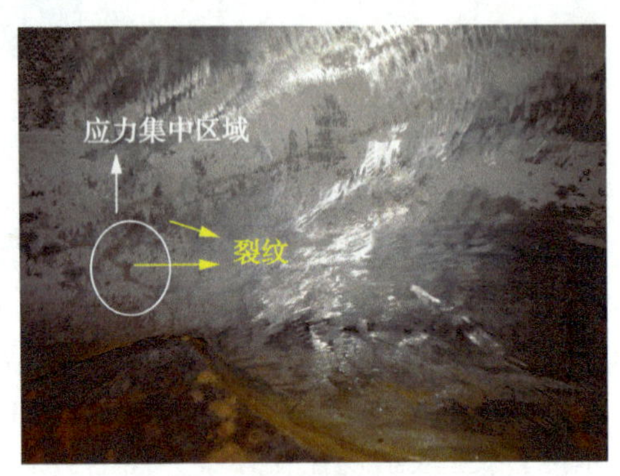

图 3.11　泵站叶轮叶片实际裂纹产生处

3.5.2　监测点应力特性

为了获得不同工况下，叶片在一个空间旋转周期内不同位置等效应力随时间的变化规律，在叶片表面定义了监测点 P1～P6，其中 P2、P4 和 P6 位于吸力面，P1、P3 和 P5 位于压力面，如图 3.13 所示。其中，P1、P2 位于叶片进水侧根部与轴连接处，P3、P4 位于叶片中部靠近叶片进水侧，P5、P6 位于叶片中部靠近叶片出水边侧。

图 3.14 所示是通过流固耦合计算的叶片表面上监测点 P1、P2、P3、P5 在叶片的一个空间旋转周期内不同工况下等效应力随时间的变化规律。如图可见，不同扬程下（$H=$

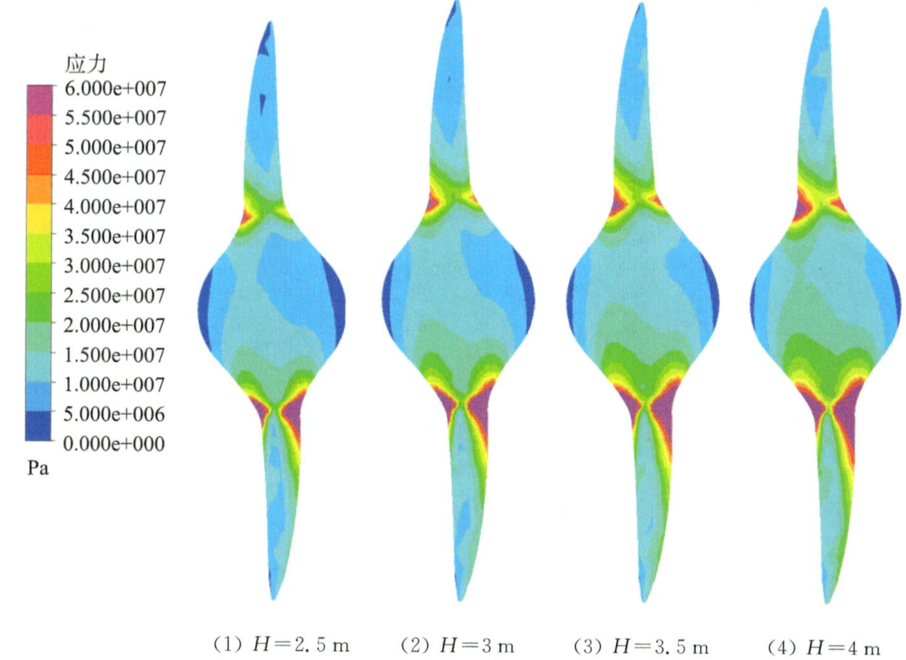

(1) $H=2.5$ m　(2) $H=3$ m　(3) $H=3.5$ m　(4) $H=4$ m

图 3.12　$\varphi=0°$叶片内缘截面应力分布

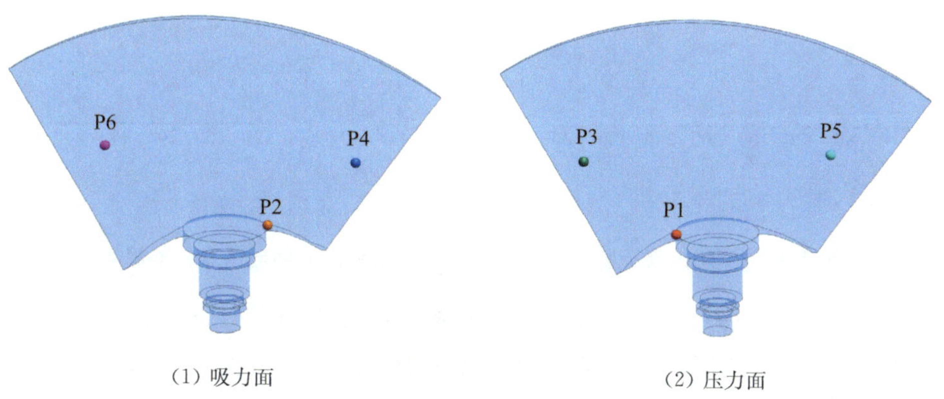

(1) 吸力面　(2) 压力面

图 3.13　监测点设置

2.5 m、$H=3$ m、$H=3.5$ m、$H=4$ m)叶片 P1、P2、P3、P5 处等效应力变化规律较为相似,同时考虑重力的影响,在一个旋转周期内均出现明显的先增大后减小的波动趋势,在 $H=2.5$ m 和 $H=3$ m 扬程下,等效应力最大值出现在 $\varphi=66°$位置;在 $H=3.5$ m 和 $H=4$ m 扬程下,等效应力最大值出现在 $\varphi=140°$位置;同时最小值均出现在 $\varphi=270°$位置。等效应力最大值与最小值没有出现在 180°和 360°(0°)位置是因为此轴伸贯流泵的出水流道位于叶轮转轴的一侧,非对称的流道结构造成了叶片表面在重力方向两侧非对称的水压力载荷。同时在一个旋转周期内,均匀出现了 5 个局部的应力突变(上升再下降),此时叶片位置均位于 5 个前置导叶的正后方(前置导叶向后方的延伸为叶轮叶片进水边至出水边的中间位置)。说明受叶轮和前置导叶之间动静干涉的作用,叶片表面的水压力载荷也产生一定程度的波动。在相同监测点下，随着扬程越高，等效应力值越大；同时，叶片进水侧根部与轴连接处的 P1、P2 相对于叶片中部的 P3、P5 表现出明显更大的应力值。

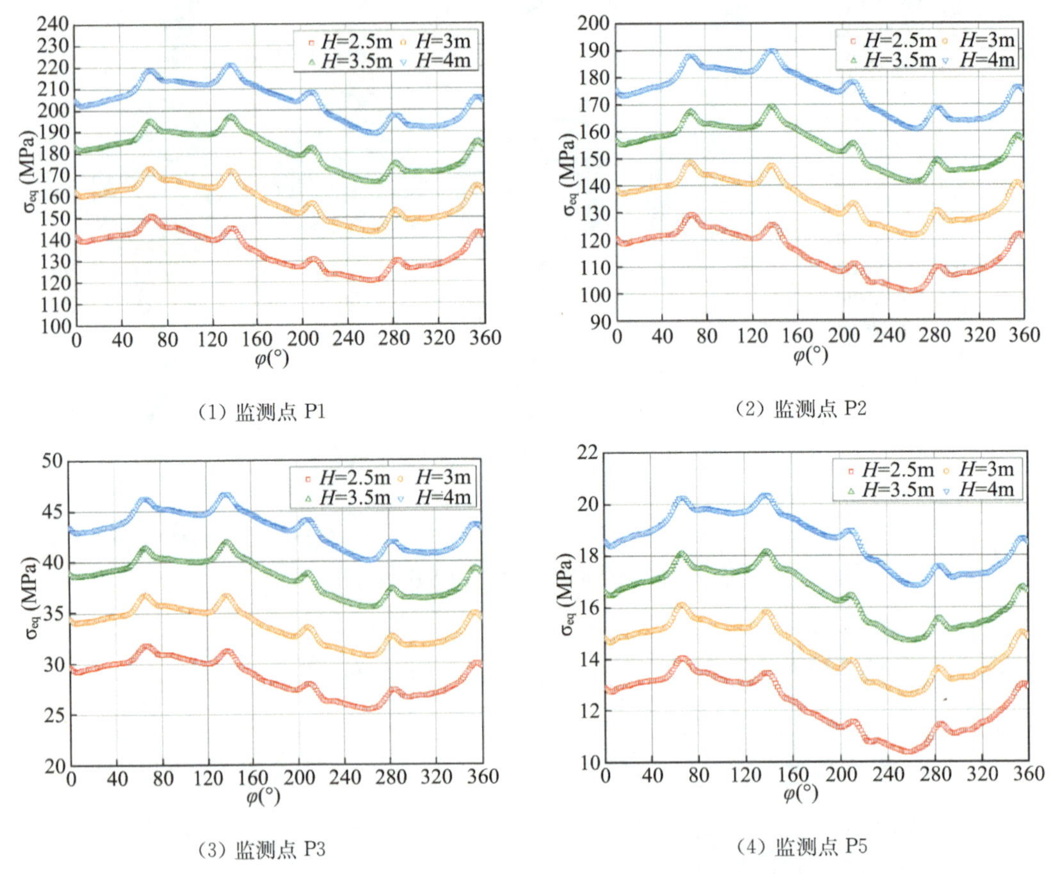

(1) 监测点 P1　(2) 监测点 P2

(3) 监测点 P3　(4) 监测点 P5

图 3.14　不同扬程下监测点 P1、P2、P3、P5 等效应力随时间变化的规律

图 3.15 所示是 H=2.5 m 与 H=4 m 扬程下叶片表面上监测点 P1～P6 在叶片的一个空间旋转周期内的等效应力随时间的变化规律。由图可见，P1、P2 处应力水平较高，有明显的波动，P3～P6 应力水平较低且相对平稳，说明叶片进水侧根部与轴连接处相比叶片中部不仅表现出更大的应力值，还表现出更大幅度的应力波动。因此，该处是结构强度需要注意的重要部位。同时 P1、P3、P5 处应力值分别大于 P2、P4、P6，说明叶片吸力面应力水平要高于压力面。

图 3.16 所示是不同工况下，在叶片的一个空间旋转周期内，叶片最大等效应力随时间的变化规律。如图可见，考虑重力的影响，叶片最大等效应力在一个逆时针的旋转周期内均出现明显的先增大后减小的波动趋势。在 H=2.5 m 和 H=3 m 扬程下，等效应力最大值出现在 φ=66°位置，分别为 150.25 MPa 和 173.14 MPa；在 H=3.5 m 和 H=4 m 扬程下，等效应力最大值出现在 φ=140°位置，分别为 197.21 MPa 和 221.37 MPa。而等效应力最小值均出现在 φ=270°位置。最大等效应力的整体变化规律与监测点相似。同时，扬程越高，最大等效应力值越大。

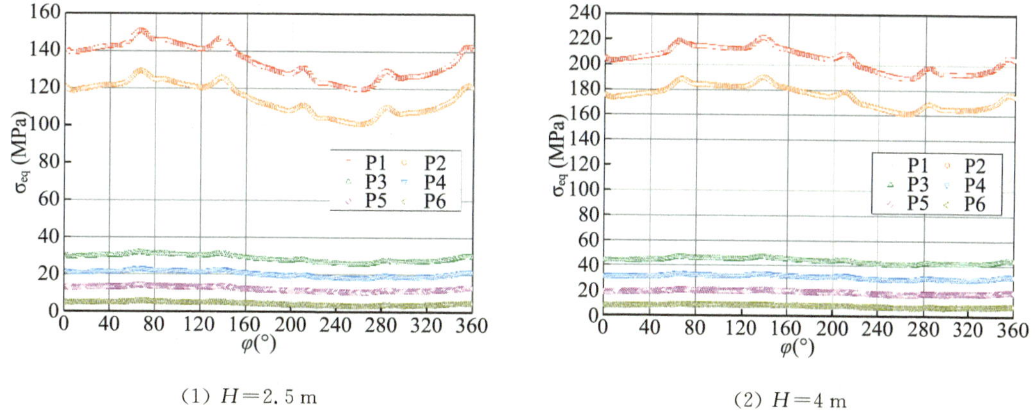

(1) $H=2.5$ m (2) $H=4$ m

图 3.15 $H=2.5$ m 与 $H=4$ m 扬程下监测点 P1～P6 等效应力随时间变化的规律

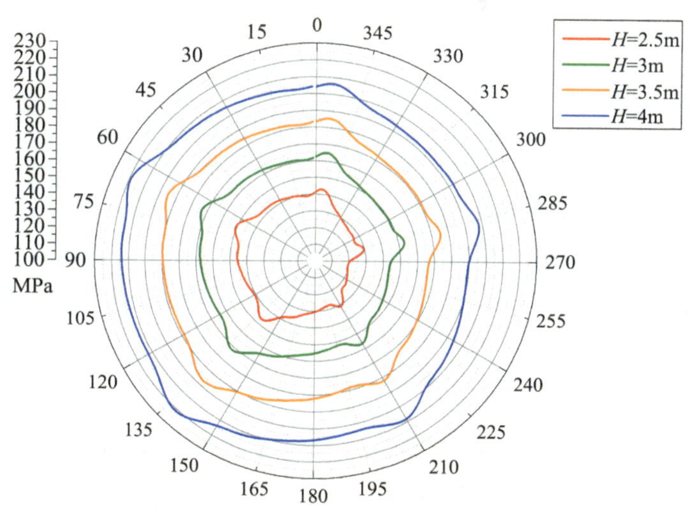

图 3.16 不同工况下叶片最大等效应力变化规律

这里引入一个表征等效应力相对变化幅度的无量纲的应力系数 δ，表达式为

$$\delta=(\sigma-\bar{\sigma})/\bar{\sigma} \tag{3.1}$$

式中，σ 为监测点的瞬时等效应力值；$\bar{\sigma}$ 为监测点在一个叶片旋转周期内的平均应力值。

图 3.17 所示是 $H=2.5$ m 与 $H=4$ m 扬程下叶片表面上监测点 P1～P6 在叶片的一个空间旋转周期内的应力系数随时间的变化规律。由图可见，相同工况下，叶片出水边 P5、P6 的应力系数相对于 P1～P4 变化幅度更大，$H=2.5$ m 工况最大处达到 0.3，$H=4$ m 工况最大处达到 0.14；P1～P4 应力系数的变化幅度相对较小同时较为相似，$H=2.5$ m 工况最大处达到 0.12，$H=4$ m 工况最大处达到 0.07。设计扬程 $H=2.5$ m 工况各监测点应力系数相比最大扬程 $H=4$ m 工况波动更大。

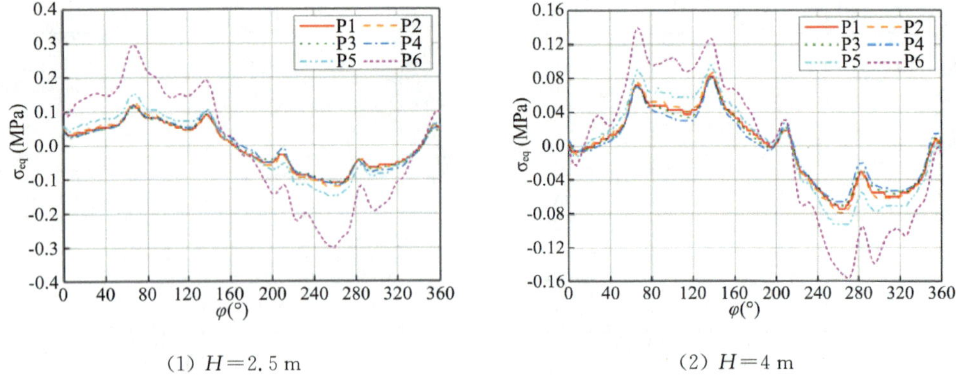

(1) $H=2.5$ m　　(2) $H=4$ m

图 3.17　$H=2.5$ m 与 $H=4$ m 扬程下监测点 P1～P6 应力系数随时间变化的规律

3.6　应力改善与分析

3.6.1　结构改善模型

为研究叶片根部加厚对最大等效应力值的改善效果，基于 UG 建模软件建立了模型 1～4 共 4 种不同叶片根部厚度的叶轮叶片模型，如图 3.18 所示。图 3.19 为叶片根部 4 种不同厚度的设计方法示意图，如图以 V 半径为 70 mm 的叶片根部边倒圆为例。所建边倒圆最大半径位于进水边至出水边百分比为 25%位置(此位置为叶片应力集中区域)。图 3.18 中，4 种叶片根部的厚度及进水边至出水边的百分比分别为 50 mm、50%，50 mm、25%，70 mm、50%，70 mm、25%，叶片根部不同厚度边倒圆与叶片、轴均光滑过渡连接。

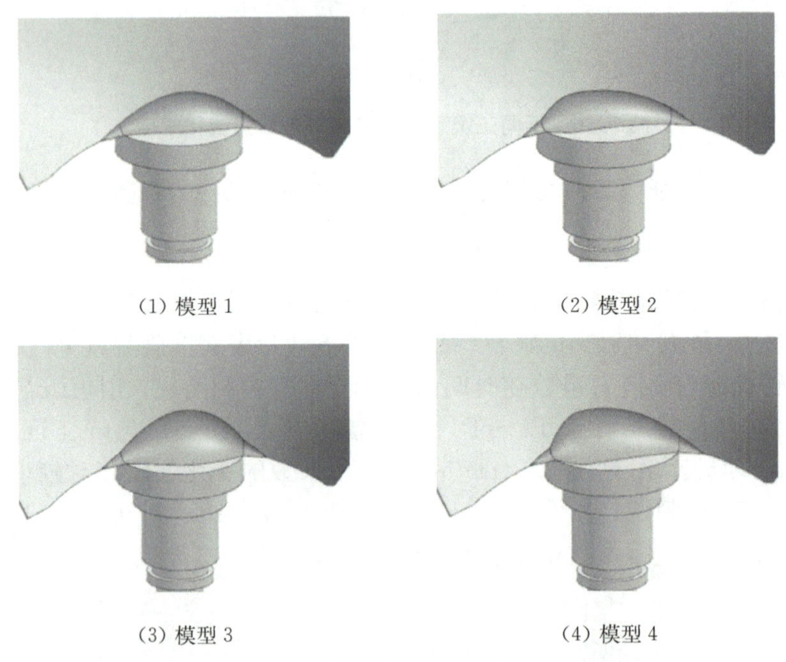

(1) 模型 1　　(2) 模型 2

(3) 模型 3　　(4) 模型 4

图 3.18　叶片根部 4 种不同厚度有限元模型

3.6.2 改善结果分析

通过对 4 种叶片模型进行如前文所述流固耦合计算，得到设计工况下 4 种叶片模型在叶片的一个空间旋转周期内叶片最大等效应力随时间的变化规律，如图 3.20 所示。通过对比发现，随着叶片根部的加厚，叶片最大等效应力逐渐减小，模型 4 最大等效应力仅为 108.41 MPa，而对应力集中处的加厚(模型 2)效果要略优于对根部整体的加厚效果(模型 3)。

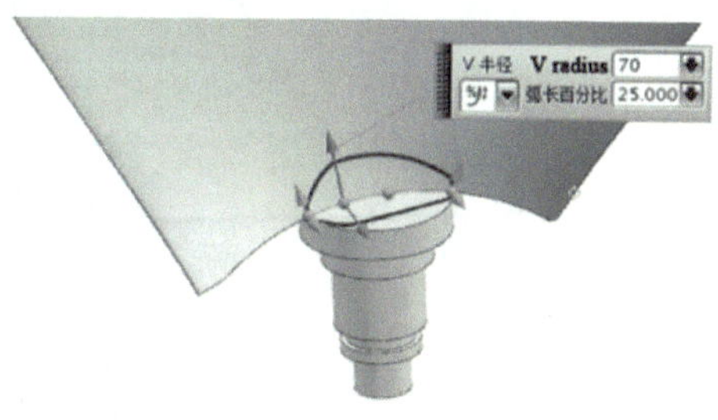

图 3.19 叶片根部不同厚度设计方法

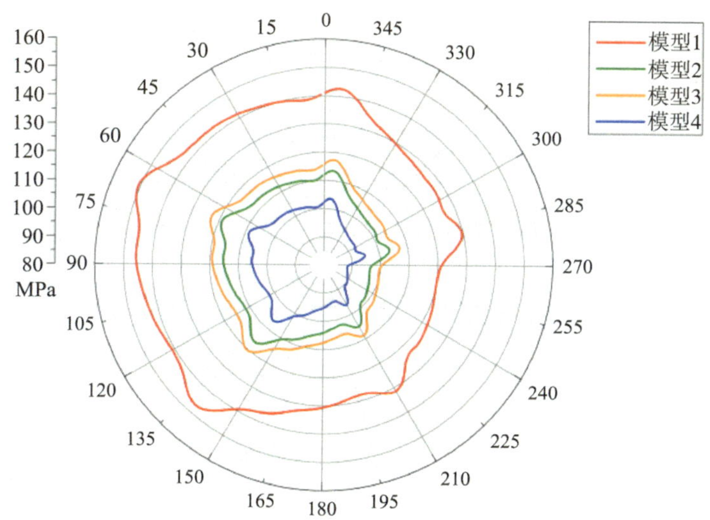

图 3.20 4 种不同根部厚度叶片最大等效应力变化规律

图 3.21 所示为叶轮叶片位于 $\varphi=66°$ 位置时进水侧根部应力云图。由图可见，根部加厚后的叶片应力集中现象得到缓解，根部加厚越多，应力改善现象越明显，而根部区域加厚对应力集中之外的区域应力分布无明显改善。同时，因为叶片根部离转轴较近，此

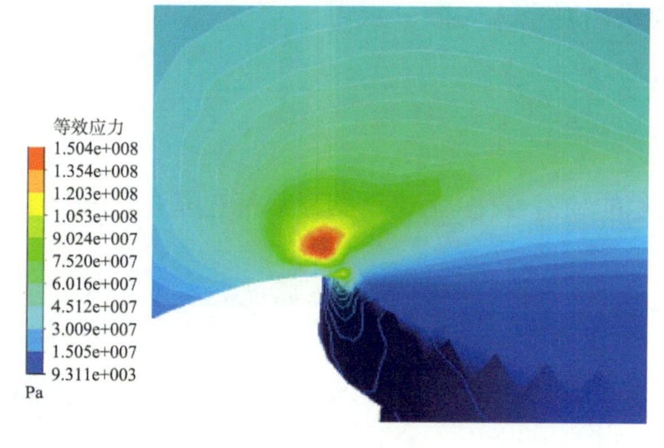

(1) 模型 1

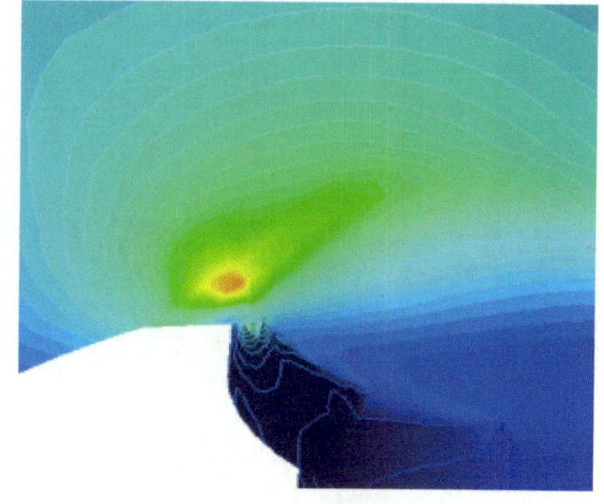

(2) 模型 2

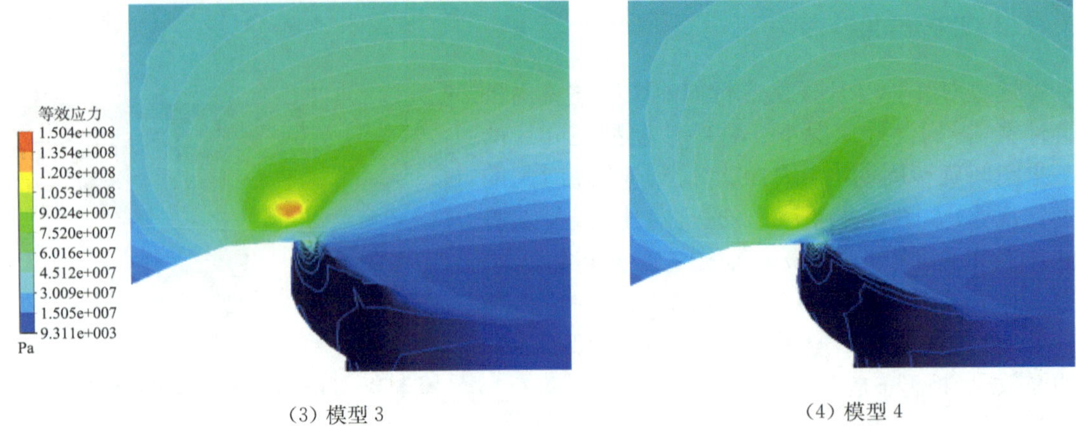

(3) 模型 3　　(4) 模型 4

图 3.21　$\varphi=66^{\circ}$时 4 种不同根部厚度叶片最大等效应力分布

处流体速度和叶片与流体间做功产生的力矩相对叶片其他部位较小，因此叶片根部加厚对水泵的能量性能影响较小。在贯流泵叶轮叶片的设计阶段，可以考虑对叶片进水侧根部应力集中区域进行根部“非对称结构”的加厚，可以有效缩小应力集中范围和降低最大等效应力值，提升叶轮叶片的安全稳定性。

3.7　贯流泵叶片应力测试试验方案设计与结果分析

3.7.1　应力测量理论

应变片是利用金属丝的电阻随其变形而改变的物理性质(即“电阻应变效应”)制成。采用电阻应变计量测试件的应力应变是通过粘贴在试件上的电阻应变片感受试件的变形，由输出电信号进行量测和处理[165]。

金属丝的电阻 $R(\Omega)$与其长度 $L(\mathrm{m})$，横截面积 $A(\mathrm{mm}^2)$和电阻率 ρ 之间的关系为

$$R=\rho\frac{L}{A}\tag{3.2}$$

当它变形时，电阻将发生变化，此变化可由对上式的微分求得

$$\frac{\mathrm{d}R}{R}=\frac{\mathrm{d}\rho}{\rho}+\frac{\mathrm{d}L}{L}-\frac{\mathrm{d}A}{A}\tag{3.3}$$

式中，$\frac{\mathrm{d}L}{L}=\varepsilon$，即应变。$\frac{\mathrm{d}A}{A}$ 为金属丝截面积的相对变化，无论是圆形截面还是矩形截面其相对变化均为 $\frac{\mathrm{d}A}{A}=-2\mu\frac{\mathrm{d}L}{L}=-2\mu\varepsilon$ (μ 为金属丝材料的泊松比)。将此关系代入(3.3)式

$$\frac{\mathrm{d}R}{R}=(1+2\mu)\frac{\mathrm{d}L}{L}+\frac{\mathrm{d}\rho}{\rho}=(1+2\mu)\varepsilon+\frac{\mathrm{d}\rho}{\rho}\tag{3.4}$$

又因材料特性知

$$\frac{d\rho}{\rho}=C\frac{dV}{V}=C(1-2\mu)\frac{dL}{L} \tag{3.5}$$

式中，$V=A\times L$ 为金属丝的体积。系数 C 取决于金属导体晶格结构的比例系数。再将此关系代入(3.4)式可得

$$\frac{dR}{R}=[1+2\mu+C(1-2\mu)]\varepsilon=K_0\varepsilon \tag{3.6}$$

式中，K_0 即为金属丝的灵敏系数，其物理意义为单位应变引起的电阻的相对变化。

3.7.2 关键技术

水泵叶轮叶片是在有压水中高速转动，如何在这种有压与旋转并存的特殊运行环境条件下测试叶片的工作应力，需要解决以下几个关键技术问题：应变片与导线的防护问题；引线装置与密封问题；待测的旋转信号与静止仪器的连接问题。

有压水条件下应变片与导线的防护，特别是旋转构件上的应变片和导线，除受压力荷载、温度影响外还承受较大的惯性力和水流冲刷力，若不进行很好的防护，可能会使应变片和导线从构件上剥离，使试验无法进行，这里采用涂层法进行防护。涂层法是在应变片上和引出线周围涂一层或几层具有以下特性的化学防水剂：良好的绝缘性和黏结能力、较好的塑性、低弹模、无毒无腐蚀作用、稳定的压力和温度效应、可在常温下固化、使用方便等。

高压水下应变测量的导线可直接用高强度绝缘导线，导线必须无任何细小的损坏；线与应变片间的接头、与导线中间接头都要做严格的防水处理。

在密封有压并处于旋转状态下的水泵叶片上的应力测试信号与测试仪器的连接传输问题是本试验研究最关键的技术难点。常规的传递方式如接触式的拉线式、刷环式、水银式和非接触式的感应式、无线电发射式等处理方案在密封有压与旋转状态同时并存的运行条件下，均无法满足测试要求。因此，本试验专门设计研制了高精度、大容量、离线采集与控制的动态信号测试系统。其主要性能设计指标如下。

应变量程：±25 000 με

(1) 分辨率：~0.75 με

(2) 测量误差：±0.2% FS±1 με

(3) 供桥电压：2 V dc

(4) 测点数：10 点

(5) 应变片阻值：60~10 000 Ω

(6) 桥路形式：1/4 桥(120 Ω，无补偿或三线制)、半桥、全桥

(7) 采样方式：每通道独立 ADC 并行同步采集

(8) AD 位数：24 bits

(9) 采样频率：1 000 Hz

(10) 变接口：一体化连接线

(11) 工作模式：在线或离线，支持静态、动态应变测试

(12) 内置存储器容量：1 GB，满足 6 h 动态数据采集、存储

(13) 离线测试存储方式:文件

(14) 离线测试文件数:128 max

(15) 通信接口:miniUSB

(16) 电源:外接电源端子接入 DC12~40 V 直流电源(后备电源等)满足连续 12 h 以上为设备供电的要求

(17) 结构形式:盒式

图 3.22 所示为动态信号离线采集系统。

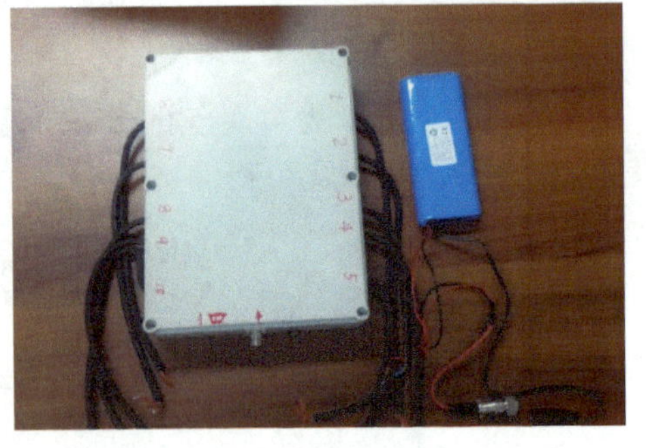

图 3.22 动态信号离线采集系统

3.7.3 试验对比分析

对水泵叶片应力进行真机测试,在叶片表面布置 3 个应变花,应变花与导线采用涂层法固定与防水密封。测试仪器安放在刚性密封盒内,利用叶轮上的螺栓孔和钢质抱箍固定刚性密封盒。图 3.23 为现场测点布置与测试仪器安装固定情况。

现场测点布置与测试仪器安装固定完成后,通过计算机与测试仪器连接,调试并设置仪器有关离线采集参数后,仪器处于待机状态,封盖检修孔,完成试验前的准备,试验中上下游水位差约为 2.2 m。

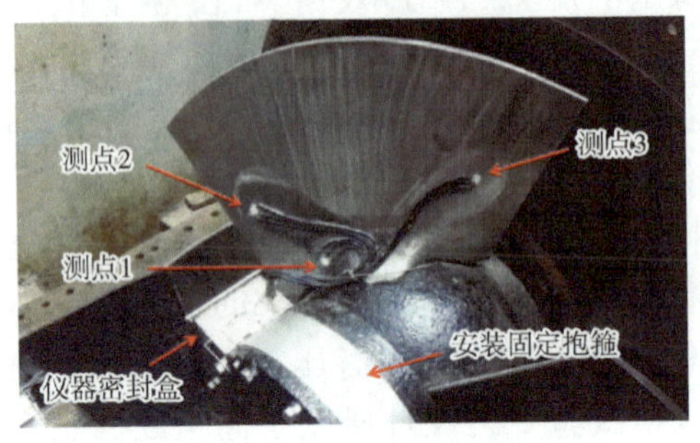

(1) 现场仪器及测点布置

(2) 应变仪及导线现场安装、固化处理

(3) 应力测试设备安装固定

(4) 新叶片应力测试设备防水密封处理

图 3.23 测点布置与测试设备现场照片

用试验方法了解结构的应力状态,首先应确定应变计的粘贴位置,这样就要知道某一点的应力状态。若主应力方向已知,那么就沿主应力方向贴片;若主应力方向未知,则要沿 3 个不同方向安装应变计。1 号测点的 3 个应变花分别代表 0°方向(沿叶片根部指向叶片径向方向)的应变分量,45°方向(沿叶片根部指向叶片径向方向顺时针旋转45°)的应变分量和90°方向(沿叶片根部指向叶片径向方向顺时针旋转90°)的应变分量(1号测点位置与数值模拟中P1测点位置相同)。测点2、测点3的应变花布置与测点1相同。由各测点获得的3个不同方向上的应变分量,通过计算,即可获得该点的应力状态。

3.7.4 结果及误差分析

通过对水泵叶片现场应力测试,获得了水泵叶片3个应变花测点的应变值。由各测点获得的3个不同方向上的应变分量,通过滤波函数对所测应变值进行滤波去噪,排除机组本身以外的振动干扰,获得新的应变量,再经计算分析,即可获得该点的等效应力状态。表3.3为测试过程中一个旋转周期内3个测点发生最大与最小等效应力值时刻试验与数值模拟结果对比。

表3.3 水泵叶片应力试验与数值模拟结果对比

单位:MPa	数值模拟		试验	
	最大值	最小值	最大值	最小值
测点1	151.0	119.4	123.9	94.6
测点2	31.9	25.5	27.5	21.6
测点3	14.4	10.4	10.8	7.9

叶片吸力面根部测点1布置于叶片应力集中与最大应力出现区域,测点1最大值小于模拟结果中等效应力最大值,与模拟值相差约18%,测点2、3的试验值也均小于模拟值,可能的主要原因有:(1)离线数据采集仪的密封盒安装于轮毂上,因其尺寸较大会导致叶轮室内叶片表面附近水体流动的复杂,如回流、撞击和流动分离,进而叶片表面的水压力相对于正常运行工况下也会发生一定的变化。(2)应力测试的应变片、导线以及固定抱箍等设备对流场也有一定程度的影响。(3)应变片、数据采集仪等测量设备精度的误差以及机组本身的振动对信号的测量和采集也会有一定程度的影响。

3.8 小结

本章通过商用软件ANSYS Workbench和双向流固耦合方法计算分析了轴伸贯流泵装置叶轮叶片多工况下的结构响应应力分布,通过建立叶轮叶片旋转坐标系与空间静止坐标系间的对应关系,研究了叶片应力变化规律。具体包括:

建立了重力场作用下贯流泵装置流体域与旋转叶轮叶片双向流固耦合求解方法,研究了叶片表面水压力分布和叶片内外等效应力分布趋势,发现叶片压力面与吸力面的进水边侧根部与轴连接处均发生应力集中同时应力水平较大,叶片最大等效应力出现在吸力面进水边侧根部与轴连接处。通过建立跟随叶轮叶片运动的旋转坐标系与空间静止坐标系的对应关系,揭示了在不同工况下,叶片结构监测点的等效应力在一个逆时针的旋转周期内均出现先增大、后减小的波动趋势。并引入无量纲应力系数,发现叶片进出水边应力波动幅值大于叶片中部。

提出一种叶轮叶片根部“非对称结构”的加厚方法，研究了不同叶片根部加厚方案对叶片根部应力集中的改善效果，分析了一个叶轮叶片旋转周期内最大等效应力波动以及叶片根部应力分布在不同加厚方案下的差异。通过对比发现，对叶轮叶片应力集中区域的加厚可以在较小影响泵装置水力性能的前提下有效缩小应力集中范围和降低最大等效应力值。因此，在叶轮设计阶段可以通过流固耦合的方法来改善叶片的应力分布以增强水泵叶轮的结构稳定性。同时设计了当贯流泵运行工作时，于水中对旋转叶轮叶片的表面应力特性进行测量的真机试验方法，试验结果与数值模拟结果一致，并分析了误差产生的原因。

第 4 章
贯流泵全过流系统启动过渡过程研究

4.1 概述

贯流泵在正常运行时较为稳定，而在启动过渡过程中常常会出现复杂流态，进而影响水泵系统的安全可靠运行。同时贯流泵的断流装置多为快速闸门，其开启规律与水泵过渡过程特性密切相关，水泵启动时扬程增加速率较大，容易引起电动机超载而造成启动失败。因此，研究贯流泵系统启动过渡过程是十分必要的。贯流泵在过渡过程中内部流场流动复杂，三维非定常特征明显，而进出水池、闸门、拍门等结构组成在过渡过程中内外特性的影响不应被忽略。同时考虑一维特征线方法难以模拟重力场对机组过渡过程中水力性能的影响，因此本章采用 CFD 的方法对轴伸贯流泵全过流系统进行三拟。针对轴伸贯流泵全过流系统模型，以上下水池为进出口边界，边界通过 UDF 程序模拟水深沿压力变化特征，对机组启动过程进行数值模拟，进而分析该过程中内外特性变化规律。

4.2 物理模型及参数

为更为真实地模拟贯流泵站水泵装置开机启动的过渡过程，本章在第 3 章所述泵装置模型基础上建立了泵站进水池、出水池及考虑双拍门的出水流道闸门，如图 4.1 所示。图中左上角为贯流泵装置过流部件的示意图，右下角为考虑双拍门的出水流道闸门示意图。其中，该 1700ZWSQ10-2.5 卧式双向全调节轴伸贯流泵叶轮部分转动惯量 $J=320\ \mathrm{kg\cdot m^2}$。

4.3 数值计算设定

为了获得高效合理的离散网格分辨率，本篇建立了 4 组不同的贯流泵装置全过流系统网格。为了减小网格对计算结果的影响，通过 ANSYS-ICEM 软件对整个流体域进行结构化六面体网格划分，并对所划分的 4 种不同尺度网格进行网格无关性分析。其中，4 种划分方案网格数分别选取 286 万、374 万、466 万、515 万。经过网格无关性验证，当网格数超过 466 万时，力矩和流量相对变化值小于 1.6%。因此，最终确定整个泵装置全过流系统计算域网格取 466 万。对于主要过流部件，边界层处距离壁面第一层网格 $30<y^+<60$。该网格方案下流体计算区域网格如图 4.2 所示。

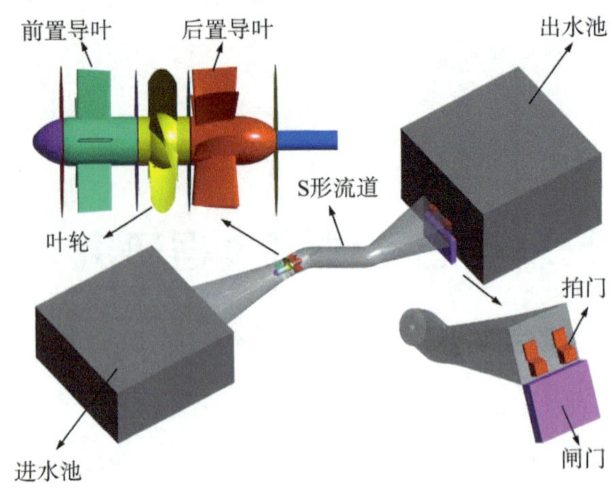

图 4.1 贯流泵装置全过流系统示意图

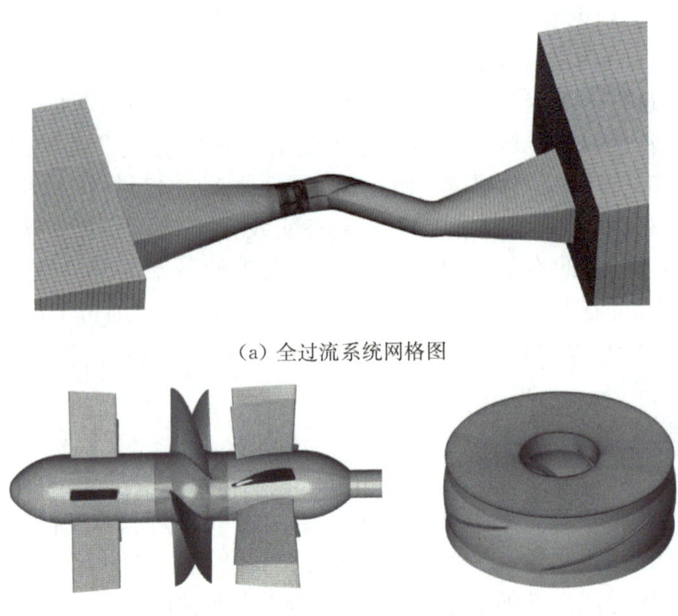

(a) 全过流系统网格图

(b) 过流部件表面网格图

(c) 叶轮水体网格图

图 4.2 贯流泵全过流系统六面体结构化网格图

基于 ANSYS Fluent 15.0 平台进行贯流泵装置全过流系统开机过程的数值模拟。控制方程为 N-S 方程和连续性方程，选用 SST k-ω 湍流模型对控制方程进行封闭，采用有限体积法离散方程组，方程组中压力项采用 Body Force Weight 格式，对流项、湍动能以及耗散率采用二阶迎风格式，近壁处用壁面函数处理。采用 SIMPLEC 算法对流场方程进行联立求解，不同区域间采用 interface 进行信息传递[154]。

考虑到贯流式泵站设计扬程较低，重力场对内部流态影响较大，因此为了更真实地给定进出水池的边界条件，本算例考虑重力项，并通过 UDF 将进出口设置成压力沿水深变化，以此更真实地模拟进出口边界。进出口边界下的静压分布如图 4.3 所示。

开机过程中，叶轮转速按力矩平衡方程推导出实时转速变化，当到达额定转速后，实际上泵站由于二次限速机的作用将叶轮转速调节稳定在额定转速。本章忽略二次限速机调节的过程，直接简化考虑转速到达额定转速后即刻固定不变。针对闸门与拍门的联合运动，采用C语言编写UDF控制其运动。其中，闸门匀速开启，历时34 s；拍门依附于闸门上，当拍门进口压力大于出口压力时，拍门网格开始运动开启，同时拍门过流面积线性增大，表现为拍门开度逐渐被水流冲大。当拍门完全被冲开后，此时拍门开度保持不变并随闸门匀速上升。本计算采用时间步长设置为0.001 s，即使达到额定转速，每个时间步长叶轮转动不超过1.5°，满足模拟叶轮与导叶之间动静干涉作用的时间步长需求。

(a) 进口压力面　　(b) 出口压力面

图4.3　进出口面压力云图

4.4　主要计算成果

4.4.1　外特性参数变化规律

图4.4所示为贯流泵机组启动过程中叶轮转速、出水流道快速闸门及拍门开度的变化规律，图4.5所示为贯流泵全过流系统进口流量q、闸门通过流量q_1和拍门通过流量q_2随时间t分布的曲线。

从图4.4可以看出，叶轮转速从$t=0$ s开始，即按近似直线规律上升，用时2.95 s达到额定转速。当到达额定转速后，由于二次限速机的作用，转速即刻保持不变。快速闸门与叶轮同时从$t=0$ s开始开启，按直线规律上升，用时34 s完全开启。拍门开度从$t=0.13$ s，即水泵机组进入水泵工况时由水冲开，冲开过程历时1.79 s，即在$t=1.92$ s时拍门完全被冲开，此时拍门随闸门匀速上升，当$t=21.67$ s时拍门开始离开水面，用时0.1 s完全脱离水面。

由图4.5可以看出，进口流量q为闸门流量q_1和拍门流量q_2的总和。对于进口流量q，$t=0$ s时闸门开启，从0～2.95 s内进口流量随转速上升逐渐增大，至$t=4.66$ s时流量逐渐平稳，为10 m^3/s，直至整个启动过程完成；对于闸门流量q_1，在0.13 s前由于此时拍门还未开启，故与进口流量q相等，出口处水流均从闸门处流出，当$t=0.13$ s时，闸门流量q_1快速上升，由于存在拍门分流，闸门流量q_1低于进口流量q，直至$t=21.77$ s

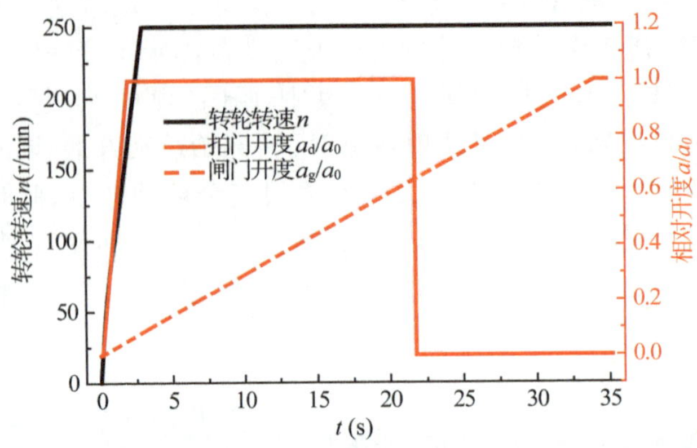

图 4.4 贯流泵启动过程中叶轮转速、出水流道快速闸门及拍门开度的变化规律

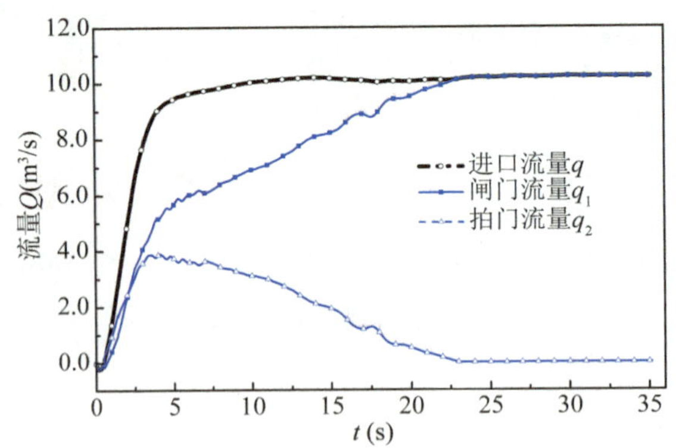

图 4.5 泵装置闸门、拍门流量随时间变化规律

时达到稳定，此时闸门全部打开；对于拍门流量 q_2，t=0.13 s 后流量逐渐上升，t=4.12 s 后到达最大值，随后逐渐降低，t=21.77 s 拍门离开水面，过流量为 0。

由图 4.4 和图 4.5 对比可以看出，拍门流量达到最大值滞后于叶轮转速达到最大值；进口流量达到最大值又滞后于拍门流量达到最大值。

图 4.6 所示为泵段扬程和拍门前后压差随时间变化规律图。其中，泵段扬程为开机过程模拟中泵段前后的压力差，表现为泵段前后的实际提水扬程；拍门前后压差为启动过程中拍门前后降低的水头数值，表现为拍门分流对压力的削减作用。

由图可以看出，泵段扬程先增大而后减小至额定扬程。泵段扬程曲线共存在两个峰值：最大峰值在 t=2.25 s 时出现，此时泵段扬程为 6.38 m；次峰值出现在 t=2.64 s，此时泵段扬程为 5.01 m。对于拍门前后压差，从 t=0.13 s 后开始逐渐增大，到 t=2.64 s 时达到最大值，且拍门前后压差最大值为 2.61 m，此时泵段扬程正好达到次峰值，此后拍门前后压差随着转速上升逐渐降低，t=23.11 s 后降低为 0。

总体分析图 4.6，叶轮转速升高至最大值的时刻滞后于拍门前后压差达到最大值的时刻，拍门前后压差达到最大值时刻滞后于泵段扬程达到最大值的时刻，而拍门前后压差的峰值会带来泵段扬程的二次峰值。

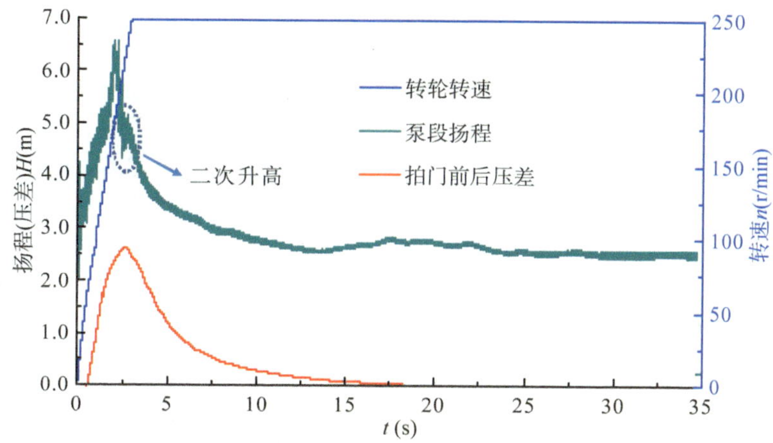

图 4.6　泵装置、拍门前后压差及扬程随时间变化规律

4.4.2　泵段流场特性

轴伸贯流泵站外特性的变化是内部流场演变的积分体现，为了更加深入了解泵站启动过程瞬态特性，有必要对泵站启动过渡过程中内部流态进行分析。

图 4.7 所示为轴伸贯流泵启动过程中泵段部分不同时刻流线图。当 $t=0.2$ s 时，水泵刚进入启动过程，此时水泵初始流量低，同时闸门开度小，因此流道内流速基本为 0。当水流流经前置导叶后进入叶轮，受叶轮旋转影响流线呈现螺旋形，如图 4.7(a)所示；随着转速的上升，在 $t=0.6$ s 时流经叶轮叶片的水流圆周速度加大，叶轮区流态紊乱，此时流量较小导致叶片冲角较大，水流在叶轮出口出现回流，如图 4.7(b)所示；当水泵启动转速进一步增加，水泵通道内流量即水流速度也随之增大，流动开始发展，在旋转叶轮的作用下，泵段区域水流流态杂乱无章，各种不良流态分别向上下游传播，该段通道充满了低速流动区域，说明此区域发生了相应的流动分离和时变涡，这些涡流会堵塞水泵通道，阻碍前置导叶的入流，而此时贯流泵叶片冲角还在持续增大，后置导叶区出口出现回流，并在后置导叶尾部间扩展并占据较大面积，如图 4.7(c)所示；随着贯流泵启动过程的进行，水泵转速和流量进一步增大，叶片进水边对水流的冲角逐渐减小，叶轮段和前置导叶段流动改善，叶轮后方流体速度差异大的区域随着对流的作用，原先局部速度梯度大的区域速度梯度逐渐降低同时流线逐渐顺畅，由于水泵转速和流量逐渐接近额定工况，水泵通道内流速逐渐稳定，在后置导叶出口具有一定环量的水流呈螺旋状进入出水弯管，在离心力作用下会产生趋向于流道边壁的运动，如图 4.7(d、e)所示；当水泵转速达到额定转速时，水泵流量及流道内水流速度仍在继续增大，直到 $t=4.66$ s 时流量稳定，这个过程中整个流道内水流流态变化较小，无明显不良流态，但后置导叶处仍存在低速流线，说明此处仍然存在轻微的不良流态，如图 4.7(f、g)所示；随着水泵流量逐渐达到额定流量，水泵启动过程逐步完成，其运行工况进入较优运行工况点，在此后的过程中泵段内流态基本保持不变，出水流道螺旋状流动消失，水流流线平滑顺直，仅在泵段出口弯管处内侧局部流速较高，这是受“S”形出水弯管形状影响，如图 4.7(h)所示。

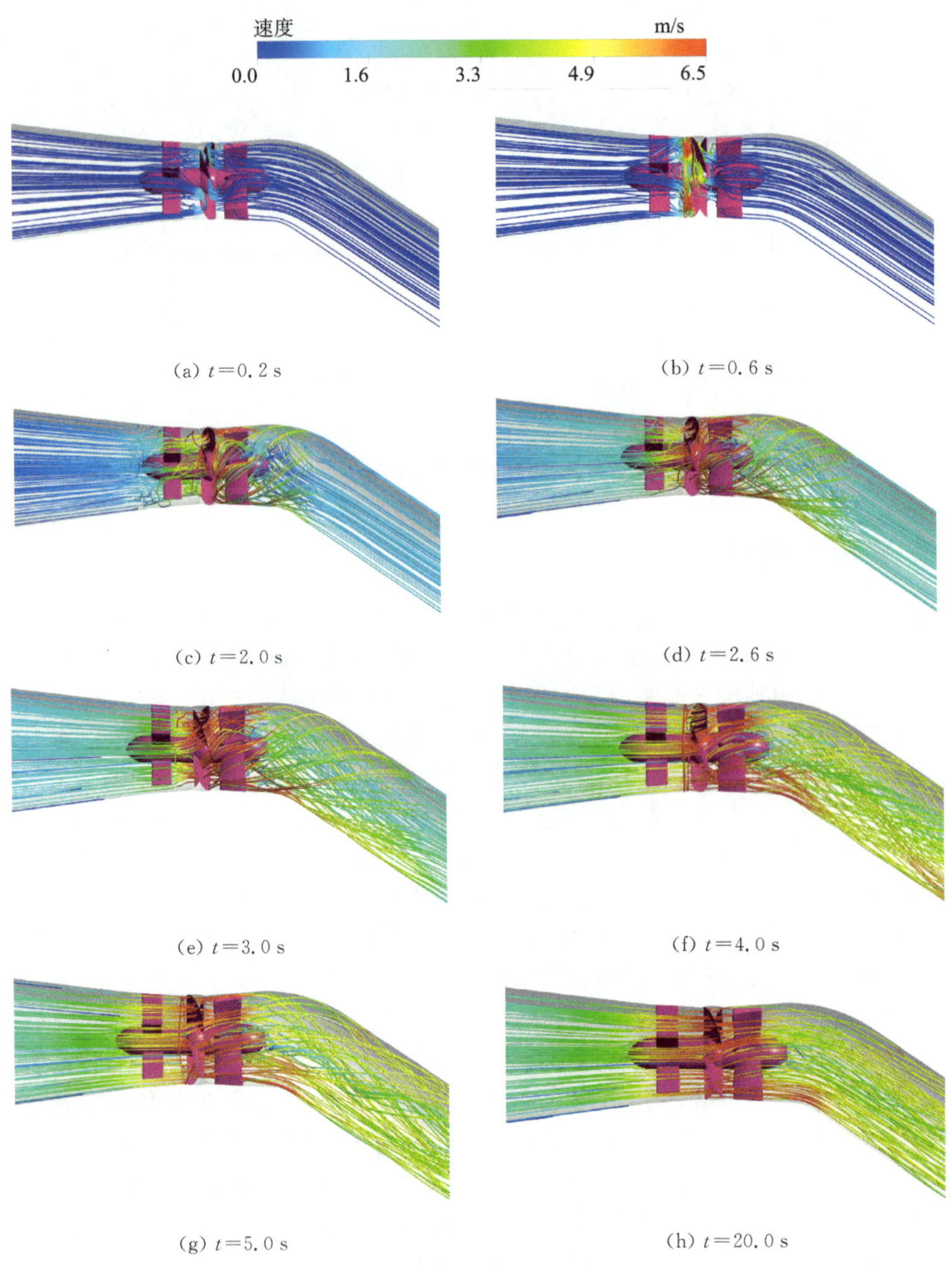

(a) $t=0.2$ s (b) $t=0.6$ s

(c) $t=2.0$ s (d) $t=2.6$ s

(e) $t=3.0$ s (f) $t=4.0$ s

(g) $t=5.0$ s (h) $t=20.0$ s

图 4.7 不同时刻泵段内部流线分布

图 4.8 所示为贯流泵启动过程中泵段横截面静压云图。在贯流泵启动初始时刻，即 $t=0.2$ s 时，流道内流量较小，流速基本为 0，叶轮刚刚开始转动，泵段压力分布均匀，如图 4.8(a)所示。当水泵流道内流量增加，流速增大，泵段内压力均匀、相对于中心线呈对称分布，如图 4.8(b)所示。随着贯流泵启动过程的进行，泵段内流向静压分布呈现明显梯度变化，压力沿水流方向逐渐降低，当水流经过叶轮时，旋转叶轮对水流做功使水流压能大幅增加；同时，随着叶轮压力面对水流做功加速流体，而闸门还未完全开启使得通道

内流体受到挤压，叶轮叶片两侧压力差明显，如图 4.8(c～g)所示。当闸门开度逐渐增大至完全打开，水泵转速和流量逐渐达到额定运行状态，即水泵启动过程逐步完成，压力沿流向的梯度逐渐变小，而出水流道处的压力较之前明显降低，表现为闸门对流体流动的阻挡和挤压消失，如图 4.8(h～l)所示。在贯流泵启动过程中，除叶轮区域外，泵段其余部分静压分布梯度不大，表现为水泵的启动转速和流量变化，主要对叶轮区域内压力分布梯度影响明显。

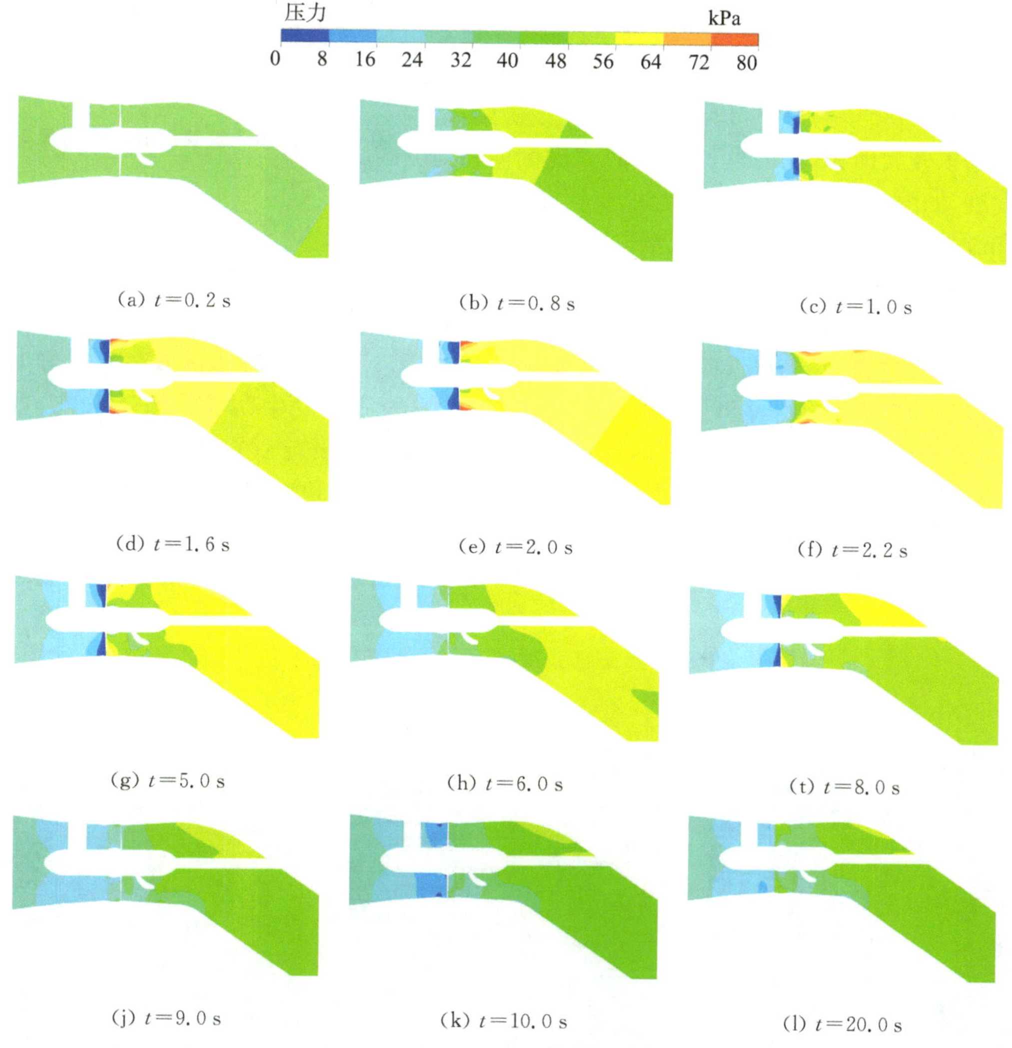

(a) $t=0.2$ s (b) $t=0.8$ s (c) $t=1.0$ s

(d) $t=1.6$ s (e) $t=2.0$ s (f) $t=2.2$ s

(g) $t=5.0$ s (h) $t=6.0$ s (t) $t=8.0$ s

(j) $t=9.0$ s (k) $t=10.0$ s (l) $t=20.0$ s

图 4.8 不同时刻泵段截面静压分布

为了方便研究启动过程中水流沿叶片和导叶翼型的绕流情况，选取轮毂至轮缘中等跨度(Span 0.5)的近似圆周截面进行分析，如图 4.9 所示。图 4.10 所示为中等跨度的截面不同时刻流线分布图。

水泵机组在启动初始阶段，泵段内水流流速几乎为 0，叶轮段水流在叶轮旋转的作用下由初始的静止状态逐渐在圆周方向加速，随着叶轮与前后导叶动静干涉的作用，叶轮的进出水边形成小尺度的漩涡，如图 4.10(a)所示；随着贯流泵启动过程的进行，泵流道内流量有所增加但仍然较低，叶轮段水体旋转速度明显增大，叶轮段流体速度主要表现为受叶轮旋转影响所带来的圆周速度，说明叶轮叶片进口流体速度(流量)要滞后于叶轮转速上升速度，因此水流在前置导叶出口与叶轮室进口区域被阻塞，叶轮叶片进水边的涡向前置导叶扩散，如图 4.10(b)所示；随着水泵启动过程的进一步推进，叶轮转速持续升高，泵段中部叶轮附近的高速区也逐渐增大，叶轮进出口的涡分别向上下游传播，向上游传播至前置导叶中部，向下游使得后置导叶叶槽内产生“二次回流”并占据了较大面积，同时这些漩涡回流逐渐向后延伸发展，如图 4.10(c)所示；随着水泵逐步启动，转速和流量逐渐上升，当转速和流量逐渐接近匹配状态时，叶轮内水流流态得到极大改善，前置导叶的下侧出现较小程度的漩涡而后置导叶的上侧存在较大程度的漩涡，这是因为前置导叶为平直结构，其中流态受水平来流的影响和叶轮进水边对上游的影响较小；由于流量尚未达到额定流量，而当流体质点通过叶轮后，叶轮出口流体速度与后置导叶进口形成攻角关系并不匹配，进而导致后置导叶上侧的流动发生明显的流动分离，如图 4.10(d～f)所示；随着流量的增加，叶轮出口的流体质点速度与后置导叶攻角接近匹配，后置导叶处的流动分离和叶道涡逐渐消失，当贯流泵转速和流量都达到额定运行工况时，其启动过程基本完成，此时前置导叶和叶轮区域内水流流线平滑顺直，流态较好，最终在额定运行状态下后置导叶内再无漩涡、回流等不良流态，如图 4.10(g～i)所示。

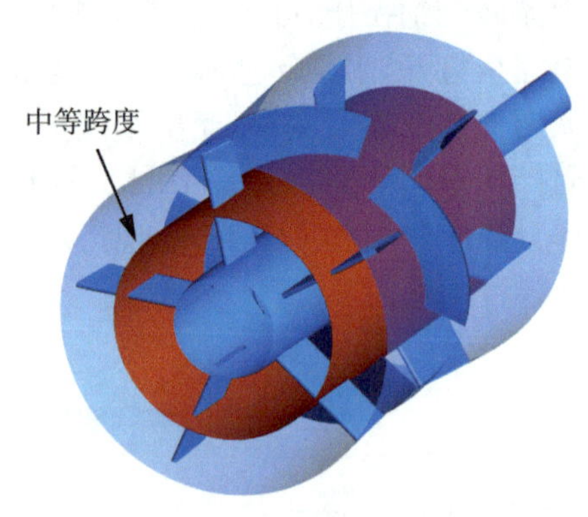

图 4.9　泵段中等跨度截面位置示意图

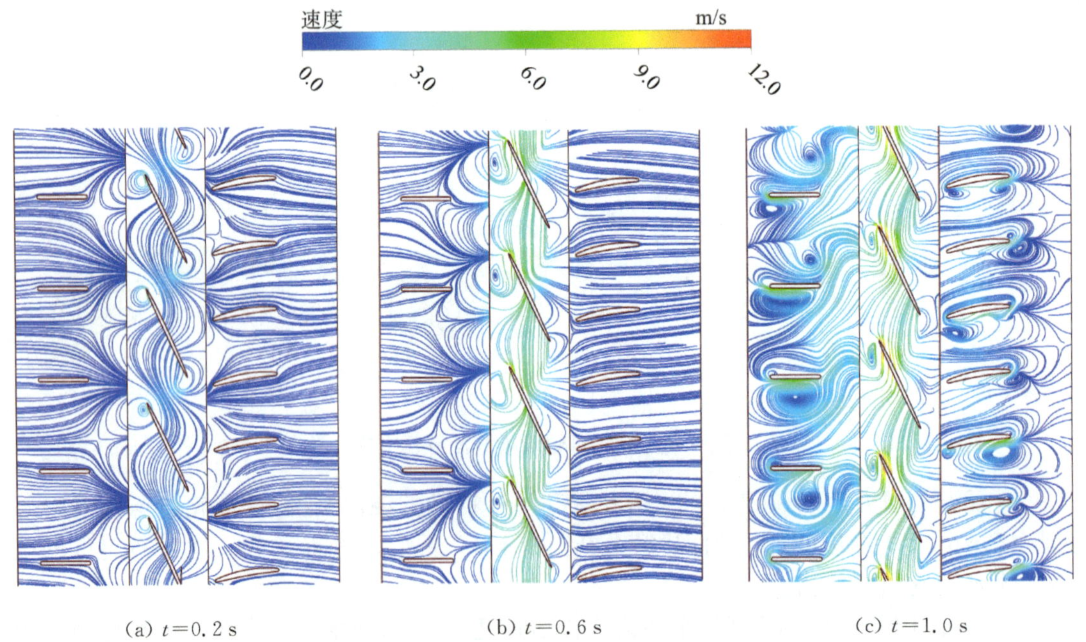

(a) $t=0.2$ s　　(b) $t=0.6$ s　　(c) $t=1.0$ s

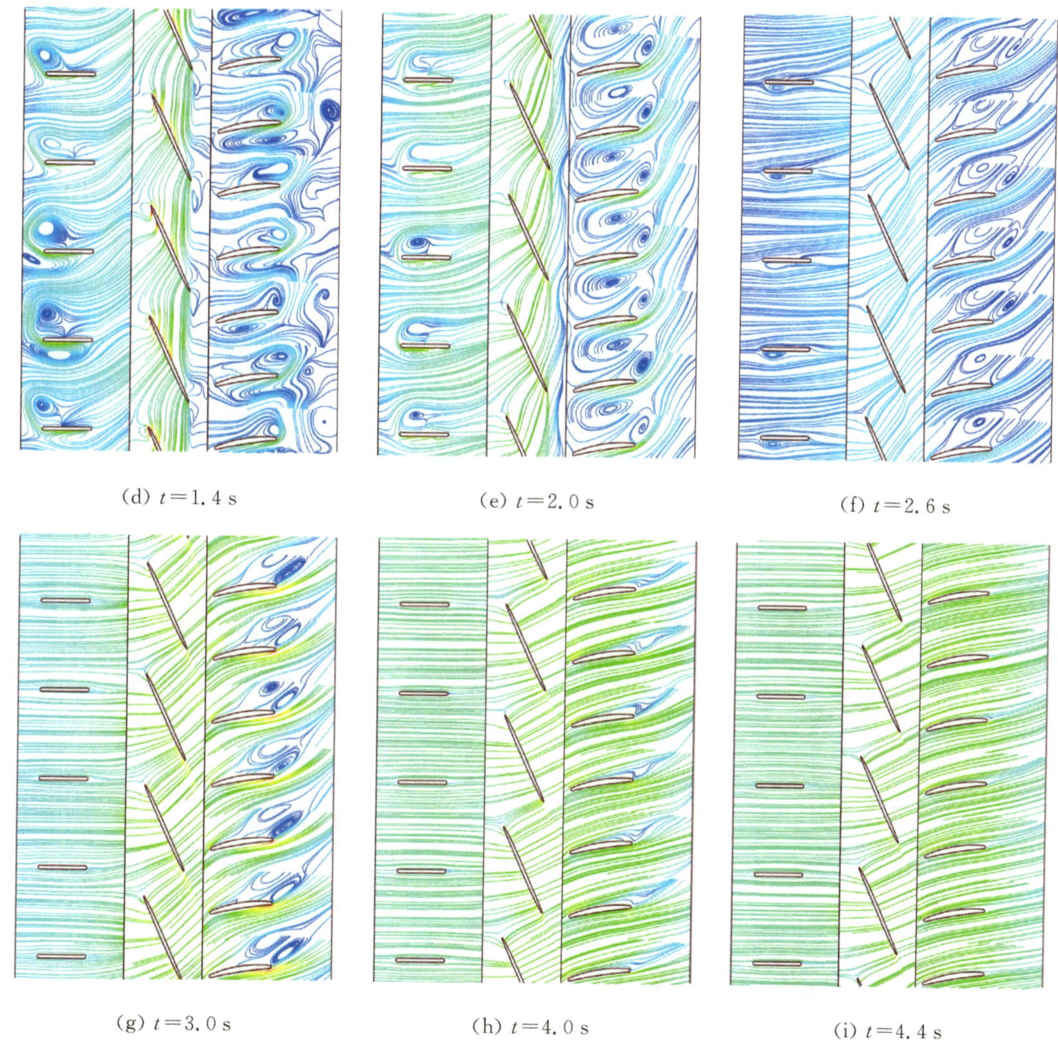

(d) $t=1.4$ s (e) $t=2.0$ s (f) $t=2.6$ s

(g) $t=3.0$ s (h) $t=4.0$ s (i) $t=4.4$ s

图 4.10 不同时刻泵段中等跨度截面处速度流线分布

4.4.3 叶轮段流场特性

图 4.11 所示为水泵开机过程中不同时刻叶轮叶片表面静压云图。机组在 $t=0.2$ s 时，水泵刚进入启动状态，由于泵通道内水流基本处于静止状态，叶片压力面与吸力面压差不大，仅在叶片吸力面前缘出现了较低压力区，叶片压力面压力略高于吸力面，随着水泵启动过程的进行，压力面与吸力面压差逐渐增大，压力面叶片外缘及叶片中间出现局部高压区域，吸力面前缘及靠近前缘中部低压区域逐渐扩大，如图 4.11(a、b)所示；由于水流流速的增加滞后于水泵转速的升高，进水边水流进口角逐渐增大，导致叶片压力面和吸力面进水边均出现不同程度的水流撞击和脱流，使得压力面与吸力面压差变大，且压力面高压区和吸力面低压区面积从叶片前缘开始逐渐延伸扩大，如图 4.11(c、d)所示；当 $t=3.0$ s 时，水泵转速上升至额定转速 250 r/min，叶片正反面压力差达到最大值，局部低压区容易引发空化现象，而叶片压力面进水边及叶片外缘侧高压区明显，如图

4.11(e)所示;当水泵流量逐渐增加,水泵内流态与扬程逐渐稳定,叶片表面低压与高压区域逐渐减小,最终只存在于叶片前缘进水侧,且叶片表面静压基本保持不变,如图4.11(f～h)所示。由此可见,泵在启动过程中水流对叶片表面的瞬态效应明显,这种瞬态冲击使叶片表面载荷急剧增加,叶片承受交变作用力,导致叶片的振动与变形。

图4.11 不同时刻叶轮叶片表面静压云图(左:压力面;右:吸力面)

以上分析结果表明,水泵在启动过程中的一系列不稳定现象与叶轮内部流动状态有关,特别是涡的影响。而在涡核的识别方法中,Q准则是一种能够比较全面地反映流场内特征速度梯度的方法[165-167]。根据Q准则定义,它能够较为清晰地反映涡量与应变的结合,即能够揭示流场与涡场之间的相互作用,该方法在识别速度波动场中的涡时具有一定优势,尤其广泛运用于湍流中大尺度涡的识别[165-167]。因此,在本篇运用Q准则等值面来反映漩涡核心区域在叶轮通道内的演变过程，如图 4.12 所示。

在启动过渡过程开始阶段，叶轮从静止开始加速，在 $t=0.2$ s 时，叶片前缘和后缘位置均可观察到少量涡核区，这些卷起的涡核区域主要来自静止水体在刚刚启动旋转的叶轮进出水边的作用下产生的速度梯度，如图 4.12(a)所示；随着叶轮转速的增加，这些涡核区域明显增大，在 $t=0.6$ s 时，大量的涡核区域出现在叶片前缘和叶间通道内，这些涡核堵塞叶间通道，使得叶轮内流动不稳定性加剧，如图 4.12(b)所示；随着叶轮转速的继续增加，叶轮内部涡核区域逐步消失，叶片前缘对水流撞击所产生的漩涡逐渐减小，同时叶片尾缘涡核区域的减小速度明显快于前缘，如图 4.12(c、d)所示；随着转速的进一步增大和流动进一步的发展，叶轮区内涡核区域进一步减小，如图 4.12(e～g)所示；当 $t=3.0$ s，转速完全上升至额定转速并开始稳定运行时，叶片前缘只存在一个很小的涡核区域，如图 4.12(h)所示。涡核区域的演变规律与叶轮叶片压力面静压变化相似，都是先增大后减小，但又不完全相同；叶轮叶片表面静压变化滞后于叶轮段涡核区域的演变，这是因为叶轮叶片的静压变化主要受叶轮转速的影响，而涡核区域的演变受叶轮区域流动的影响。

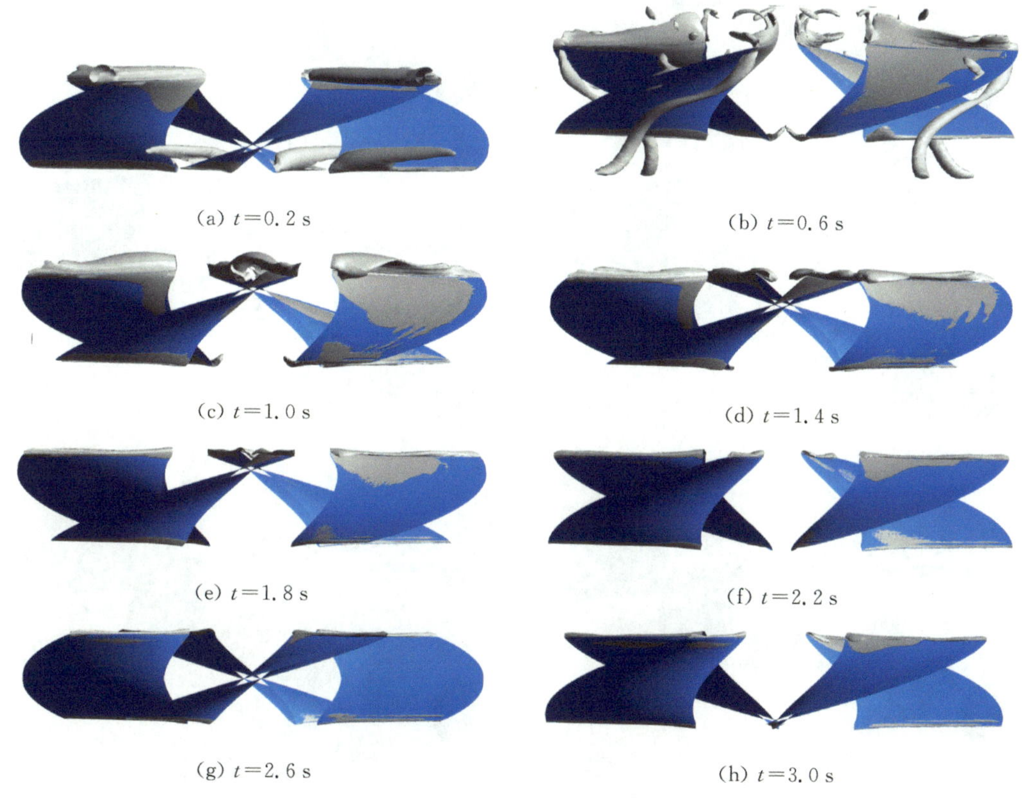

图 4.12 不同时刻叶轮区涡核分布

4.4.4 流道及闸门处流场特性

在低扬程泵站中，出水流道是后置导叶出口与出水池之间的过渡段，其作用是引导水流从后置导叶出口流向出水池并使水流在此过程中有序转向和平缓扩散。在尽可能避免流道内产生涡流及其他不良流态和流道水力损失尽可能小的条件下，通过水流的扩散最大限度地回收水流的动能，所以其重要性不容忽视。图 4.13 所示为轴伸贯流泵启动过程中出水流道内不同截面速度云图。

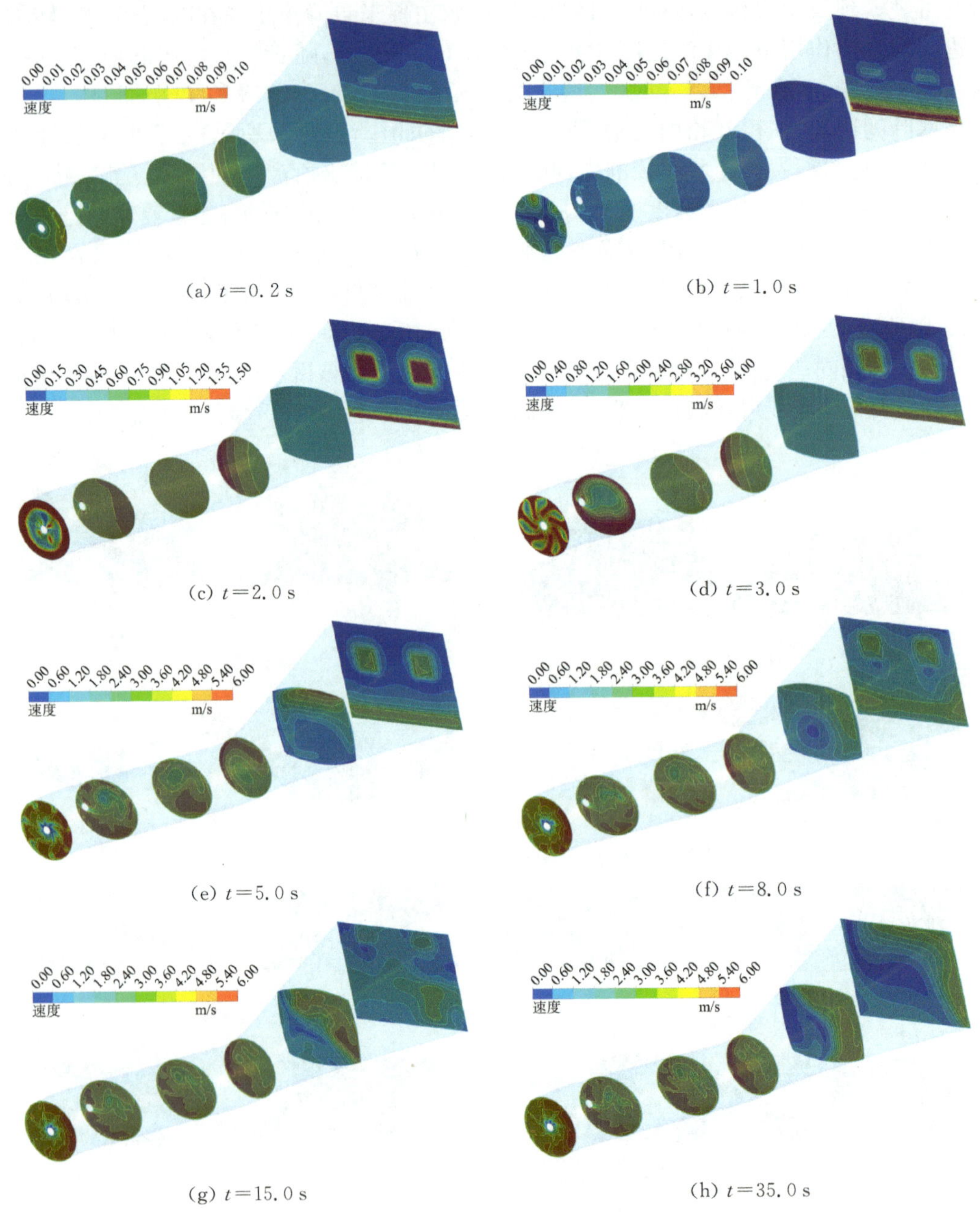

(a) $t=0.2$ s　(b) $t=1.0$ s

(c) $t=2.0$ s　(d) $t=3.0$ s

(e) $t=5.0$ s　(f) $t=8.0$ s

(g) $t=15.0$ s　(h) $t=35.0$ s

图 4.13　不同时刻水泵出水流道各截面速度云图

水泵在刚进入启动状态时，泵通道内流量极小，各截面速度云图较为均匀，在出水流道出口处，水流只通过闸门底部很小的间隙进行流动，故在 $t=0.2$ s 时刻该截面速度呈现纵向的速度梯度，如图 4.13(a)所示。当水泵逐步进入启动过程后，泵进口流量开始逐渐增加，出水流道内水流流速增大，但由于此时机组刚刚启动，流道内流态混乱，在出水弯管的进口处，中部受其前部后置导叶段回流的影响而速度小，外侧速度大；弯管内截面速度沿水平面两侧基本对称，在出水流道出口断面受闸门小开度影响底部流速较大；上部被闸门截流，流速变化很小，随着附加拍门的开启，附加拍门位置出现流速相对较高区域，如图 4.13(b、c)所示。当 $t=3.0$ s 时，此刻水泵转速已达到额定转速，出水流道进口处速度云图出现 7 处明显低流速区域，主要原因是受 4.10(g)中后置导叶的流动分离漩涡影响，结合图 4.7 可见，出水流道弯管部分水流以螺旋状进入流道，离心力作用使得靠近后置导叶的断面呈现四周较大、中间较小的靶状分布，如图 4.13(d)所示。当水泵流量完全达到额定流量时，在 $t=5.0$ s 时，后置导叶流态逐渐平顺，出水流道进口断面速度梯度较之前逐渐减小，在出口断面处附加拍门影响依旧存在，如图 4.13(e)所示。随着水泵启动过程基本完成后水泵逐渐进入正常运行工况，随着闸门开启过程结束，附加拍门影响消失，各断面的流速分布不再发生明显变化，如图 4.13(f～h)所示。

快速闸门是贯流式泵站开流截流装置的主要型式之一，它的主要特点是可以全开或全关，形式简单，阻力损失很小，特别适用于上游水位变幅和淹没较深的情况。由于贯流式泵站出水流道较短，泵机组在启动过程中应该开闸启动。当机组开机时，闸门附加拍门相互配合，辅助水泵机组正常启动。图 4.14 所示为贯流泵启动过程中不同时刻闸门附加拍门处速度分布。

在 $t=0.2$ s 时，机组处于反水泵工况，流速较低且流态平稳，闸门初始提升高度较小，出水管道内水位比上游水位低，因而上游水流回灌出水流道，与泵出的水流一起使闸门内侧水位增加，从而启动扬程快速增加，如图 4.14(a)所示；随着水泵转速的升高和快速闸门的开启，泵装置内流量逐渐增大，两个附加拍门开启，水流整体流态较好，如图 4.14(b)所示；随着贯流泵启动过程的推进，水泵内流量变大，闸门及拍门处水流流速变大，当拍门完全被水冲开后，闸门和拍门处流速较大，在闸门与出水池接触侧出现大面积漩涡，流态紊乱，如图 4.14(c)所示；当 $t=8.0$ s 时，闸门与出水池接触侧大面积漩涡随着闸门的运动而上移，如图 4.14(d)所示；随着闸门开启过流面积增大，闸门后方漩涡区域减小并逐渐消失，整个流道内流态由紊乱逐渐良好，到 35 s 时整个流态达到平稳，机组已完全启动，流道内无明显的回流、漩涡等不良流态，如图 4.14(e～h)所示。由此可见，闸门上的附加拍门在贯流泵启动过程中起到了很好的分流作用，避免了闸门瞬时开启引起闸门两侧扬程骤然变化可能带来的机组振动。此外，快速闸门检修方便，水力损失小，可节省工程投资，与附加拍门联合作用是一种较为理想的辅助装置。

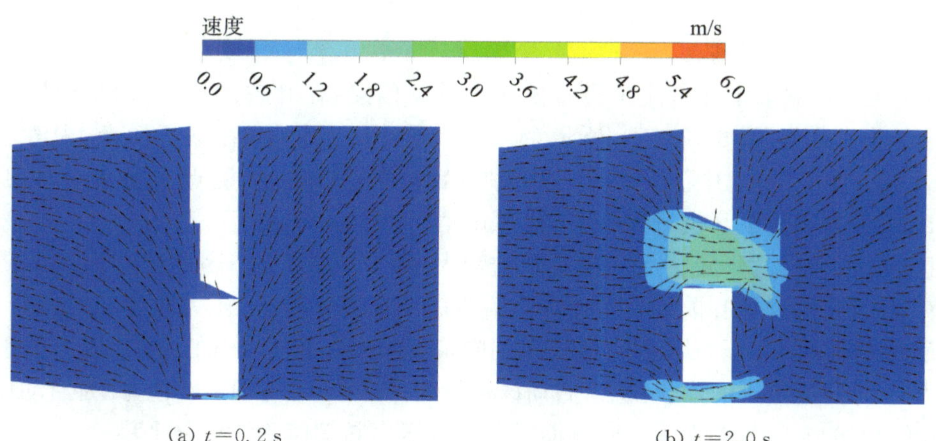

(a) $t=0.2$ s　　(b) $t=2.0$ s

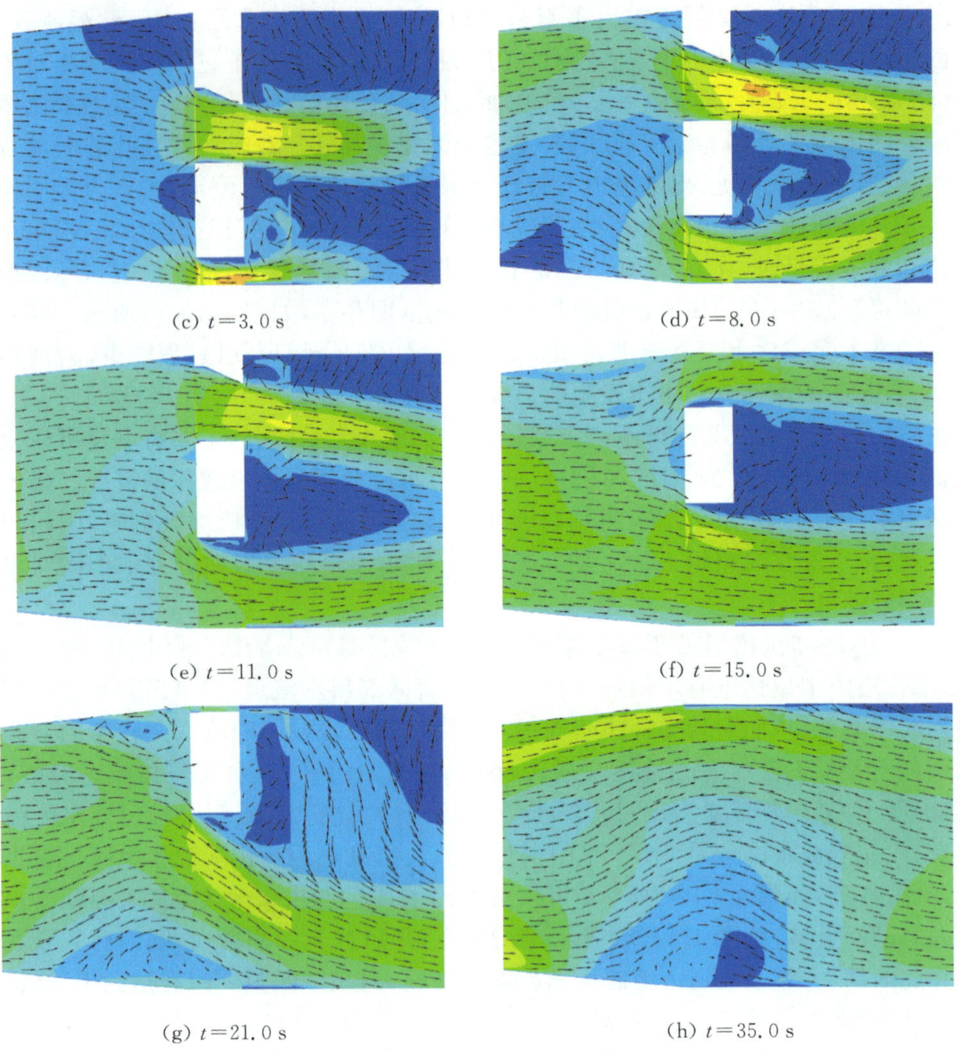

(c) $t=3.0$ s (d) $t=8.0$ s

(e) $t=11.0$ s (f) $t=15.0$ s

(g) $t=21.0$ s (h) $t=35.0$ s

图 4.14 不同时刻闸门附加拍门处速度分布

4.4.5 监测点压力脉动特性

4.4.5.1 数值模拟监测点

为了更好地获取轴伸贯流泵内各处压力脉动信息，在叶轮的进、出口部位以及导叶段设置了若干监测点，如图 4.15 所示。以后置导叶出口为例，在该截面上，为考虑重力影响，在同一半径的上、中、下 3 个位置分别设置监测点，命名为测点 1、测点 2 和测点 3。图 4.16 所示为贯流泵开机过程中不同监测面测点压力脉动图。

由于叶轮前后监测面受叶轮转动影响较大，水击现象明显，因此监测面 2、3 压力脉动幅值很大，而前置导叶前段和后置导叶后段由于远离叶轮区，压力曲线相对比较平稳。监测面 1 和监测面 2 压力脉动变化规律相同，都是随着叶轮转速的增加，压力值迅速减小，2.25 s 时到达最小值，此时机组启动扬程最大；2.64 s 时出现次谷值，此时启动扬程出现次峰值；2.64 s 后监测面 1 与监测面 2 各测点压力脉动值逐渐恢复平稳。

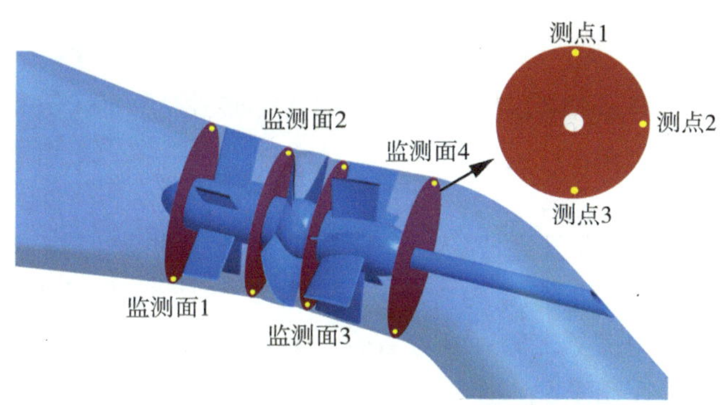

图 4.15　泵段监测点位置示意图

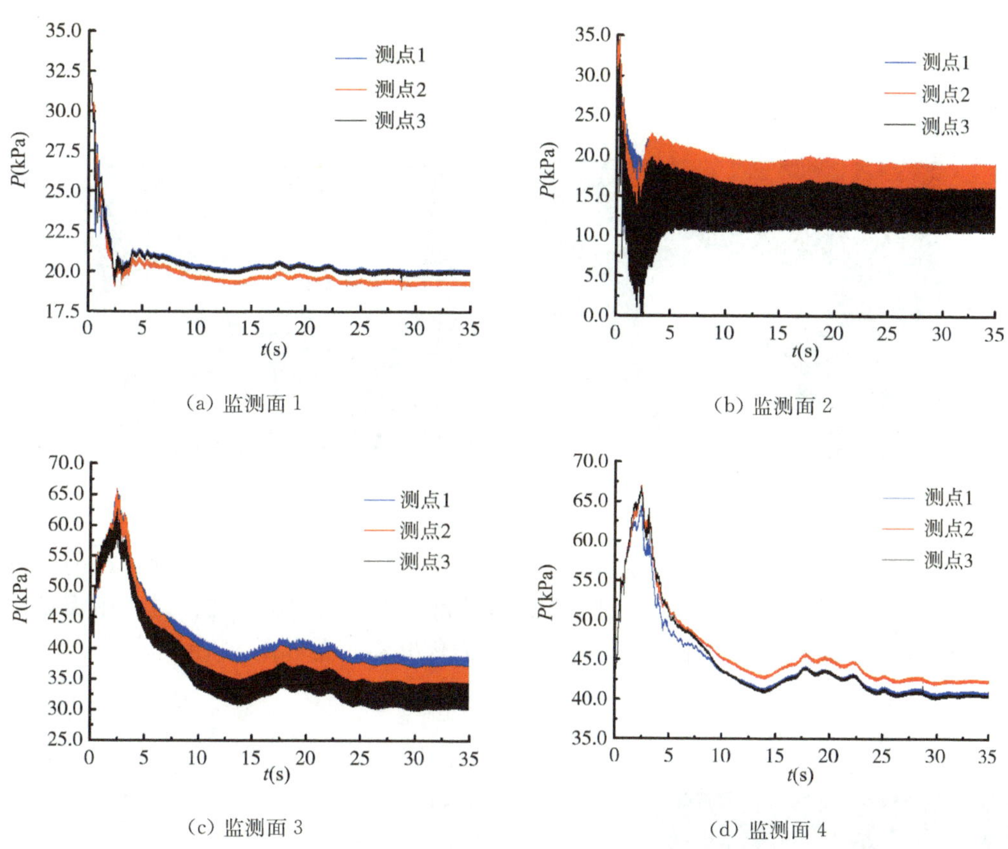

图 4.16　水泵开机过程中不同监测面测点压力脉动

监测面 3 和监测面 4 压力脉动变化规律相同，与水泵扬程变化规律相似，都是随着叶轮转速增加，压力值迅速升高，2.25 s 时到达最大值，此时机组启动扬程最大；2.64 s 时出现次峰值，此时启动扬程出现次峰值；2.64 s 后监测面 3 与监测面 4 各测点压力脉动值逐渐降低，直到恢复平稳。叶轮后端测点，开机后变化规律与叶轮前端趋势相反。叶轮前后监测点的压力波动源自叶轮在转速上升过程中对水体的持续做功以及闸门在未充分开启之前所形成的巨大压差对水体的挤压作用。

4.4.5.2 试验测量与对比

(1) 测试工况

受自然环境以及工作环境的制约，真机测试选择转速为 250 r/min 时进行测试。试验中上下游水位约为 2.2 m。

(2) 压力传感器

压力的测量由压力传感器完成，采用昆山双桥传感器测控技术有限公司提供的 CYG1102 压力变送器，输出信号为 1～5 V，测试电压为 24 VDC，量程为 −50～+50 kPa。电信号与压力信号之间存在着线性关系。压力传感器如图 4.17 所示。

(3) 数据采集以及控制系统

卧式轴流泵的主要性能参数测量和运行控制主要依靠 PLC 完成，PLC 控制器负责接收测量仪表模拟信号，对模拟信号进行模数转换处理后获得其物理值，同时显示在触摸屏上，亦可将数据传给上位机，上位机对接收数据进行存储。信号采集采用昆山御宾电子科技有限公司 HPT3000 信号采集仪器以及配套分析系统。信号采集方式为非细化方式。数据采集系统如图 4.18 所示。

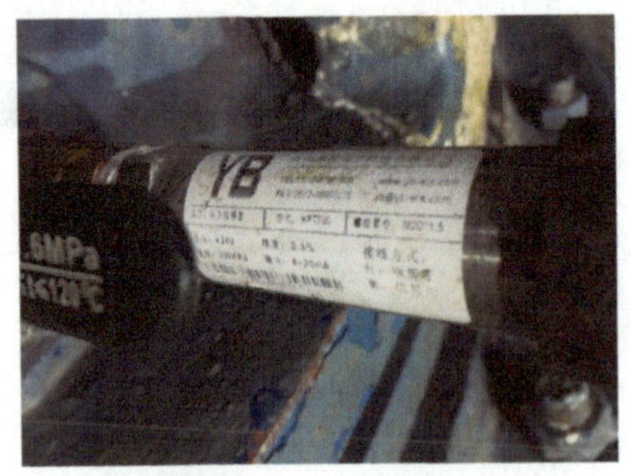

图 4.17 压力传感器

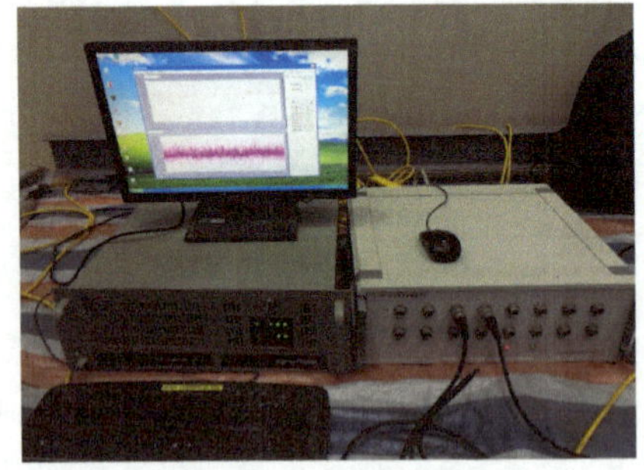

图 4.18 数据采集系统

由于真机测试不能随意在机组部位开孔，因此结合机组自身机构特性，在前导叶前部位开孔，即数值模拟中监测面 1 的监测点 1，进行压力脉动测试。测试过程中保证压力传感器的感应部位末端与管路的内壁平齐。压力传感器布置如图 4.19 所示。

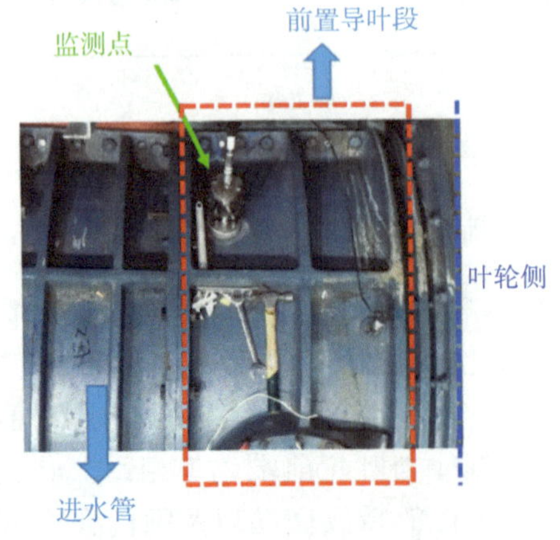

图 4.19 压力传感器布置图

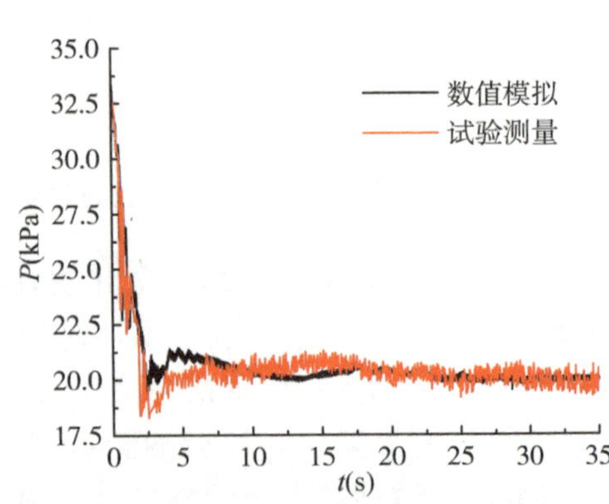

图 4.20 水泵开机过程中监测面 1 压力脉动对比曲线

图 4.20 所示为轴伸贯流泵开机过程中此监测点压力脉动与试验值对比图。由图可以看出，在开机过程初期，数值模拟与试验值吻合较好，在扬程达到最大值时间点，两者出现偏差，原因在于此刻泵内水力不稳定性加剧，参数波动剧烈，且试验值滞后于数模值达到平衡。在水泵启动过程完成后，试验值和数值模拟值均出现小幅波动，数值模拟值相对稳定。两者之间存在的误差可能是由于试验工况与实际设计工况有所偏差，且所测压力脉动信号夹杂有噪声等干扰信号，同时本篇在模拟时忽略了水体密度变化等因素。

4.5 小结

本章利用商用软件 Fluent 的 UDF 二次开发技术，对轴伸贯流式泵站全过流系统开机启动过渡过程进行了三维数值模拟，分析了外特性参数的变化规律和内部流场的演变过程。具体包括：

利用力矩平衡方程推导叶轮实时转速，基于动网格技术实现对考虑含有附加拍门的出水流道闸门的运动规律指定，实现了贯流泵全过流系统启动三维过渡过程的数值模拟。本章采用的 SST $k-\omega$ 湍流模型结合铺层动网格的过渡过程数值模拟方法可以较为真实地反映闸门附加拍门联动下的贯流泵机组启动过程外特性参数变化规律及内部流场随时间的演变过程，其中前置导叶前端监测面压力脉动模拟值与试验值吻合较好，验证了该方法的适用性与准确性。

开机过程中，流量增大滞后于叶轮转速增加，进口流量达到最大值滞后于拍门流量达到最大值。叶轮转速升高至最大值的时刻滞后于拍门前后压差达到最大值的时刻，拍门前后压差达到最大值时刻滞后于泵段扬程达到最大值的时刻，而拍门前后压差的峰值会带来泵段扬程的二次峰值。泵段扬程先增大然后减小至额定扬程，2.25 s 时出现最大启动扬程为 6.38 m；拍门两侧最大压差为 2.61 m，因此设有附加拍门的出水流道闸门可以有效地降低启动过程中最大启动扬程，提高机组安全系数。

叶片压力面与吸力面最大压差出现在 3 s，即叶片承受最大水压力时刻为转速刚刚达到最大值时；叶轮前端测点压力脉动值，随着转速增加，压力值迅速减小，2.25 s 时到达最小值，之后逐渐平稳；叶轮后端测点，开机后变化规律与叶轮前端趋势相反。叶轮前后监测点的压力波动源自叶轮在转速上升过程中对水体的持续做功以及闸门在未充分开启之前所形成的巨大压差对水体的挤压作用。

第 5 章 基于浸入边界法的贯流泵非定常流动研究

5.1 概述

目前,国内外很多机构,包括商业公司、设计院、研究所、高等院校等,较多地采用商用 CFD 软件进行水力机械的数值模拟计算。商用 CFD 软件一方面具有基础的 CFD 功能和稳定的算法,提供能够符合工程精度的计算能力;另一方面,商用 CFD 软件具备友好的用户操作界面,能够实现用户对数据输入和参数设定的简单化操作。但是商用 CFD 软件同时受限于软件开发者对商用 CFD 软件程序框架的构造及计算能力的部分限定,使得用户只能在限制条件下进行数值模拟和程序开发。目前,较多商用软件均采用欧拉坐标系下的贴体网格来表征流体。本章将介绍作者基于 Fortran 语言开发的一套不同于传统贴体网格法,适用于计算水力机械的数值模拟、基于有限差分法和浸入边界法的新求解器,并应用于贯流泵进行非定常大涡模拟和瞬态流动分析。本章研究可以为开发水力机械数值算法和探究贯流泵非定常流动机理提供新的思路和参考。

5.2 浸入边界法介绍

在流体固体交界面处,为了使得速度场满足边界条件(无滑移),通过对靠近壁面处的流体点满足的 N-S 方程右端增加源项的方式来强制使得该流体点速度满足边界条件[160]。如公式:

$$\frac{\partial \vec{u}}{\partial t}+\vec{u}\cdot\nabla\vec{u}=\frac{1}{\rho}(-\nabla p+\nabla\cdot(2\mu\overline{\overline{D}})+\rho\vec{g})+f \tag{5.1}$$

式中,在增加源项之前,需要精确定义流固交界面的位置与流体边界点。这里使用基于水平集(level-set,LS)函数的浸入边界法(Immersed Boundary Method,IBM)来识别流体中的固体边界。LS 函数是一个到固体壁面的标准距离函数并且定义于笛卡尔网格的每一个网格点(体心)。较为普遍的用法为应用函数表达式来计算每个网格点到浸没边界的距离,数值符号上的正负分别代表网格点位于流体域还是固体域。因此,通过流固交界面两侧紧邻其的网格点上 LS 函数值的线性插值可以捕捉得到流体区域中的固体边界,即为 LS 函数值为 0 时的等值面。

一些情形下，只能给出固体边界的近似表达式，通过基于公式(5.2)的“重新初始化”(reinitialization)方法可以帮助修正非“标准距离函数值”至其的准确值[168]。而对于“标准距离函数”的判定为其梯度的模为1，即 $|\nabla\phi|=1$。

$$\frac{\partial\phi_c}{\partial\tau}+\text{sign}(\phi)(|\nabla\phi_c|-1)=0 \tag{5.2}$$

其中，ϕ 为LS函数值；τ 为人工虚拟时间(仅用作迭代修正LS函数值至“标准距离函数值”，与整个计算域的数值计算时间无关)；$sign(\phi)=\phi/\sqrt{\phi^2+\delta^2}$ 为光滑后的 ϕ 值符号，其中 δ 设置为网格最小长度的3倍。当公式迭代收敛稳定后，可以得到 $|\nabla\phi_c|=1$。

以二维的情形为例，如图5.1所示。图中红色点为IB点，即为施加源项力所位于的网格点。同时，通过对流固耦合交界面两侧网格点LS函数值的梯度求解可以得到固体壁面的法线方向，将IB点沿壁面法线方向投影至壁面可以获得壁面投影点的位置坐标。同时结合IB点临近的两个流体点(三维算例下需要3个流体点)和壁面投影点，IB点的速度通过插值获得以满足无滑移边界条件[160,161,163]。

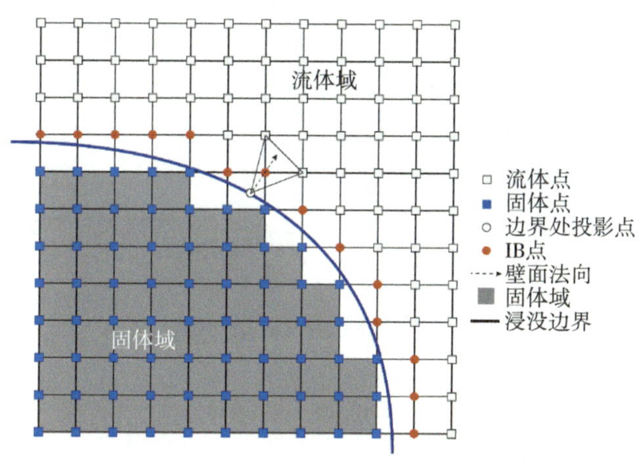

图5.1　浸入边界法二维示意图

图5.1中灰色区域为固体域，其中的固体网格节点不参与数值计算。在非流固耦合问题下，固体域中网格点速度取决于固体本身的运动状态。

假设 $\boldsymbol{l}(t)$ 为每一瞬时固体表面浸没边界上任意一点的位置向量，同时在流体域中，此点速度 $\boldsymbol{u}(t)$ 满足无滑移边界条件，

$$\boldsymbol{u}(t)=\frac{\partial\boldsymbol{l}(t)}{\partial t} \tag{5.3}$$

特别的，当 $\boldsymbol{l}(t)$ 位于静止的固体边界上，$\boldsymbol{u}(t)=0$。

而在此流固交界面上，压力需满足压力沿壁面法向梯度不变的边界条件。通过沿法向投影动量方程(5.1)至流固交界面上，可以得到压力的第二类纽曼边界条件，

$$-\frac{\mathrm{d}p}{\mathrm{d}\boldsymbol{n}}=\rho\boldsymbol{n}\left(\frac{D\boldsymbol{u}}{Dt}+\boldsymbol{g}-\nabla^2\boldsymbol{u}\right) \tag{5.4}$$

$\boldsymbol{n}$ 代表壁面法向向量。特别的，当固体静止时，忽略重力，压力需满足的边界条件为

$$\frac{\mathrm{d}p}{\mathrm{d}\boldsymbol{n}}=0 \tag{5.5}$$

PETSc(Portable, Extensible Toolkit for Scientific Computation)名为科学计算可移植扩展工具包[169]，是美国能源部(DOE)支持开发的20多个工具箱之一，是由Argonne美国国家实验室开发的可移植可扩展科学计算工具箱，主要用于在分布式存储环境高效求解偏微分方程组及相关问题。PETSc所有消息传递通信均采用信息传递接口(Message Passing Interface,MPI)标准实现。线性方程组求解器是PETSc的核心组件之一，PETSc几乎提供了所有求解线性方程组的高效求解器。本章所述求解器中的压力泊松方程的偏微分线性方程组通过PETSc进行求解。

5.3 基于浸入边界的壁模型

相对于低雷诺数流动采用线性插值来获得壁面附近IB点的速度值，本篇开发应用了基于对数率的壁模型[170-171]来计算高雷诺数下壁面处一定网格分辨率的流动。图5.2所示为壁模型示意图。近壁区网格点切向速度在沿壁面的法线法向满足壁面律：

$$\frac{U_t}{u_\tau}=\frac{1}{\kappa}\log(y^+)+B \tag{5.6}$$

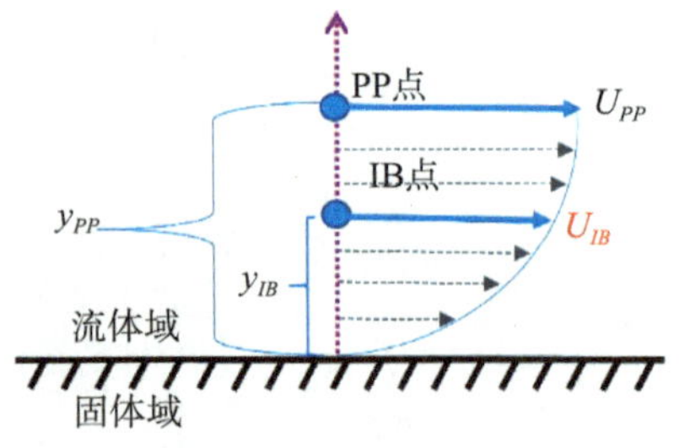

图5.2 对数律壁模型示意图

式中，U_t 为切向速度；u_τ 为当地瞬时摩擦速度；κ 为冯卡门常数；y^+ 为点至壁面的无量纲距离；B为某一常数。因为每一个IB点距离壁面的无量纲距离 y^+ 不同，当IB点位于对数率区域内部，即 y^+ 大于11时，IB点沿壁面的切向速度满足

$$U_{IB}=U_{PP}-u_\tau\frac{1}{\kappa}\log\left(\frac{y_{PP}}{y_{IB}}\right) \tag{5.7}$$

其中，U_{IB}、U_{PP} 分别为IB点和外部流体点切向速度；u_τ 为壁面摩擦速度；κ 为冯卡门系数；y_{IB} 和 y_{PP} 分别为IB点和外部流体点至壁面的法向距离。当IB点 y^+ 小于11时，IB点位于线性底层，即满足

$$U_{IB}=\rho y_{IB}u_\tau^2/\mu \tag{5.8}$$

因为IB点法向速度在壁面的变化率应为0，因此法向速度通过流体点速度与壁面速度进行二次插值获得：

$$U_{n,IB}=U_{n,PP}\left(\frac{y_{IB}^2}{y_{pp}^2}\right) \tag{5.9}$$

其中，$U_{n,IB}$ 和 $U_{n,PP}$ 分别为IB点和外部流体点法向速度。

IB点涡黏系数通过混合长度模型构建，

$$\upsilon_t = \kappa u_\tau y_{IB}(1 - e^{-\rho y_{IB} u_\tau / (19\mu)})^2 \tag{5.10}$$

5.4 任意复杂结构的流固交界面捕捉算法

目前,大多数基于LS的浸入边界法通过函数表达式来定义计算域网格节点上的LS距离函数值,而表达式的方法可以较为容易地定义一些指定形状的物体,如圆柱、翼形、游鱼等。但是,对于三维空间高度复杂的运动物体,此种方法几乎无法定义写出物体形状的连续表达式(无论是显式还是隐式,一个表达式还是分段函数),如图5.3中所示泵系统的结构。因此,本篇开发了一种适用于任意复杂结构的流固交界面捕捉方法并耦合于求解器中。

图5.3中,首先任意固体表面可以离散为一套立体平版印刷(STL)格式的非结构三角形网格。STL格式由立体平版印刷CAD软件生成并且目前已被广泛应用于快速造型、3D打印、计算机辅助制造等行业。目前,Solidworks、Siemens UG等主流固体建模软件均支持STL格式网格的二进制与文本格式的直接导出[172]。这里需要强调的是,此套网格仅为基于固体拓扑结构对其轮廓的离散,为面网格;而在通常基于一些商用软件进行的CFD计算,对流体域划分离散的为体网格。其中,STL格式网格品质即三角形数量由使用者对结构长度及角度公差的设定而自动生成[130,144,145]。

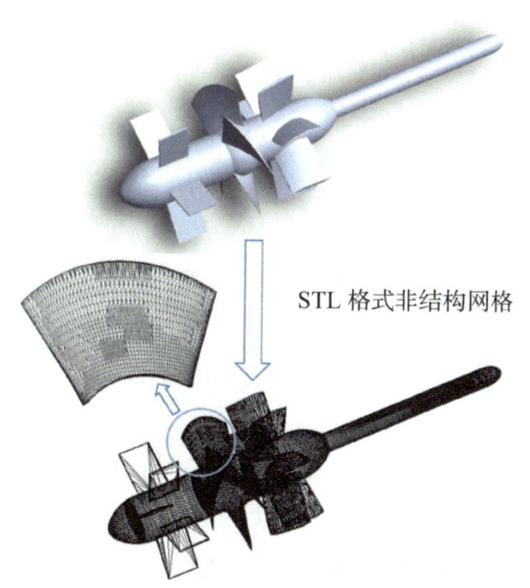

图5.3 离散为非结构网格的贯流泵过流部件示意图

对于基于水平集法的浸入边界法,水平集函数只是用来捕捉流固交界面及计算IB点对壁面投影的法向量及壁面上投影点的坐标。因此,这里只需要保证壁面附近处的LS函数值为准确值。而对于“远离”边界处的网格节点,只需要保证该节点上的LS值符号的正负来准确辨别其为流体点还是固体点,其绝对值的大小并不重要。如图5.4所示为此算法来构建LS函数场的二维示意图。这里不同的是,三维物体可以离散为有限三角形的组合,二维物体则离散为有限线段的组合,如图中黄色线段。只有作为流固交界面的邻近区域的实心方形点才会准确计算其上的LS函数值,而“邻近域”之外的空心方形点则只会分配一个指定的数值。建立LS函数场的整体步骤总结如下。

(1) 所有计算点中的实心方形点由一个以计算点为圆心,半径为r的当地搜索圆(三维情况下为搜索球)来辨识。半径为r,由以下公式决定:

二维情况下:

$$r > \sqrt{(2\sqrt{2}\max(\Delta x, \Delta y))^2 + l_{\max}^2} \tag{5.11}$$

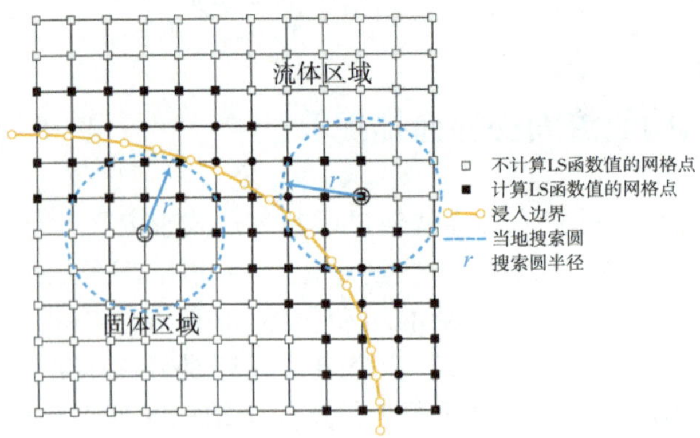

图 5.4　基于搜索圆(球)构建 LS 函数场方法的二维示意图

三维情况下：

$$r > \sqrt{(2\sqrt{3}\max(\Delta x, \Delta y, \Delta z))^2 + l_{\max}^2} \tag{5.12}$$

其中，$\Delta x, \Delta y, \Delta z$ 分别为 x，y，z 方向上的网格长度；$l_{\max}$ 为非结构网格三角形中的最长边的长度。

在流固耦合交界面相邻的两层计算点中，以上不等式可以保证至少一条固体离散线段(或离散三角形)位于其当地搜索圆(搜索球)中，即此方法可以保证沿流固交界面在 3 个方向上至少有 2 个计算点准确获取了 LS 函数值。因此，所有 IB 点均位于流固交界面"邻近域"中。

(2) 计算位于"邻近域"中的计算点分别与位于其搜索圆(球)中的所有线段(三角形)的距离，最小值即为该计算点至固体的距离。这里给出了三维情况下计算网格计算点与三角形距离的重心坐标公式：

$$\alpha \cdot v_1 + \beta \cdot v_2 + \gamma \cdot v_3 = p_0 \tag{5.13}$$

式中，v_1, v_2, v_3 分别为非结构网格中任意一个三角形的 3 个顶点的位置向量；p_0 为网格计算点 p 沿法向投影至三角形平面的投影点的位置向量。求解此方程可以获得系数 α，β, γ 的 3 个坐标一定位于区间。如果 p_0 位于三角形内部，其重心坐标 (α, β, γ) 位于 $[0,1]$；如果不位于此区间，说明 p_0 在此三角形外部，同时此三角形内距离网格计算点 p 最近的点位于三角形的 3 个顶点或是 3 条边上。以下给出相应通过系数 α, β, γ 的符号来判断的准则：

a. 如果 α, β, γ 中分别有且只有一个为正(其余两个为负)，那么三角形内相应的离点 p 最近的点分别为顶点 v_1, v_2, v_3。

b. 如果 α, β, γ 中分别有且只有一个为负(其余两个为正)，那么三角形内相应的离点 p 最近的点分别为以 v_2 与 v_3 为顶点的边、以 v_1 与 v_3 为顶点的边或者以 v_1 与 v_2 为顶点的边。

这里需要说明的是，α, β, γ 为零则表示为一些特殊的情况，如计算点 p 对三角形的法向穿过三角形的边或者顶点。在公式求解的数值过程中，变量均定义为双精度实数，在离散固体的三角形非结构网格的三角形顶点坐标精度不是太低的情况下，一般 α, β, γ

并不会出现为零的情况。

(3) 求解获得“邻近域”中所有计算点至固体的距离，而位于“邻近域”之外的计算点(无论在固体还是流体中)，认为其离固体壁面较远，其LS函数值并不影响整体计算，为加快计算速度，指定其一个较大的正数值。

(4) 区分每个网格点位于固体域还是流体域，即获得每个计算节点上LS函数值的正负符号。本篇采用射线法[173]来区分辨识，如图5.5所示。对于每一个网格计算点，以它为起点出发一条随机射线，记录其穿过所有离散固体的所有线段(三角形)的次数。如果次数为奇数次，则此点位于固体内部；如果次数为偶数次，则此点位于固体外部。图5.5中从上往下3条射线穿过固体的次数依次为0、3、1，即其穿过所有离散固体的所有线段的次数的奇偶性为偶、奇、奇，即此3条射线出发的起点分别位于流体域、固体域、固体域。

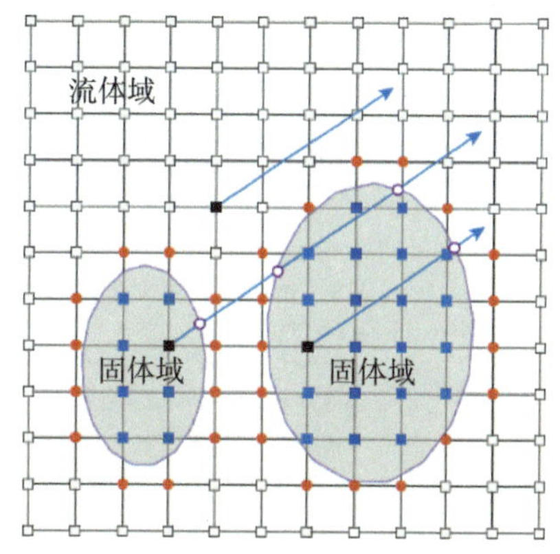

图5.5 射线法辨识固体-流体区域二维示意图

5.5 运动物体的流固交界面追踪算法

求解器中，泊松方程求解方式如下：

$$\nabla\cdot\frac{1}{\rho}\nabla p_d^{n+1}=\nabla\cdot\frac{1}{\rho}\nabla(p_d^n+\Delta p_d^n)=\frac{\nabla\cdot u^*}{\Delta t} \tag{5.14}$$

式中，p_d^{n+1} 与 p_d^n 分别代表 $n+1$ 时刻与 n 时刻的压力；Δp_d^n 为两时刻之间的压力差；u^* 为投影法中的中间速度。

通过求解泊松方程获得 $n+1$ 时刻的压力是基于 n 时刻的压力进行修正，只求解 n 时刻到 $n+1$ 时刻的压力差 Δp_d^n。因为压力差相对于压力本身 p_d^n 是非常小的，通过PETSc求解器求解泊松方程可以消耗更少的迭代次数，进而加速计算的求解时间。图5.6为运动固体边界从 n 时刻至 $n+1$ 时刻的示意图。图中黄色的计算点从固体域进入流体域，其 n 时刻的压力值可能与 $n+1$ 时刻的实际值相差较大，导致在有限的设定的迭代步骤里无法准确获得 $n+1$ 时刻的压力值。

为了避免这样的问题，在求解过程中，所有的IB点 n 时刻的压力 p_d^n 通过外流场插值而来[174]。将方程(5.4)应用至固体表面可以得到

$$p_b=p_a+d_{ab}\rho n\left(\frac{u^n-u^{n-1}}{\Delta t}+g-\nabla^2 u\right) \tag{5.15}$$

式中，p_b 为IB点的压力；p_a 为外流场插值点的压力，此压力通过外流场网格节点 $p_{f,1}$ 与 $p_{f,2}$ 的压力插值而来；d_{ab} 为外流场插值点和IB点之间的距离；u^n 与 u^{n-1} 分别为 n 和 $n-1$ 时刻流体的速度。

图5.7所示为近壁区IB压力插值示意图。通过穿过IB点的壁面法向量可以获得 p_a 的位置坐标，进而通过网格点 $p_{f,1}$ 与 $p_{f,2}$ 上的压力线性插值，获得 p_a 点的压力值。

然后通过公式(5.15)可以获得 IB 点的压力 p_b。之后可以通过公式(5.14)获得 Δp_d^n，进而基于 n 时刻的压力值 p_d^n 可以获得 $n+1$ 时刻该点的压力值 p_d^{n+1}。

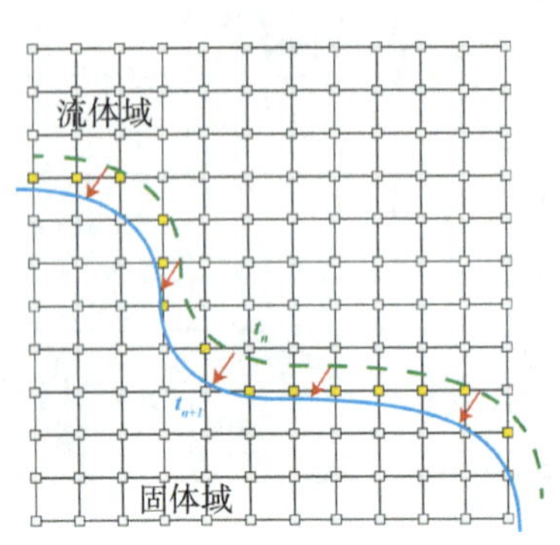

图 5.6 运动固体边界从 n 时刻至 $n+1$ 时刻的示意图

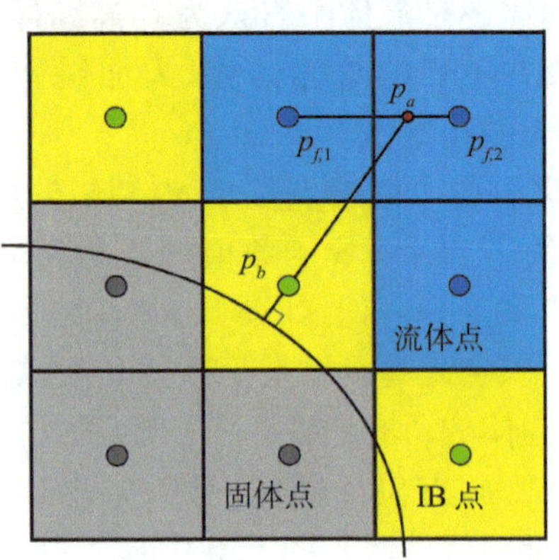

图 5.7 近壁区 IB 点压力插值示意图

5.6 算例验证法

本节将通过一系列圆柱绕流的算例来验证求解器的求解精度，算例布置图如图 5.8 所示。首先，分别采用直接数值模拟(DNS)计算雷诺数 $Re=40$ 和 100 两个算例。圆柱体通过 284 个网格单位的非结构三角形面网格进行离散。计算域在流向(x 方向)和竖直方向(y 方向)的长度分别为 $100D$ 和 $70D$(D 在本节圆柱绕流计算中为圆柱直径)。由于雷诺数较低，这里对 $Re=40$ 和 100 两个算例只进行二维的数值模拟，因此展向(z 方向)的长度设置为 $0.1D$。整个计算域在 x,y,z 方向的网格数布置为 $512\times384\times1$，圆柱附近的网格分辨率加密至 $0.01D$。进口采用均匀来流 U_∞ 进口边界条件，出口采

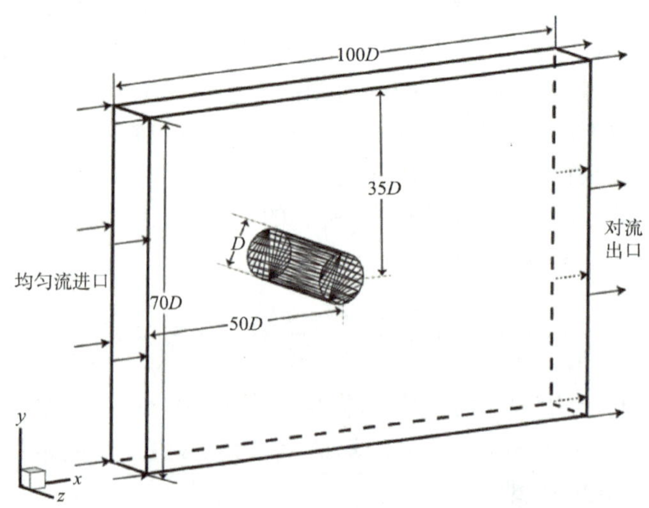

图 5.8 圆柱绕流算例布局示意图

用对流出口边界条件，竖直方向设置为自由滑移边界条件，展向设置为周期性边界条件。初始三维速度场为 $(U_\infty, 0, 0)$。初始压力场为 0，同时设置进口的某一网格点压力为参考压力点。

定义系数公式如下：

$$C^* = \frac{F^*}{\frac{1}{2}\rho U_\infty^2 DL} \tag{5.16}$$

当 F^* 代表压力时，C^* 为压力系数 C_p；当 F^* 代表摩擦力时，C^* 为摩擦阻力系数 C_f；当 F^* 代表总流体力流向方向分量时，C^* 为总阻力系数 C_D；当 F^* 代表总流体力竖直方向分量时，C^* 为升力系数 C_L。

图 5.9 和图 5.10 分别展示了 $Re=40$ 下，无量纲系数 C_D，C_p，C_f，C_L 随时间的收敛过程和流线、压力的云图。由图可见，各项系数随时间光滑收敛至稳定的状态；而随着时间推进，在圆柱后方发展出一个稳定的层流流动，而压力、速度场关于圆柱中心线（$y=35$）对称。模拟结果所得回流区长度 L_r 和一些系数，与文献结果吻合良好，对比如表 5.1 所示。

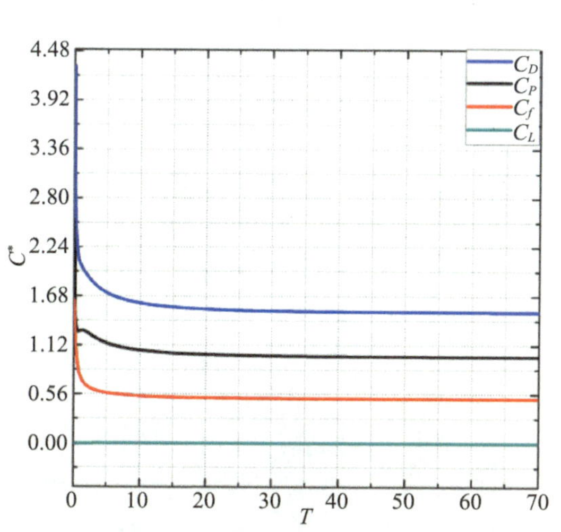

图 5.9　$Re=40$ 下，圆柱绕流无量纲系数随时间的收敛过程曲线

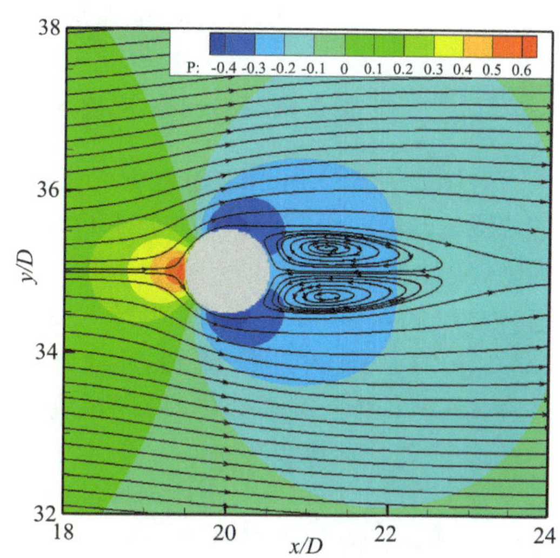

图 5.10　$Re=40$ 下，圆柱绕流流线分布和压力云图

表 5.1　$Re=40$ 下，圆柱绕流积分系数模拟与文献结果对比

对比文献	C_p	C_f	C_D	L_r/D
Ye et al. [139]	—	—	1.52	2.27
Fornberg[175]	—	—	1.50	2.24
Tseng et al. [176]	—	—	1.53	2.21
Dennis et al. [177]	1.00	0.52	1.52	2.35
Cui et al. [160]	—	—	1.53	2.25
本篇结果	1.00	1.00	1.51	2.30

图 5.11 和图 5.12 分别展示了 $Re=100$ 下，无量纲系数 C_D，C_p，C_f，C_L 随时间的收敛过程和流线、压力的云图。各项系数首先收敛于稳定的数值，然后在时间 $T=80$ 附近，开始产生波动。在尾流的低压区可见一个非稳定不对称的回流，随着时间发展出一个不稳定的卡门涡街。模拟所得斯特劳哈尔数 S_t 和一些时间平均系数，与文献结果吻合良好。

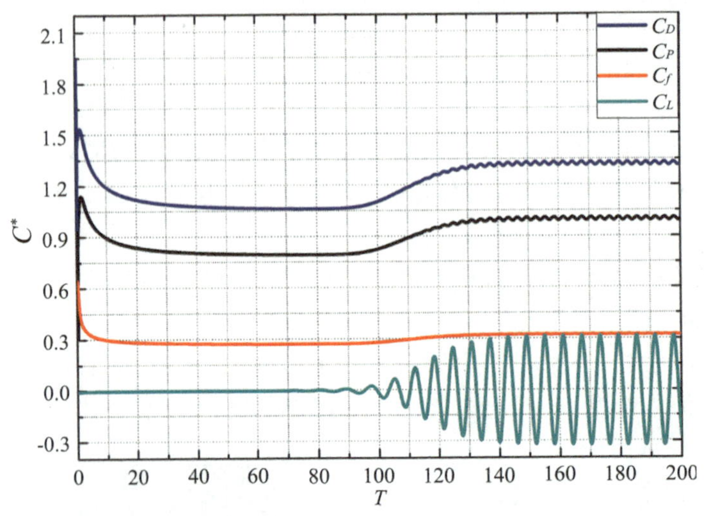

图 5.11　$Re=100$ 下，圆柱绕流无量纲系数随时间的收敛过程曲线

对比如表 5.2 所示。随着 Re 增加，圆柱绕流流动转向混乱的湍流，通过不考虑壁模型（线性插值）和考虑壁模型（非线性插值）的大涡模拟方法分别来模拟 $Re=3\,900$ 下的三维圆柱绕流流动特性。在 $Re=3\,900$ 下的三维模拟中，展向长度设置为 $2\pi D$。整个计算域在 x，y，z 方向的网格数布置为 $512\times384\times48$，圆柱附近的网格在流向和竖直方向分辨率设置为 $0.1D$，展向采用均匀分布网格。边界条件参数如上。

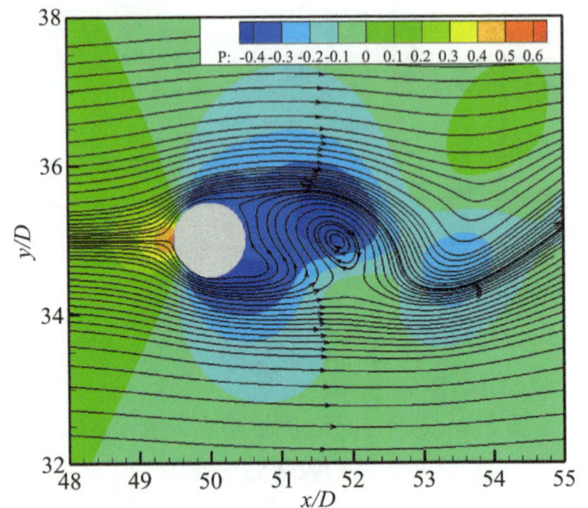

图 5.12　$Re=100$ 下，圆柱绕流流线分布和压力云图

图 5.13 为考虑了壁模型和基于 Q 准则的绕流流场瞬时涡结构。当流体流过圆柱时，上下表面边界层从表面分离，在圆柱表面的竖直方向上下两侧分别形成一个剪切层，然后当流体流过回流区（图中显示为圆柱后方蓝色流向速度的区域），流动卷起进而转为周期性的漩涡脱落。

表 5.2　$Re=100$ 下，圆柱绕流积分系数模拟与文献结果对比

对比文献	$\overline{C_p}$	$\overline{C_f}$	$\overline{C_D}$	C'_L	S_t
Tseng et al.[176]	—	—	1.42	0.29	0.164

续表

对比文献	$\overline{C_p}$	$\overline{C_f}$	$\overline{C_D}$	C'_L	S_t
Park et al.[178]	0.99	0.34	1.33	0.33	0.165
Rajani et al.[179]	—	—	1.34	0.18	0.157
Dennis et al.[177]	0.77	—	1.06	—	—
Kim et al.[180]	1.05	0.28	1.33	0.32	0.165
Cui et al.[160]	—	—	1.34	0.31	0.165
本篇结果	1.00	0.32	1.32	0.32	0.165

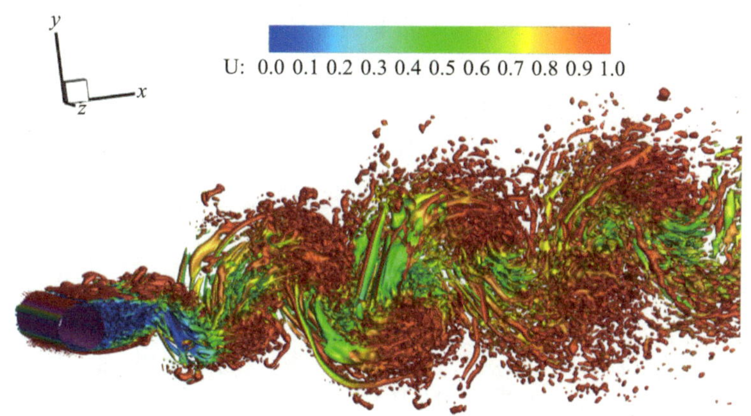

图 5.13 基于 Q 准则的 $Re=3\,900$ 圆柱绕流的瞬时涡结构

表 5.3 为一些参数，如 $\overline{C_D}$、分离角 $\bar{\theta}$、S_t、$\overline{L_r}$ 与文献的对比情况。不考虑壁模型的 $\overline{C_D}$ 与 Lysenko 和 Tremblay 的结果较为一致，但比本篇考虑壁模型的大涡模拟、Kravchenko 和 Moin 的大涡模拟结果、Lourenco 和 Shih 的实验结果以及 Ong 和 Wallace 的实验结果略高。模拟的 S_t 均较为接近文献的模拟和实验的结果。这里注意到，不考虑壁模型模拟的 $\bar{\theta}$ 和 $\overline{L_r}$ 与采用传统 Smagorinsky 亚格子应力模型进行模拟的 Lysenko 和 Tremblay 的结果较为一致，但考虑壁模型的模拟结果发现了更小的 $\bar{\theta}$ 和更长的 $\overline{L_r}$，跟 Kravchenko 和 Moin、Ong 和 Wallace、Lourenco 和 Shih 的结果更为吻合。

表 5.3 $Re=3\,900$ 下，圆柱绕流积分系数模拟与文献结果对比

对比文献	$\overline{C_D}$	S_t	$\bar{\theta}$	$\overline{L_r}/D$
Lysenko et al.[181]	1.17	0.19	89	0.9
Tremblay et al.[182]	1.14	0.21	87.3	1.04
Kravchenko et al.[183]	1.04	0.21	88.0	1.35
Lourenco et al.[183]和 Beaudan et al.[184]	0.98	—	85	1.19

续表

对比文献	$\overline{C_D}$	S_t	$\bar{\theta}$	$\overline{L_r}/D$
Ong et al.[185]	0.99	0.22	86	1.40
Cui et al.[160]	1.03	0.22	87.6	1.37
本篇结果(不考虑壁模型)	1.13	0.21	88.8	0.91
本篇结果(考虑壁模型)	0.99	0.21	88.0	1.26

图 5.14、图 5.15 展示了本篇模拟中不同位置一阶统计量与实验结果的对比情况。Present log-law 代表采用壁模型的模拟结果，Present linear 代表不采用壁模型的模拟结果，Exp. 1 代表 Lourenco 和 Shih 的实验结果[183,184]，Exp. 2 代表 Ong 和 Wallace 的实验结果[185]，Exp. 3 代表 Parnaudeau 等的实验结果[186]，下同。所得时间平均值是通过 120 个漩涡脱落周期的结果文件做平均获得。此处定义圆柱中心位置为 x 和 y 轴的起点位置。图 5.14 为尾流中心线上的平均流向速度，本篇采用壁模型(Present log-law)和不采用壁模型(Present linear)的模拟结果与实验结果的对比；图 5.15 为在圆柱绕流

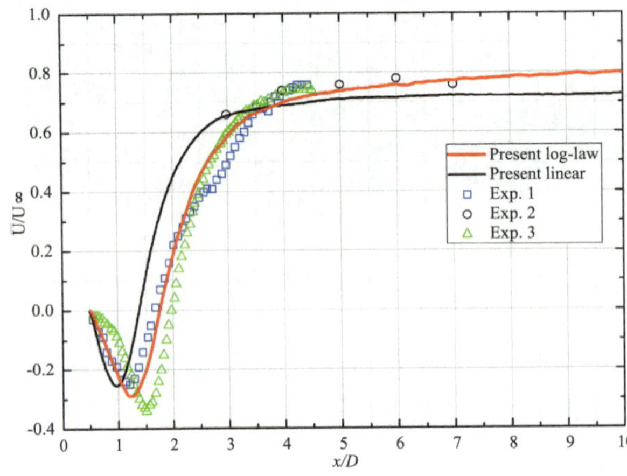

图 5.14 *Re*=3 900 圆柱绕流的尾流中心线上平均流向速度分布模拟与实验的对比

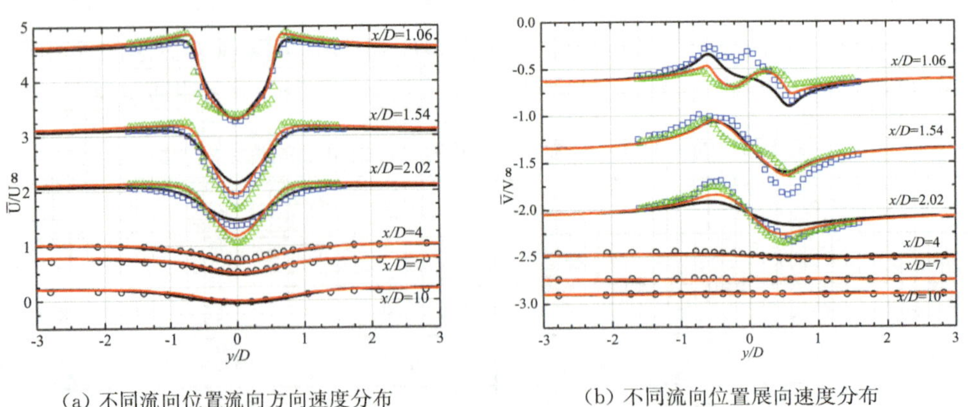

(a) 不同流向位置流向方向速度分布　　(b) 不同流向位置展向速度分布

图 5.15 *Re*=3 900 圆柱绕流不同流向位置速度沿展向分布

Re=3 900 算例中圆柱下游的 6 个不同流向位置平均流向速度和平均展向速度的模拟结果和实验结果的对比。在图 5.14 中容易读出回流区的长度，同时可以发现，采用了壁模型的圆柱中心线上的流向速度分布更吻合所有 3 个实验中的测量值。同时，考虑壁模型的流向速度和展向速度分布在 x/D=1.06，1.54，2.02 断面上，更接近 Lourenco 和 Shih 以及 Parnaudeau 等的实验结果；而不考虑壁模型和考虑壁模型在相对远的尾流的位置，x/D=4，7，10 都与 Ong 和 Wallace 的结果接近。

以上分别通过标准测试算例检验了 CFD 求解器的直接数值模拟、大涡数值模拟，包含静止刚体的低、高雷诺数流动模块。下文通过一个二维振荡圆柱算例来验证求解器对于运动物体的求解能力和计算精度。此算例计算域及网格布局与静止圆柱的算例设定相同。圆柱仍然通过离散为三角形网格的方式，圆柱起始位置为静止圆柱算例的圆柱位置，近圆柱处网格分辨率为 0.01D。水平及竖直方向边界设为自由滑移边界，展向边界设为周期性边界。计算域中初始速度场为(0,0)，即表示为圆柱初始位于一个静止的水槽中。此算例中，以圆柱中心为原点坐标(0,0)，圆柱做 x 方向的平移运动，定义为谐波振荡 $x=-A\sin(\varphi)$，其中 $A=5$，$\varphi=2\pi f_e t$ 为方位角，$f_e=1$ 为圆柱振动频率。最大速度 $U_m=5$。圆柱直径 D 为无量纲长度 1，以 U_m 与 D 定义雷诺数 Re=100。KC(Keulegan-Carpenter)数 $KC=U_m f_e/D$，代表了黏性力与惯性力之比。以上参数可得本算例 KC=5。

图 5.16 显示为当圆柱振荡的方位角 φ 分别为 180°和 330°时，圆柱附近的水平速度分布云图。为了显著比较模拟结果的差异，经过数据处理获得了局部相位平均速度信息。图 5.17 为当前模拟结果与之前模拟、实验文献结果关于若干不同截面水平速度分量的对比图，其中 comp. 代表 Guilmineau 等[187]的模拟结果，exp. 代表 Dütsch 等[188]的实验结果，对比结果表明当前模拟结果与之前模拟和实验结果非常一致。

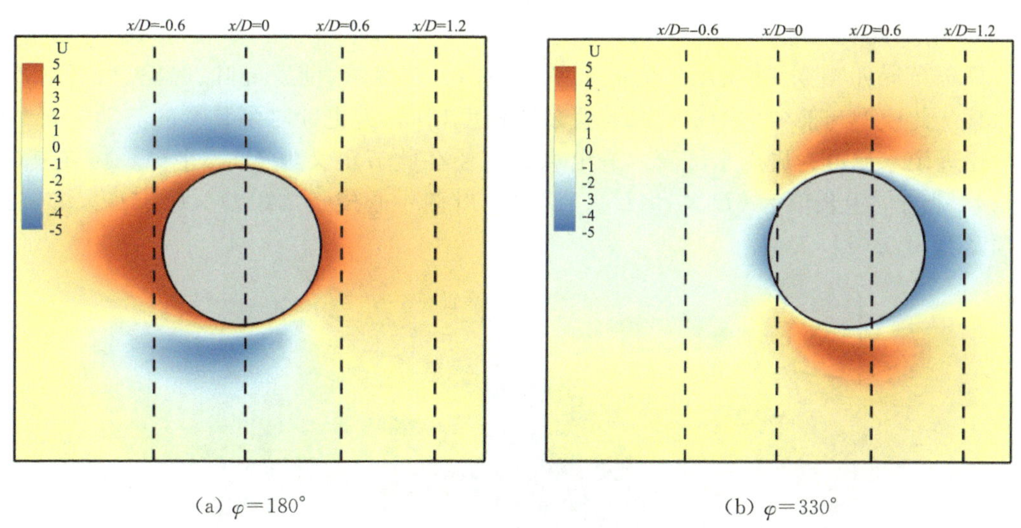

(a) $\varphi=180°$　　(b) $\varphi=330°$

图 5.16　水平速度分布云图

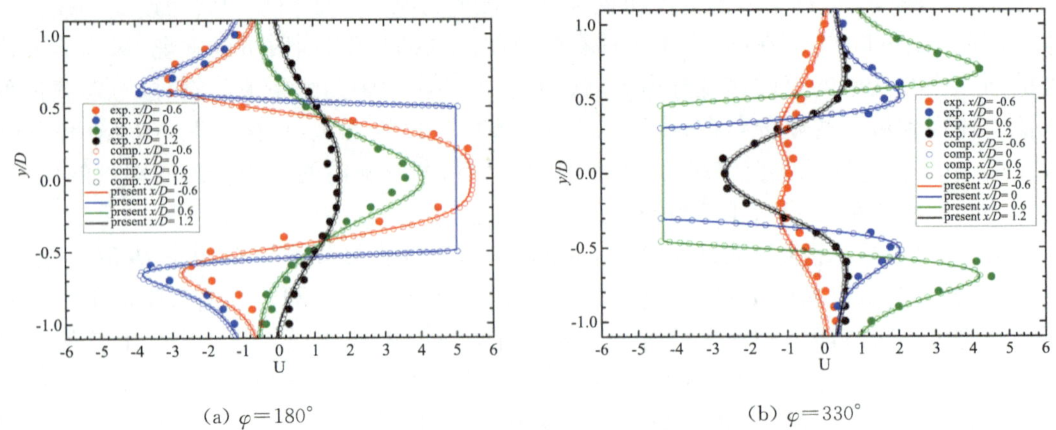

(a) $\varphi=180°$　　(b) $\varphi=330°$

图 5.17　当 $x/D=-0.6,0,0.6,1.2$ 时水平速度沿 y(竖直)方向速度分布的模拟结果与文献(模拟和实验)结果的对比图

5.7　贯流泵算例

5.7.1　算例设置

为了测试本求解器对复杂几何结构的计算能力，本节采用上文所述求解器对贯流泵进行 CFD 三维非定常流场的大涡模拟。尽管指定动静交界面等一些特殊的处理已经广泛地应用于水力机械的工程计算中，交界面上插值的精度降低和考虑导叶、叶片的转动调节仍会对计算中的变量(如网格质量、计算收敛性)造成负面影响。因此，IB 法较占优势，可以解决此类问题。

算例布局如图 5.18 所示。贯流泵系统包括了进水管、前置导叶、叶轮、后置导叶和出水管。此模型与前两章中贯流泵装置泵段模型相同，为更针对泵装置的流动进行分析而简化进出水流道为进出水圆管。进出水管直径在此节定义为 D，整个计算域在其(x，y，z)3 个方向上长度为 $6D\times1.1D\times1.1D$。叶轮中心位于 $2.85D\times0.55D\times0.55D$，叶顶间隙为 $0.01D$。

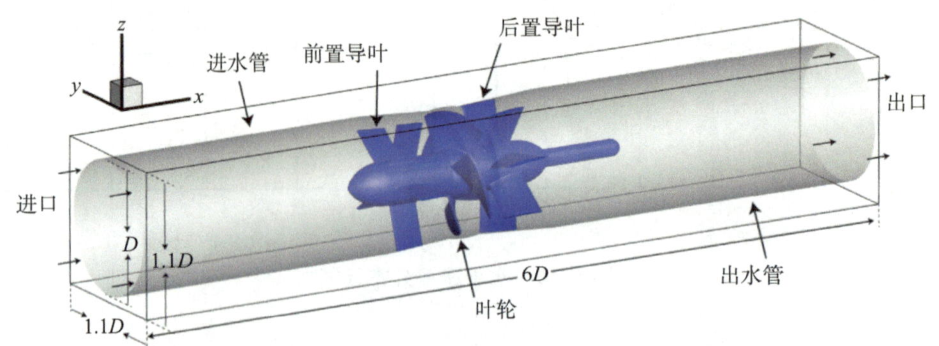

图 5.18　基于浸入边界法的贯流泵算例示意图

图 5.19 验证了在同流向设置为周期性边界时，不同网格方案下贯流泵工作所驱动的流量对比，648×216×216 中 648、216、216 分别代表 x、y、z 方向网格数，下同。y、z 方向采用均匀网格分布，x 方向在具有较大速度梯度的泵段进行了加密。在流向为周期性边界条件时(即为将 x 方向最后两层 yz 截面网格节点作为 x 方向第一层 yz 截面网格的前方节点进行空间推进)，流体在叶轮旋转的驱动下从静止启动并加速流动。为加快收敛速度，所有不同网格方案起始流量均为 6.8 m^3/s，计算域前后给定设计工况负压压差。当 y、z 方向网格数在 216、240 与 264 时，对流量的影响并不大，当 y、z 方向网格为 240，x 方向网格达到 1 024，10 个叶轮旋转周期后捕捉到叶轮所驱动的流量接近 9.5 m^3/s，随着流动的稳定，最终的流量稳定在 9.4 m^3/s，考虑到本算例计算资源的限制和设置的叶顶间隙较大，最终选用 $x\times y\times z$ 方向分别为 1 024×240×240 的网格布置。尽管最终采用了近 6 000 万网格，除去并不参与流体 N-S 方程求解计算的固体部分占用的网格，最终流体域的网格数约为 4 200 万。

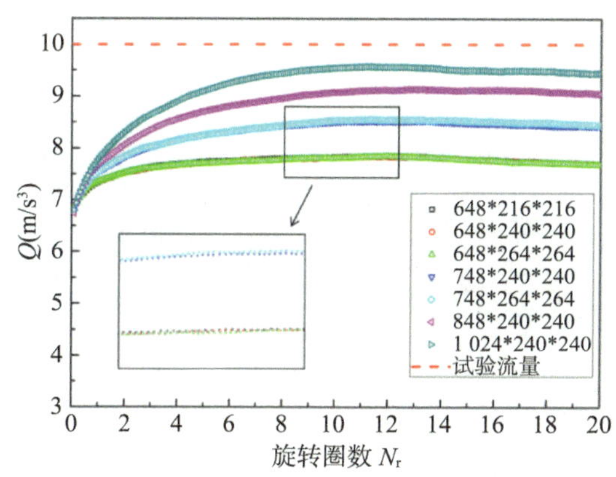

图 5.19　流向为周期性边界不同网格方案下贯流泵运行所驱动的流量对比

为了考虑湍流来流对贯流泵工作的影响，本篇使用了充分发展的圆管湍流作为计算域的进口边界条件，本算例初始时刻进口断面速度分布云图如图 5.20 所示。出口采用对流出口，压力项采用 PETSc 求解。所有固体表面通过 IB 法实现无滑移边界，计算域中 y、z 方向边界位于固体域，但仍给出无滑移边界条件。

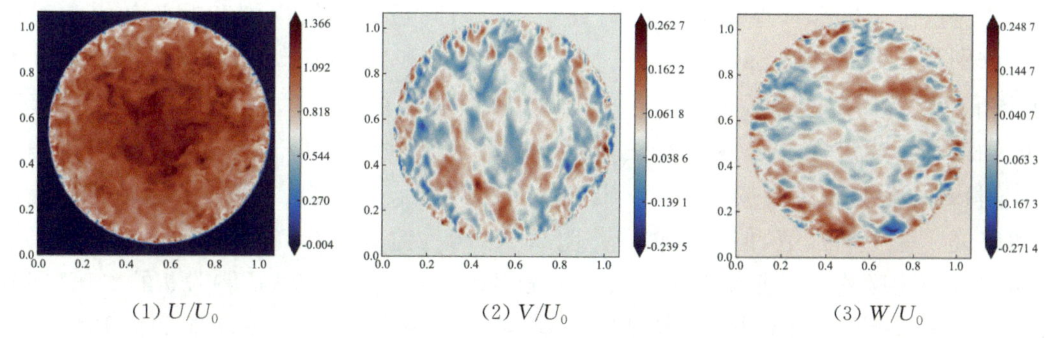

(1) U/U_0　　(2) V/U_0　　(3) W/U_0

图 5.20　初始时刻进口断面速度分量分布云图

本节共研究了设计流量附近的 5 个特征流量工况，小流量 $Q=0.8Q_{beq}$ 工况、小流量

$Q=0.9Q_{beq}$ 工况、设计流量 $Q=1.0Q_{beq}$ 工况、大流量 $Q=1.1Q_{beq}$ 工况、大流量 $Q=1.2Q_{beq}$ 工况下的贯流泵非定常大涡模拟。所有算例完成于明尼苏达大学高性能计算平台和圣安东尼瀑布实验室高性能计算平台，每个算例采用了 576 个 CPU 处理器，通过 MPI 进行并行计算。无量纲时间步长约为 2×10^{-4}，计算约 40 个叶轮旋转周期，无量纲时间约为 20.96，一个计算算例的时间大约为 20 天。

5.7.2 结果验证

图 5.21 所示为通过浸入边界法构建的贯流泵模型表面边界与不同截面 LS 函数场 ϕ 的分布图。整体计算域中的固体区域，如泵段固体部件内部和流道外部，其 LS 函数值 ϕ 小于 0，流体域 LS 函数值 ϕ 均大于 0，等值面 $\phi=0$ 表示为如图 5.21 所示的贯流泵模型表面边界。尽管在计算域中，位于搜索圆之外的网格节点与浸没边界的距离不必计算，但为了确保界面附近的 ϕ 函数准确连续，依然应用了公式(5.2)的方法在每个时间步长由远及近地修正流固界面两侧的 ϕ 函数，因此搜索圆之外的网格节点依然可以获得接近真实距离界面的 ϕ 函数值。

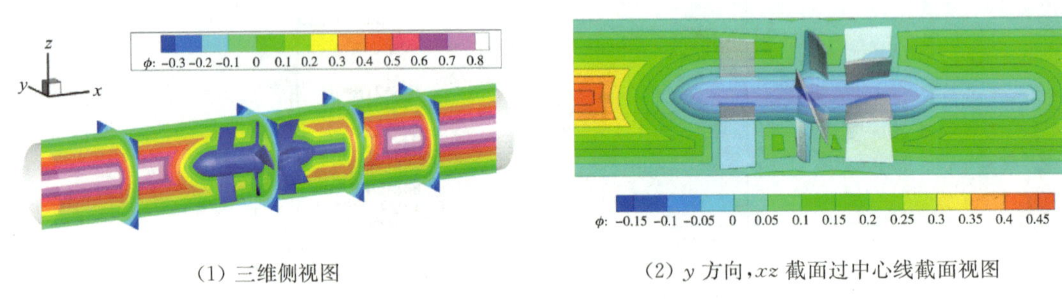

(1) 三维侧视图

(2) y 方向，xz 截面过中心线截面视图

图 5.21 贯流泵模型与计算域 LS 函数场 ϕ

图 5.22 所示为设计工况下导叶前监测点压力脉动数值模拟与真机试验结果对比图。定义压力系数 C_p 如下：

$$C_p=\frac{p-p_{ave}}{0.5^*\times\rho U_i^2} \tag{5.17}$$

监测点位于进水管外壁面靠近前置导叶进口附近。数值模拟和试验的采集时间步长分别为 2.29×10^{-5} s 和 1×10^{-3} s。试验数据和数值模拟数据分别采集了 8 和 20 个叶轮旋转周期。最后两个叶轮旋转周期 C_p 随时间变化曲线如图 5.22(1)所示。时间轴以 0 为起点，0.524 为一个无量纲的叶轮旋转周期。由于叶轮和导叶的动静干涉作用，在一个叶轮旋转周期内 C_p 出现 4 个波峰和波谷，与叶轮叶片数相同，试验值幅值略高于模拟值幅值，但整体吻合。图 5.22(2)为监测点 C_p 的频谱图。模拟结果和试验结果中主频均为无量纲频率 7.63，为无量纲叶轮通过频率(IPF)1.9 的 4 倍，即叶片通过频率(BPF)。在模拟中，其他的主要频率为一些 BPF 的倍数，如 2 倍 BPF、3 倍 BPF。这与之前文献[189]所得到的结果吻合。同时，本实验中也捕捉到了 2 倍 BPF 和一些干扰频率。

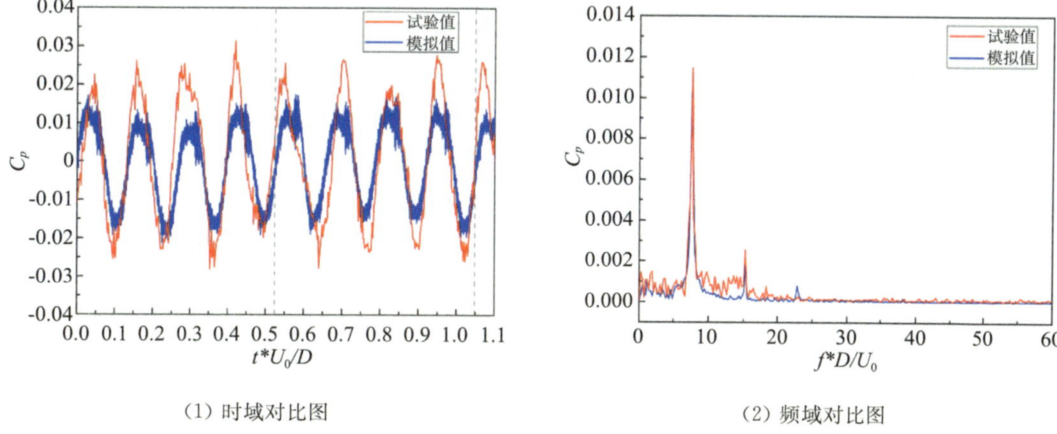

（1）时域对比图　　（2）频域对比图

图 5.22　导叶前监测点压力脉动数值模拟与真机试验结果对比

5.7.3　一阶统计量分析

图 5.23 所示为过贯流泵中心线竖直平面坐标示意图，x 坐标代表计算域流向坐标，r 方向代表径向坐标。中心线即为径向坐标 $r=0$ 的直线。图 5.24 所示为做圆周方向平均后，流向速度沿径向的分布图。图 5.24(1)中为设计工况 $Q=1.0Q_{beq}$ 时不同 x 位置(yz 截面)周向平均后的流向速度沿径向的分布，图 5.24(2)为 $x/D=3.0$ 时，叶轮出口处不同流量工况下周向平均后的流向速度沿径向的分布。

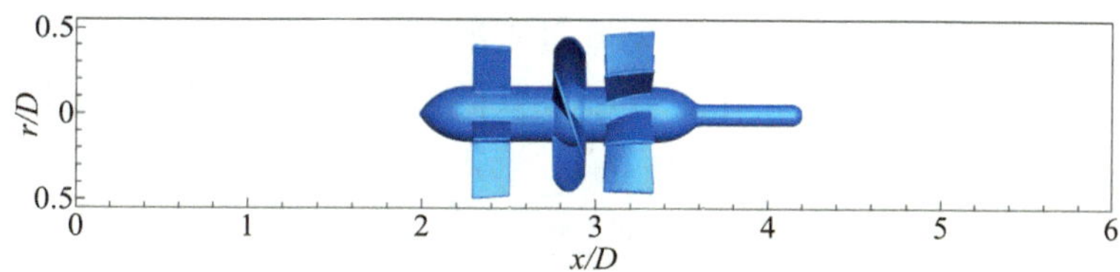

图 5.23　贯流泵中心线竖直平面坐标图

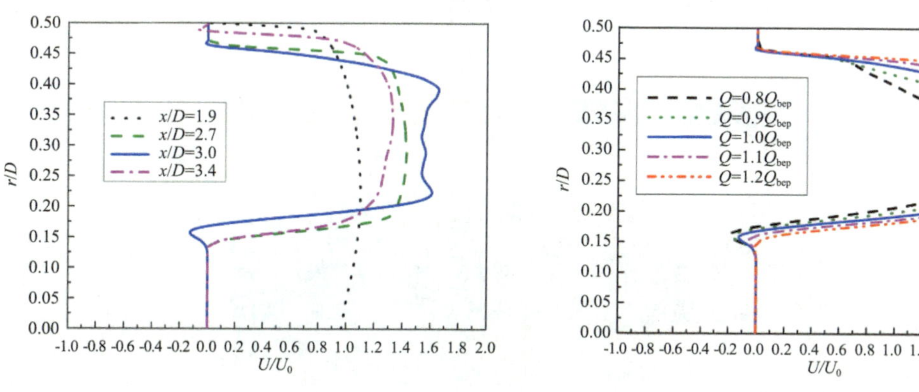

（1）$Q=1.0Q_{beq}$ 下不同 x 位置的速度分布　　（2）不同流量下 $x/D=3.0$ 位置的速度分布

图 5.24　周向平均后流向速度沿径向的速度分布图

图 5.24(1)中可以看出，在 $x/D=1.9$ 截面，流向速度在径向分布近似为管流分布，由于整体流动雷诺数较高，在壁面 $r/D=0.5$ 处，沿径向指向中心线的方向（$-r$ 方向），流向速度迅速从 0 增加至接近主流平均速度（$U/U_0=1$），之后沿靠近圆管中心的方向速度略有增加。在径向 $r/D=0.22$ 至 $r/D=0$ 中，流向速度略有下降，是因为受 $x/D=2.0$ 处轮毂对流向速度阻挡的影响。在 $x/D=2.7$ 截面为叶轮进口位置，由于过流断面的减小，平均流速进而增大。在 $x/D=3.0$ 截面，靠近轮毂处 $r/D=0.15$ 附近发生了轻微的回流，而靠近外壁面区域，受叶轮叶片的叶顶间隙的影响，其流向速度的增加速度略低于叶轮进口。在 $x/D=3.4$ 截面，接近壁面 $r/D=0.5$ 处有轻微的回流，而在 $r/D=0.4$ 至 $r/D=0.2$ 的径向区域，流向速度略微下降，这是因为轮毂处断面逐渐减小而过流断面逐渐增大，使得靠近轮毂处的速度发生亏损。

图 5.24(2)中可以看出，在设计流量 $Q=1.0Q_{beq}$ 工况、1.1 倍设计流量 $Q=1.1Q_{beq}$ 工况、1.2 倍设计流量 $Q=1.2Q_{beq}$ 工况下，流向速度沿径向的分布较为一致，但在叶顶处，大流量工况下壁面沿径向指向中心线的方向（$-r$ 方向）流向速度增长明显快于设计流量工况；叶根附近，随着流量的增大，叶根处的回流也逐渐消失，这都是因为随着流量的增加，叶轮两侧负压梯度逐渐减小。而在小流量 $Q=0.9Q_{beq}$ 工况下，速度剖面发生变化，叶根处回流加强，叶顶处流向速度沿 $-r$ 方向增长慢于设计流量工况，在 $Q=0.8Q_{beq}$ 工况下，叶顶处流向速度沿 $-r$ 方向增长大幅变慢，叶根处回流最为突出明显，表现为随着过流量减小，叶轮两侧压差升高，叶轮对流体做功能力的大幅降低和不足。

图 5.25 所示为 3 个不同流量工况下过中心线竖直平面流向速度分布云图。

由图 5.25 可见，由于叶轮叶片的叶顶存在间隙，在小流量 $Q=0.8Q_{beq}$ 工况下，叶顶处出现了较为明显的回流，而此回流在大流量工况下最弱。小流量工况下，随着外流道的扩大和轮毂断面的减小，后置导叶后方流道壁面侧和轮毂侧均出现了明显的低速区。轴后方的低速尾流影响范围大，与其他区域对流扩散的混合速率较慢。设计工况下，叶顶处的反向回流、后置导叶后方流道壁面侧和轮毂侧的低速流动均减弱，轴后方的低速尾流对与从叶轮、导叶后的高速尾流混合的速率相比较为适中；而大流量工况下，叶顶处的反向回流、后置导叶后方流道壁面侧的低速流动均减弱，但后置导叶后方轮毂侧轴附近的低速区较设计工况下明显，轴后方的低速尾流与从叶轮、导叶后流出的高速尾流混合的速率较快。

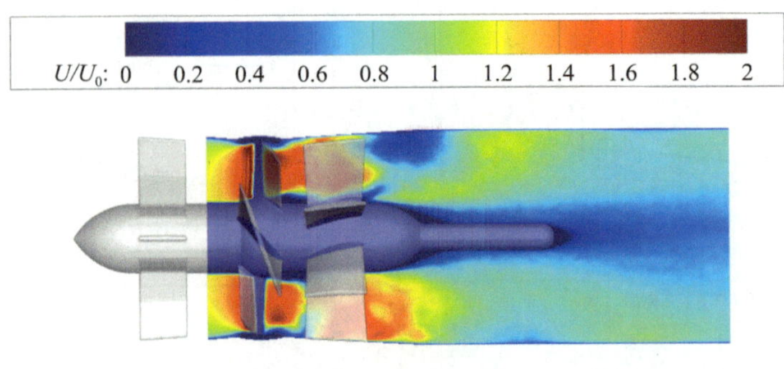

（1）小流量 $Q=0.8Q_{beq}$ 工况

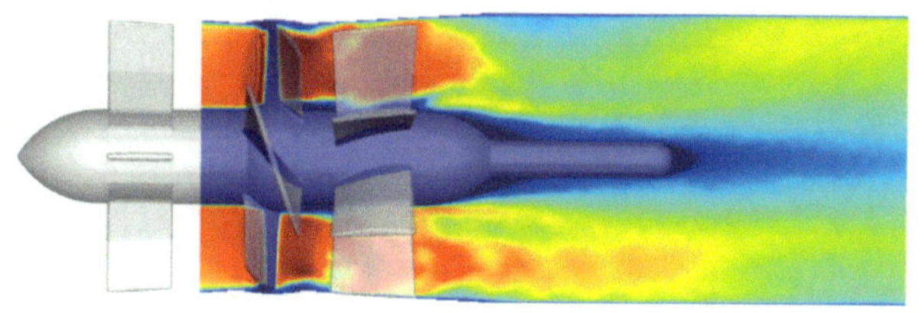

(2) 设计流量 $Q=1.0Q_{beq}$ 工况

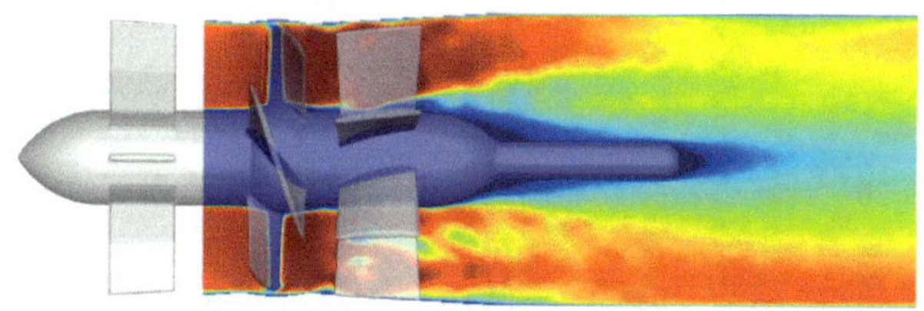

(3) 大流量 $Q=1.2Q_{beq}$ 工况

图 5.25 过中心线竖直平面流向速度分布云图

5.7.4 湍动能分析

对于水力机械内部的高雷诺数流动，研究其湍流流动机理对深入的理解其内部流动具有重要意义。湍流动能强度(以下称为湍动能强度)可以通过湍流正应力的平均分量来量化：

$$k=\overline{(u')^2}+\overline{(v')^2}+\overline{(w')^2} \tag{5.18}$$

式中，u'，v'，w' 为 3 个方向上的脉动量；k 为湍动能强度。

以下为湍动能输运方程：

$$\frac{\partial k}{\partial t}+\overline{u_j}\frac{\partial k}{\partial x_j}+\frac{1}{2}\frac{\partial \overline{u'_j u'_j u'_i}}{\partial x_i}=-\overline{u'_i u'_j}\frac{\partial \overline{u'_i}}{\partial x_j}-\upsilon\overline{\frac{\partial u'_i}{\partial x_j}\frac{\partial u'_i}{\partial x_j}} \tag{5.19}$$

式中，$\frac{\partial k}{\partial t}+\overline{u_j}\frac{\partial k}{\partial x_j}$ 为湍动能的物质导数；$\frac{1}{2}\frac{\partial \overline{u'_j u'_j u'_i}}{\partial x_i}$ 为湍动能的输运；$-\overline{u'_i u'_j}\frac{\partial \overline{u'_i}}{\partial x_j}$ 为湍动能的产生 P_k；$-\upsilon\overline{\frac{\partial u'_i}{\partial x_j}\frac{\partial u'_i}{\partial x_j}}$ 为湍动能的耗散 $-\varepsilon$。本节着重关注湍动能的强度和变化率，即产生和耗散。

图 5.26 所示为 5 个算例，积分所有计算域上流体网格节点的湍动能强度 k 随流量变化的散点图。由图可见，在整个计算域上，设计流量 $Q=1.0Q_{beq}$ 工况下湍动能强度最低，而越偏离设计工况点，湍动能强度越高。

图 5.27 为湍动能强度随径向的分布规律。图 5.27(1)为叶轮后截面 $x/D=3.0$ 处的分布，可以看出，由于叶顶间隙涡的作用，大流量 $Q=1.1Q_{beq}$ 工况与 $Q=1.2Q_{beq}$ 工况下湍动能强度整体最小并较为接近，设计流量工况整体与大流量工况相比略高；从设计流量工况至小流量 $Q=0.9Q_{beq}$ 工况，再至 $Q=0.8Q_{beq}$ 工况，湍动能增加幅度明显，表现

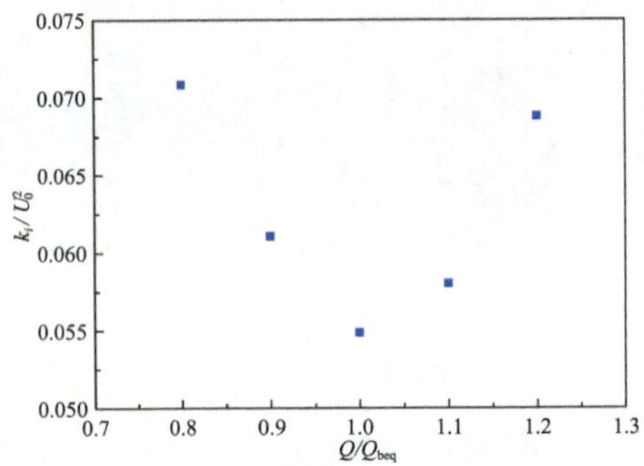

图 5.26 计算域积分后的湍动能强度 k 在不同流量下的散点图

出此处湍流平均强度高，流动更为复杂。图 5.27(2)为叶轮后截面 $x/D=3.4$ 处的分布，可以看出，在靠近轮毂处，设计流量下湍动能强度最小，其次为小流量 $Q=0.9Q_{beq}$ 工况和大流量 $Q=1.1Q_{beq}$ 工况；湍动能强度最高的在大流量 $Q=1.2Q_{beq}$ 工况。而靠近流道壁面侧，大流量工况下湍动能强度最小，其次为设计工况；小流量工况下湍动能强度较大。整体来说，在设计流量和 $Q=1.1Q_{beq}$ 工况下平均湍动能强度最小。

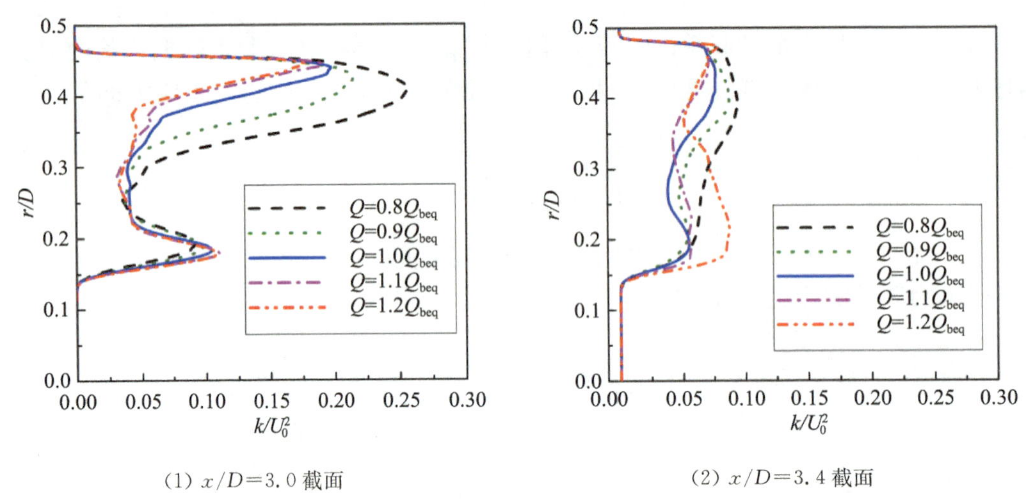

(1) $x/D=3.0$ 截面　　(2) $x/D=3.4$ 截面

图 5.27 湍动能强度 k 随径向的分布规律

图 5.28 为在每个 yz 平面进行湍动能强度 k 的积分后，湍动能强度 k 随流向 x 方向距离的变化规律，5 个工况的整体规律较为相似。在 $x/D=2.0$ 之前，流道内流动近似为管流，表现为来流平均流速越大，k 越大。$x/D=2.5$ 之后为流体从前置导叶流出，受到旋转叶轮与前置导叶的动静干涉作用，强度 k 进而增加。当 $x/D=2.75$ 位置，流体开始进入叶轮段，5 个工况 k 均迅速增加，其中小流量 $Q=0.8Q_{beq}$ 工况 k 增长速度最快，其次为 $Q=0.9Q_{beq}$ 工况 k，再次为设计工况 $Q=1.0Q_{beq}$ 工况 k。大流量 $Q=1.1Q_{beq}$ 工况、$Q=1.2Q_{beq}$ 工况 k 增长速度略低于设计工况。5 个工况下的 k 均于 $x/D=3.0$ 附近达到峰值，位于叶轮出口后的尾流中，但此时设计工况 k 峰值已低于 $Q=1.1Q_{beq}$ 工况 k 峰值，并与 $Q=1.2Q_{beq}$ 工况接近。随后 5 个工况 k 开始下降，在 $x/D=3.3$ 附近达到极小值，此处为后置导叶出口；随后 5 个工况 k 在后置导叶尾流中上升，在 $x/D=3.5$ 左右，

5 个工况湍动能强度达到了第二个极大值，然后随着湍流的发展与尾流的耗散，其强度 k 逐渐降低减小。在叶轮出口尾流 $x/D=3.0$ 位置开始，设计工况下 k 值一直为 5 个工况中 k 值的最小值，而偏离最大的为小流量 $Q=0.8Q_{\text{beq}}$ 工况。

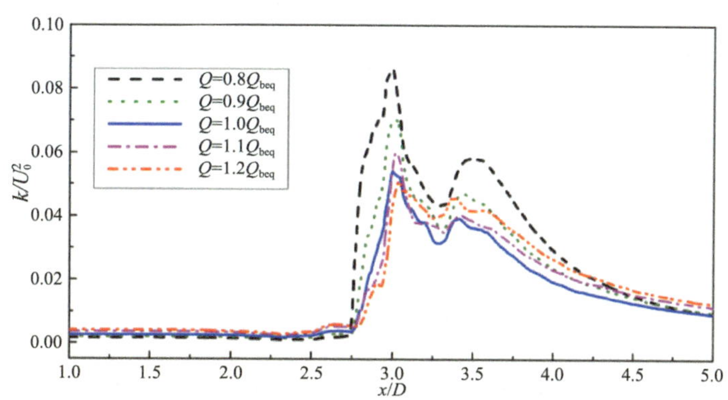

图 5.28　湍动能强度 k 沿流向 x 方向距离的变化规律

图 5.29 与图 5.30 分别为在每个垂直于流向的 yz 平面进行湍动能产生 P_k 和耗散 $-\varepsilon$ 的面积分后，湍动能产生 P_k 和耗散 $-\varepsilon$ 随流向 x 方向距离的变化规律。湍动能的产生和耗散均从 $x/D=2.75$ 位置开始迅速增加，在小流量 $Q=0.8Q_{\text{beq}}$ 工况增加最为明显。设计工况下湍动能产生 P_k 和耗散 $-\varepsilon$ 均在 $x/D=2.96$ 位置左右达到峰值，此位置为叶轮出口的位置，表现为旋转的叶轮对流体做功加速了湍流能量的增加和耗散。在叶轮段，设计工况下湍动能产生和耗散均大幅小于小流量工况而略高于大流量工况。小流量工况下湍动能产生和耗散达到峰值略微提前于设计流量工况，大流量工况下湍动能产生和耗散达到峰值略微滞后于设计流量工况。其中，设计工况下湍动能耗散的峰值最小。叶轮出口后，湍动能产生和耗散随着流动的发展逐渐下降，在后置导叶段，大流量 $Q=1.2Q_{\text{beq}}$ 工况的湍动能产生和耗散突出明显，这是其湍动能强度在后置导叶段明显大于设计工况下湍动能强度的原因。在后置导叶出口 $x/D=3.3$ 处，随着尾流的产生和流动的发展，小流量 $Q=0.8Q_{\text{beq}}$ 工况湍动能产生和耗散经历了一个明显增加到减小的过程，因此在图 5.28 中可以看到 $x/D=3.5$ 处左右小流量 $Q=0.8Q_{\text{beq}}$ 工况湍动能强度达到了 5 个工况中最大的第二个极大值。

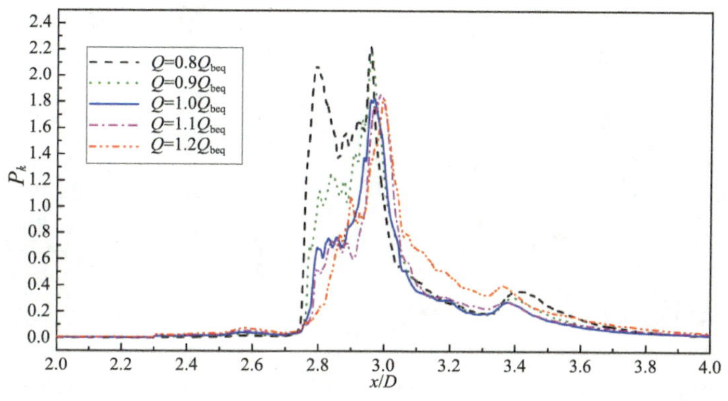

图 5.29　湍动能产生 P_k 沿流向 x 方向距离的变化规律

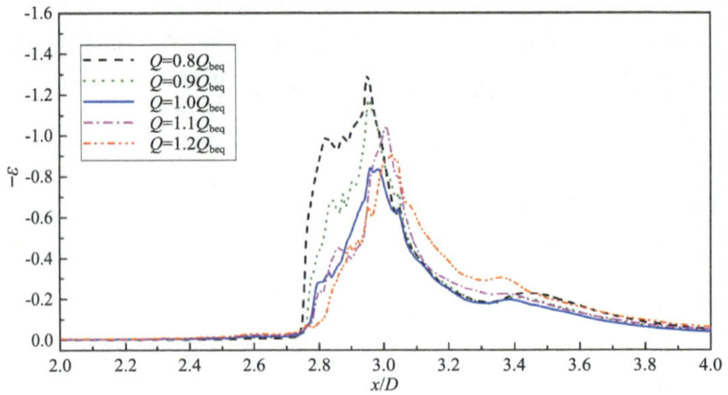

图 5.30 湍动能耗散 $-\varepsilon$ 沿流向 x 方向距离的变化规律

图 5.31～图 5.33 分别为湍动能强度 k、产生 P_k 和耗散 $-\varepsilon$ 于流向 x 方向叶轮中截面 $x/D=2.85$ 处在 $Q=0.8Q_{beq}$、$Q=1.0Q_{beq}$ 和 $Q=1.2Q_{beq}$ 3 种不同流量工况下的分布云图。由图可知，在小流量 $Q=0.8Q_{beq}$ 工况下，靠近叶轮室侧叶顶附近圆周区域的湍动能强度、产生和耗散数值较大，表现为叶顶的高速旋转和泄漏涡所带来的湍流动能的高强度、高产生和转换为流体内能的高耗散。而在其他区域湍动能强度、产生和耗散均较

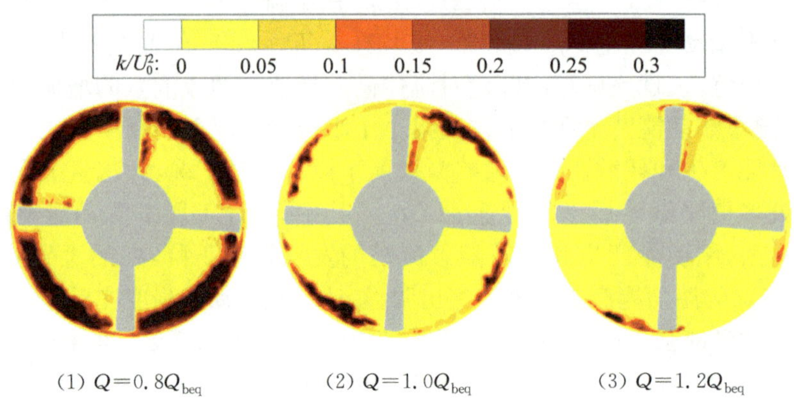

(1) $Q=0.8Q_{beq}$　(2) $Q=1.0Q_{beq}$　(3) $Q=1.2Q_{beq}$

图 5.31 湍动能强度 k 于流向 x 方向叶轮中截面 $x/D=2.85$ 分布云图

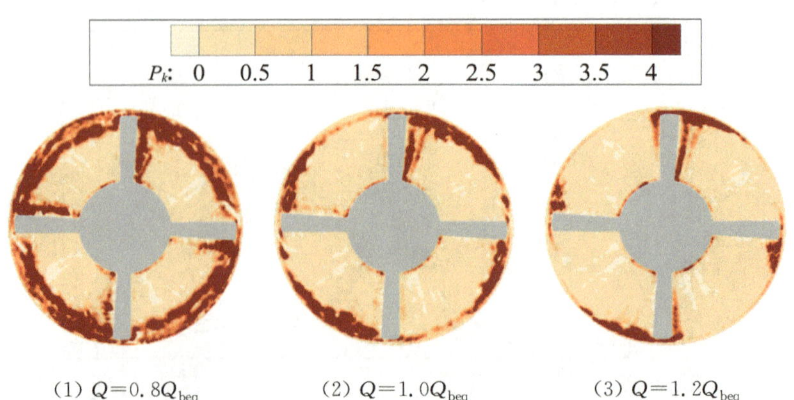

(1) $Q=0.8Q_{beq}$　(2) $Q=1.0Q_{beq}$　(3) $Q=1.2Q_{beq}$

图 5.32 湍动能产生 P_k 于流向 x 方向叶轮中截面 $x/D=2.85$ 分布云图

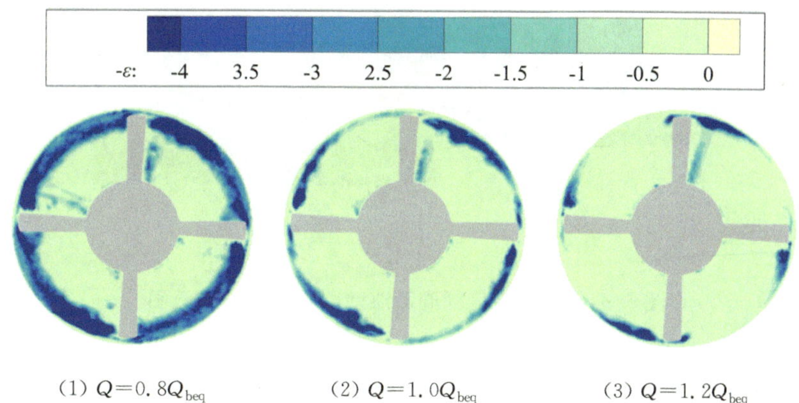

(1) $Q=0.8Q_{\mathrm{beq}}$ (2) $Q=1.0Q_{\mathrm{beq}}$ (3) $Q=1.2Q_{\mathrm{beq}}$

图 5.33 湍动能耗散 $-\varepsilon$ 于流向 x 方向叶轮中截面 $x/D=2.85$ 分布云图

低，表现为两个区域流动状态差异很大。在设计流量 $Q=1.0Q_{\mathrm{beq}}$ 工况和大流量 $Q=1.2Q_{\mathrm{beq}}$ 工况下，随着流量的增大，在叶轮旋转的圆周方向反方向上（顺时针方向），叶顶的湍动能强度、产生和耗散产生于叶顶间隙，在叶轮转过的方向上（顺时针方向）逐渐减弱，数值较大的区域也逐渐减小。

考虑到本篇算例中等跨度圆周面上的流动受叶顶间隙的影响较小，因此其仍然可以较多地代表贯流泵内部整体流动趋势。图 5.34 为不同流量工况下中等跨度圆周面湍动能强度 k 分布云图。由图可以看出，湍动能强度 k 的高数值区域先出现在叶轮出水边后的尾流中，此处的尾流是在相对运动的叶轮叶片后方形成，其中小流量下的湍动能高强度分布区域明显大于设计流量工况和大流量工况。而在后置导叶段和其尾流中，小流量工况下高强度的湍动能分布大范围地出现于导叶两侧表面附近区域与尾流中，而设计工况下湍动能高强度分布范围较小，大流量工况下湍动能高强度分布主要大范围在导叶图中的下表面附近区域及尾流中。

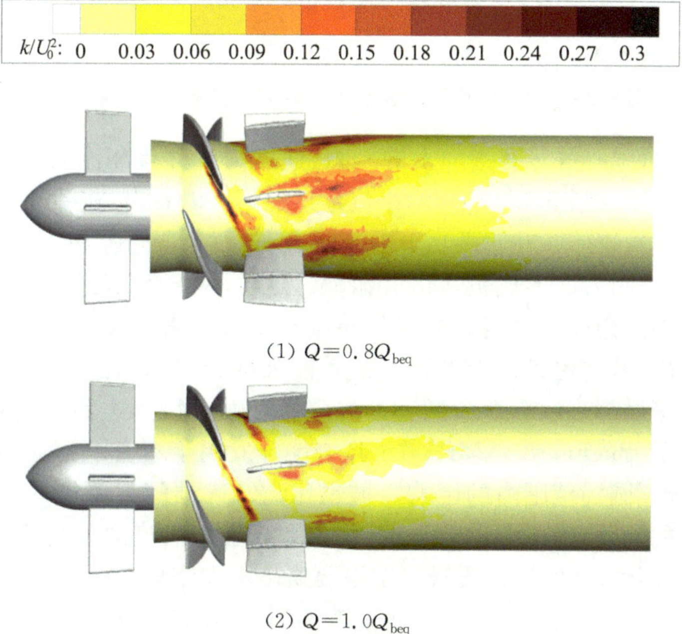

(1) $Q=0.8Q_{\mathrm{beq}}$

(2) $Q=1.0Q_{\mathrm{beq}}$

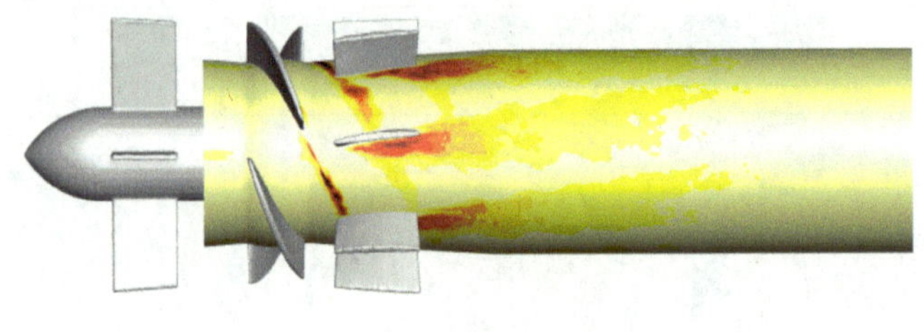

(3) $Q=1.2Q_{beq}$

图 5.34 中等跨度圆周面湍动能强度 k 分布云图

5.7.5 导叶与叶轮处流动结构分析

如图 5.35 为中等跨度圆周面后置导叶附近径向涡量分布云图。如图可以看出，设计工况下，后置导叶上下表面径向涡量分布均匀，说明导叶附近流体质点光滑通过导叶表面，垂直于导叶表面方向上的速度梯度稳定。而在小流量工况和大流量工况下，导叶上下表面中后部分径向涡量数值很低、结构复杂，说明相对于设计工况，当来流速度无法匹配叶片攻角的时候，垂直于叶片表面方向上速度梯度在叶片中后部分会发生破坏，进而发生流动分离现象。

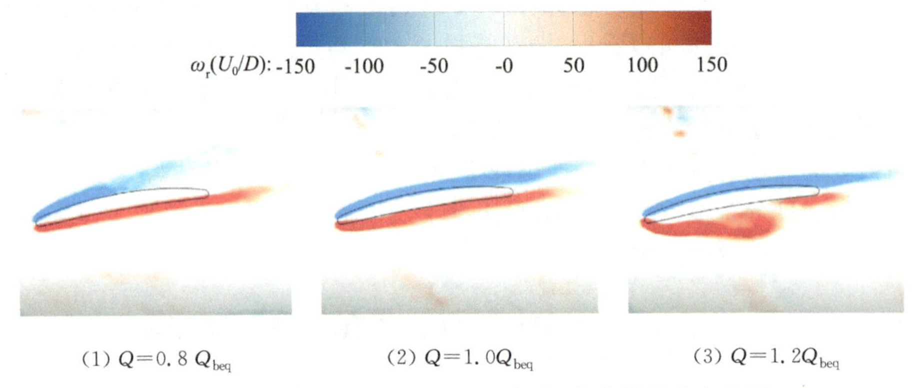

(1) $Q=0.8\,Q_{beq}$　(2) $Q=1.0Q_{beq}$　(3) $Q=1.2Q_{beq}$

图 5.35 中等跨度圆周面后置导叶附近径向涡量分布云图

如图 5.36 为过中心线竖直平面上的压力、速度矢量分布和流向 x 方向叶轮中截面湍动能强度分布云图。图 5.36(1)所示小流量工况下可以看出，在叶片扫过区域（即叶片工作的圆周范围内），流体在叶轮做功下沿流向运动，而叶顶间隙在负压梯度影响下沿反向运动，进而在叶顶吸力面形成负压区和漩涡。这种不良流动随流量的增大，即叶轮两侧的负压梯度变小而会逐渐变弱。漩涡的持续产生会使得叶顶处一圈的湍流持续产生和耗散为流体的内能，这也是以上叶顶处湍动能强度、产生和耗散高的原因。由于受限于笛卡尔网格加密局部难以自适应调整的局限性和基于浸入边界法的自适应网格加密（Adaptive Mesh Refinement，AMR）方法还未能开发用于本套求解器，本篇考虑的叶顶间隙较大，其在叶顶圆周范围内的影响区域也比正常叶顶间隙要大；同时考虑到来流速度匹配叶片攻角的问题，因此湍动能强度、产生和耗散在沿流向 x 方向距离的变化规律（图 5.28～图 5.30）中，在叶轮段设计工况下要略高于大流量 $Q=1.1Q_{beq}$、$Q=1.2Q_{beq}$ 工况。而在后置导叶进口，由于不再受叶顶间隙的影响，设计工况下的湍动能强度、产生和耗散在不同工况下均为最低。

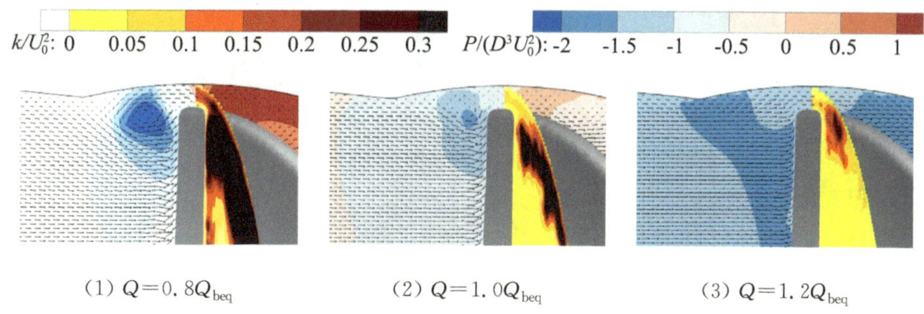

(1) $Q=0.8Q_{beq}$　(2) $Q=1.0Q_{beq}$　(3) $Q=1.2Q_{beq}$

图 5.36　过中心线竖直平面压力、速度矢量分布和流向叶轮中截面湍动能强度分布云图

5.8　小结

本章开发了一套基于水平集浸入边界法，适用于求解复杂水力机械的 CFD 求解器，并基于开发的求解器，首次实现了基于浸入边界法和在充分发展的湍流来流下的贯流泵三维非定常大涡模拟。具体包括：

建立了一套可以计算流体中任意复杂固体运动，基于水平集浸入边界法的计算流体动力学求解器，适用于复杂水力机械。空间离散采用二阶中心差分格式，时间推进采用二阶龙格-库塔法。建立了任意复杂固体位于笛卡尔正交背景网格中的离散方式和水平集函数的构建准则，实现了固体壁面的压力边界条件以及压力泊松方程的加速求解方法，通过在由固体域进入流体域的浸入边界点上获取插值后的压力值以获得压力方程求解前的初步值，改善了笛卡尔背景网格中浸入边界点在固体运动过程中无法保留上一时间步长压力值所造成的数值不稳定性。通过模拟标准测试算例 $Re=40,100,3\ 900$ 的圆柱绕流算例和振荡圆柱算例，模拟数据均与文献结果吻合，进而验证了求解器的直接数值模拟、大涡数值模拟、高低雷诺数流动求解和固体运动等方面的求解能力和计算精度。

通过对设计工况附近 5 个运行工况的数值模拟，分析了不同工况下贯流泵内部流动的统计学特性。发现在小流量工况下，叶轮出口的速度分布比大流量工况更为复杂，随着流量增大，叶顶间隙对流向速度流态的负面影响逐渐减小。基于湍动能输运方程分析了不同工况下贯流泵内部湍动能强度、产生和耗散的空间分布以及随流向变化的规律发现，径向上看，叶轮出口截面，湍动能强度在叶顶区域大于轮毂区域大于叶轮中部区域；后置导叶出口截面，设计流量工况下湍动能强度较小，小流量工况湍动能强度在靠近流道壁面较大而大流量工况湍动能在轮毂侧较大。湍动能在流向方向上存在两个峰值，分别位于叶轮出口和后置导叶出口的尾流。5 个工况中，在叶轮段小流量工况下的湍动能产生和耗散最为突出；而在后置导叶段大流量工况下的湍动能产生和耗散占主导。叶轮段的湍动能强度、产生和耗散主要受叶顶间隙涡的影响而主要存在于叶顶圆周区域。通过对流动结构的对比分析发现，在不考虑间隙的后置导叶段，来流攻角决定了叶片表面附近的流态，在偏离设计工况下的导叶上下表面分别发生了流动分离，这是湍动能产生和强度高的原因。而在叶轮段，较大的叶顶间隙随叶轮两侧压力梯度对流态的影响已经大过来流攻角，叶顶间隙产生的逆压梯度下的回流是叶顶处湍动能强度、产生和耗散高的原因。

第 6 章
总结与展望

6.1 研究总结

贯流泵装置作为贯流泵站运行的核心部件，相比于其他形式的水泵优点主要体现在流量大、效率高、结构简单紧凑，同时水力损失小，因此广泛应用在平原和低洼地区。为保证其安全、可靠的运行，需要对其结构稳定性、流动特性进行深入的研究。

本篇以数值模拟为主要手段，辅以试验验证和理论分析，以轴伸贯流泵装置为研究对象，研究了贯流泵装置叶轮叶片流固耦合结构响应特性；以贯流泵全过流系统为研究对象，研究了含有附加拍门闸门的贯流泵全过流系统启动三维过渡过程水力特性；开发了一套基于浸入边界法适用于水力机械的数值求解器，并对贯流泵进行三维非定常大涡模拟研究。具体包括：

(1) 建立了重力场作用下贯流泵装置流体域与旋转叶轮叶片双向流固耦合求解方法，研究了叶片表面水压力分布和叶片内外等效应力分布趋势，发现叶片压力面与吸力面的进水边侧根部与轴连接处均发生应力集中，同时应力水平较大，叶片最大等效应力出现在吸力面进水边侧根部与轴连接处。通过建立跟随叶轮叶片运动的旋转坐标系与空间静止坐标系的对应关系，揭示了在不同工况下，叶片结构监测点的等效应力在一个逆时针的旋转周期内均出现先增大后减小的波动趋势。并引入无量纲应力系数，发现叶片进出水边应力波动幅值大于叶片中部。

(2) 提出一种叶轮叶片根部"非对称结构"的加厚方法，研究了不同叶片根部加厚方案对叶片根部应力集中的改善效果，分析了一个叶轮叶片旋转周期内最大等效应力波动以及叶片根部应力分布在不同加厚方案下的差异。通过对比发现，对叶轮叶片应力集中区域的加厚可以在较小影响泵装置水力性能的前提下有效缩小应力集中范围和降低最大等效应力值。因此，在叶轮设计阶段可以通过流固耦合的方法来改善叶片的应力分布以增强水泵叶轮的结构稳定性。同时设计了当贯流泵运行工作时，于水中对旋转叶轮叶片的表面应力特性进行测量的真机试验方法，试验结果与数值模拟结果一致，并分析了误差产生的原因。

(3) 利用力矩平衡方程推导叶轮实时转速，基于动网格技术实现对考虑含有附加拍门的出水流道闸门的运动规律指定，实现了贯流泵全过流系统启动三维过渡过程的数值模拟。通过分析贯流泵在开机过程中内外特性参数的变化规律和内部流场的演变过程，揭示了贯流泵启动过程三维瞬变机理。结果表明，开机过程中，流量增大滞后于叶轮转速增加，进口流量达到最大值滞后于拍门流量达到最大值。叶轮转速升高至最大值的时刻滞后于拍门前后压差达到最大值的时刻，拍门前后压差达到最大值时刻滞后于泵段扬程达到最大值的时刻，而拍门前后压差的峰值会带来泵段扬程的二次峰值。泵段扬程先增大然后减小至额定扬程，2.25 s时出现最大启动扬程为 6.38 m；拍门降低最大启动扬程 2.61 m，因此设有附加拍门的出水流道闸门可以有效地降低启动过程中最大启动扬程，提高机组安全系数。叶片压力面与吸力面最大压差出现在 3 s，即转速刚刚达到最大值时；叶轮前端测点压力脉动值，随着转速增加，压力值迅速减小，2.25 s时到达最小值，之后逐渐平稳；叶轮后端测点，开机后变化规律与叶轮前端趋势相反。叶轮前后监测点的压力波动源自叶轮在转速上升过程中对水体的持续做功以及闸门在未充分开启之前所形成的巨大压差对水体的挤压作用。前置导叶前端压力脉动监测点数值模拟结果与真机试验结果吻合。

(4) 建立了一套可以计算流体中任意复杂固体运动、基于水平集浸入边界法的计算流体动力学求解器，适用于复杂水力机械。空间离散采用二阶中心差分格式，时间推进采用二阶龙格-库塔法。建立了任意复杂固体位于笛卡尔正交背景网格中的离散方式和水平集函数的构建准则，实现了固体壁面的压力边界条件以及压力泊松方程的加速求解方法，通过在由固体域进入流体域的浸入边界点上获取插值后的压力值以获得压力方程求解前的初步值，改善了笛卡尔背景网格中浸入边界点在固体运动过程中无法保留上一时间步长压力值所造成的数值不稳定性。通过模拟标准测试算例 $Re=40,100,3\ 900$ 的圆柱绕流算例和振荡圆柱算例，模拟数据均与文献结果吻合，进而验证了求解器的直接数值模拟、大涡数值模拟、高低雷诺数流动求解和固体运动等方面的求解能力和计算精度。

(5) 基于本篇开发的求解器和高性能计算平台，实现了贯流泵在充分发展的湍流来流下基于浸入边界法的三维非定常大涡模拟。通过对设计工况附近 5 个运行工况的数值模拟，分析了不同工况下贯流泵内部流动的统计学特性。发现在小流量工况下，叶轮出口的速度分布比大流量工况更为复杂，随着流量增大，叶顶间隙对流向速度流态的负面影响逐渐减小。基于湍动能输运方程分析了不同工况下贯流泵内部湍动能强度、产生和耗散的空间分布以及随流向变化的规律发现，径向上看，叶轮出口截面，湍动能强度在叶顶区域大于轮毂区域大于叶轮中部区域；后置导叶出口截面，设计流量工况下湍动能强度较小，小流量工况湍动能强度在靠近流道壁面较大而大流量工况湍动能在轮毂侧较大。湍动能在流向方向上存在两个峰值，分别位于叶轮出口和后置导叶出口的尾流。5 个工况中，在叶轮段小流量工况下的湍动能产生和耗散最为突出；而在后置导叶段大流量工况下的湍动能产生和耗散占主导。叶轮段的湍动能强度、产生和耗散主要受叶顶间隙涡的影响而主要存在于叶顶圆周区域。通过对流动结构的分析发现，在不考虑间隙的后置导叶段，来流攻角决定了叶片表面附近的流态，在偏离设计工况下的导叶上下表面分别发生了流动分离，这是湍动能大和产生的原因。而在叶轮段，较大的叶顶间隙随叶轮两侧压力梯度对流态的影响已经大过来流攻角，叶顶间隙产生的回流是叶顶处湍动能强度、产生和耗散高的原因。

6.2 展望

本书的研究工作取得了一些成果，但由于研究时间和条件的限制，所做工作仍然有限，今后有待进一步研究的问题包括：

(1) 本书基于试验方法测量贯流泵叶轮叶片应力时由于设备仪器过大，对流场造成了一定程度的影响。如何减小试验设备空间对真实运行工况下应力测量的干扰有待进一步研究。

(2) 对考虑拍门在流场中的真实运动规律和更复杂的导叶、桨叶联合调节下的贯流泵启动过渡过程三维数值模拟有待进一步研究。

(3) 本篇大涡模拟中贯流泵叶轮叶顶间隙过大，在本篇自开发求解器程序架构中，考虑如何加入自适应网格加密(AMR)功能，以实现在有限计算资源下对复杂结构细节的准确捕捉有待进一步研究。

(4) 基于本篇自开发的求解器，实现水力机械复杂过渡过程与流固耦合现象的精细模拟有待进一步研究。

参考文献

[1] 刘超. 轴流泵系统技术创新与发展分析[J]. 农业机械学报,2015,46(6):49-59.

[2] 陈坚,李琪,许建中,等. 中国泵站工程现状及“十一五”期间泵站更新改造任务[J]. 水利水电科技进展,2008,28(2):84-88.

[3] 郭楚. 轴流泵装置水力性能优化及固液两相流研究[D]. 南京:河海大学, 2018.

[4] 张旭. 中国泵站工程的现状与发展[J]. 科技情报开发与经济,2002, 12(4):210-211.

[5] KAN K, BINAMA M, CHEN H X, et al. Pump as turbine cavitation performance for both conventional and reverse operating modes: A review[J]. Renewable and Sustainable Energy Reviews, 2022, 168: 21.

[6] 何川,郭立君. 泵与风机[M]. 4 版. 北京:中国电力出版社, 2008.

[7] 张仁田. 不同形式贯流式水泵特点及在南水北调工程的应用[J]. 中国水利, 2005(4):42-44.

[8] KAN K, ZHANG Q Y, XU Z, et al. Energy loss mechanism due to tip leakage flow of axial flow pump as turbine under various operating conditions[J]. Energy, 2022,255: 124532.

[9] 陆林广. 高性能大型低扬程泵装置优化水力设计[M]. 北京:中国电力出版社,2012.

[10] 许哲, 郑源, 阚阚, 等. 基于熵产理论的超低扬程双向卧式轴流泵装置飞逸特性[J]. 农业工程学报, 2021, 37(17): 49-57.

[11] 孙洪斌,郑源. 淮安三站机组运行与经济后评价研究报告[R]. 江苏省灌溉总渠管理处,河海大学,2008.

[12] 王桂平. 萨扬水电站 817 事故及对我国水电站机电设备安全运行的警示[J]. 水电站机电技术, 2011(3):5-8.

[13] 孙浩源. 萨扬水电站“8·17”事故分析与启示[J]. 青海电力, 2011, 30(3):44-47.

[14] 徐辉,郑源,夏军,等. 贯流式泵站[M]. 北京:中国水利水电出版社,2008.

[15] KAN K, ZHANG Q Y, XU Z, et al. Study on a horizontal axial flow pump during runaway process with bidirectional operating conditions[J]. Scientific Reports, 2021, 11(1): 21834.

[16] 冯旭松,关醒凡,井书光,等. 南水北调东线灯泡贯流泵水力模型及装置研究开发与应用[J]. 南水北调与水利科技,2009,7(6):32-35.

[17] 魏光新,张爱霞,孟凡有. 南水北调东线工程贯流泵机组选型与结构初探[J]. 水泵技术, 2005(2):5-7.

[18] ANDRADE A, BISCEGLI J, SOUSA J E, et al. Flow visualization studies to improve the spiral pump design [J]. Artificial Organs, 1997, 21(7):680-685.

[19] 刘树红,耿福明,吴玉林,等. 大型泵站水泵吸水池中流动稳定性研究[J]. 南水北调与水利科技, 2008,6(1):138-142.

[20] 成立,刘超. 大型泵站水力稳定性探讨[J]. 南水北调与水利科技,2008,7(2):75-77.

[21] WYLIE E B, STREETER V L, SUO L. Fluid transient in systems [M]. Englewood Cliffs, NJ:Prentice-Hall Inc. , 1993.

[22] 周大庆,吴玉林,张仁田. 大型立式轴流泵站启动过渡过程研究[J]. 水力发电学报, 2007, 26(1): 119-122.

[23] 周大庆,张仁田,屈波,等. 大型立式轴流泵站停泵过渡过程研究[J]. 河海大学学报(自然科学版), 2006, 34(3): 272-275.

[24] 杨晓春. 贯流式泵站启动过渡过程水力特性研究[D]. 扬州:扬州大学,2010.

[25] 刘鑫. 水轮机转轮流固耦合裂纹萌生扩展与空化湿模态研究[D]. 北京:清华大学,2016.

[26] 张琳. 基于流固耦合的喷水推进泵小流量区的动态特性研究分析[D]. 镇江:江苏大学,2016.

[27] 宋学官,蔡林,张华. Ansys 流固耦合分析与工程实例[M]. 北京:中国水利水电出版社,2012.

[28] HUBNER B, WALHORN E, DINKLER D. A monolithic approach to fluid-structure interaction using space-time finite elements[J]. Computer Methods in Applied Mechanics and Engineering, 2004,193(23/26):2087-2104.

[29] RYZHAKOV P B, ROSSI R, IDELSOHN S R, et al. A monolithic lagrangian approach for fluid-structure interaction problems[J]. Computational Mechanics, 2010, 46(6):883-899.

[30] BATHE K J, ZHANG H, WANG M H. Finite element analysis of incompressible and compressible fluid flows with free surfaces and structural interactions[J]. Computers and Structures, 1995,56(2-3):193-213.

[31] SARRATE J, HUERTA A, DONEA J. Arbitrary Lagrangian-Eulerian formulation for fluid-rigid body interaction[J]. Computer Methods in Applied Mechanics and Engineering ,2001, 190(24/25):3171-3188.

[32] RUGONYI S, BATHE K J. On finite element analysis of fluid flows fully coupled with structural interactions[J]. Computer Modeling in Engineering and Sciences, 2001,2:195-212.

[33] HEIL M. An efficient solver for the fully coupled solution of large-displacement fluid-structure interaction problems[J]. Computer Methods in Applied Mechanics and Engineering,2004, 193(1-2):1-23.

[34] ILIE M. Fluid-structure interaction in turbulent flows; a CFD based aeroelastic algorithm using LES[J]. Applied Mathematics and Computation, 2019, 342:309-321.

[35] HOU G, WANG J, LAYTON A. Numerical methods for fluid-structure interaction—a review [J]. Communications in Computation Physics,2012,12(2):337-377.

[36] 邢景棠,周盛,崔尔杰. 流固耦合力学概述[J]. 力学进展,1997,27(1):19-37.

[37] MORAND H J P,OHAYON R. Fluid-structure interaction: applied numerical methods[M]. Chichester Paris: Wiley and Masson, 1995.

[38] DOWELL E H, HALL K C. Modeling of fluid-structure interaction[J]. Annual Review of Fluid Mechanics, 2001,33:445-490.

[39] CHAKRABARTI S K. Numerical models in fluid structure interaction[M]. Southampton, UK: WIT Press, 2005.

[40] MITTAL R, IACCARINO G. Immersed boundary methods[J]. Annual Review of Fluid Mechanics, 2005, 37::239-261.

[41] SHYY W, UDAYKUMAR H S, RAO M M, et al. Computational fluid dynamics with moving boundaries[M]. Boca Raton, Florida: CRC Press, 1995.

[42] BRENNEN C E. Hydrodynamics and cavitation of pumps [M]. Vienna: Springer, 2008.

[43] JIANG Y Y, YOSHIMURA S, IMAI R, et al. Quantitative evaluation of flow-induced structural

vibration and noise in turbomachinery by full-scale weakly coupled simulation[J]. Journal of Fluids and Structures, 2007,23(4):531-544.

[44] BENRA F K, DOHMEN H J. Comparison of pump impeller orbit curves obtained by measurement and FSl simulation [C] //ASME 2007 Pressure Vessels and Piping Conference, Jul. 22-26, San Antonio, Texas, 2007.

[45] LEFRANCOIS E, BOUFFLET J P. An introduction to fluid-structure interaction: application to the piston problem[J]. SIAM Review, 2010,52(4):747-767.

[46] SCHMUCKER H, FLEMMING F, COULSON S. Two-way coupled fluid structure interaction simulation of a propeller turbine[J]. International Journal of Fluid Machinery and Systems, 2010, 3(4): 342-351.

[47] 钱若军,董石麟,袁行飞. 流固耦合理论研究进展[J]. 空间结构,2008,14(1):3-15.

[48] 刘瑞霞,刘春宇. 考虑流动分离时薄膜结构的气弹稳定分析[J]. 钢结构,2008,23(6):32-36.

[49] 孙芳锦,殷志祥,顾明. 强耦合法在膜结构风振流固耦合分析中的程序实现与应用[J]. 振动与冲击,2011,30(6):213-217+264.

[50] 杨庆山,刘瑞霞. 薄膜结构气弹动力稳定性研究[J]. 工程力学,2006,23(9):18-24+29.

[51] 张立翔,郭亚昆,王文全. 强耦合流激振动的建模及求解的预测多修正算法[J]. 工程力学,2010(5):36-44.

[52] 肖若富,王福军,桂中华. 混流式水轮机叶片疲劳裂纹分析及其改进方案[J]. 水利学报,2011,42(8):970-974.

[53] 郑小波,罗兴锜,郭鹏程. 基于 CFD 分析的轴流式叶片动应力问题研究[J]. 水力发电学报,2009,28(3):187-192.

[54] 王福军,赵薇,杨敏,等. 大型水轮机不稳定流体与结构耦合特性研究Ⅰ:耦合模型及压力场计算[J]. 水利学报,2011(12):1385-1391.

[55] 王福军,赵薇,杨敏,等. 大型水轮机不稳定流体与结构耦合特性研究Ⅱ:结构动应力与疲劳可靠性分析[J]. 水利学报,2012(1):15-21.

[56] 张亮,何环宇,张学伟,等. 垂直轴水轮机单向流固耦合数值研究[J]. 华中科技大学学报(自然科学版),2014(5):80-84.

[57] 胡丹梅,张志超,孙凯,等. 风力机叶片流固耦合计算分析[J]. 中国电机工程学报,2013,33(17):98-104+18.

[58] 张福星,郑源,杨春霞. 卧式双轮混流式水轮机转轮强度分析[J]. 水电能源科学,2012,30(4):119-121.

[59] KAN K, ZHENG Y, ZHANG X, et al. Numerical study on unidirectional fluid-solid coupling of Francis turbine runner[J]. Advances in Mechanical Engineering, 2015, 7(3):1-9.

[60] 唐学林,贾玉霞,王福军,等. 贯流泵内部湍流流动及叶轮流固耦合特性[J]. 排灌机械工程学报,2013,31(5):379-383.

[61] HÜBNER B, ASCHENBRENNER T, KÄCHELE T, et al. Flow prediction in bulb turbines [C]//24th IAHR Symposium on Hydraulic Machinery and Systems Conference, Oct. 27-31, Foz Do Iguassu, 2008.

[62] WANG W Q, HE X Q, ZHANG L X, et al. Strongly coupled simulation of fluid-structure interaction in a Francis hydroturbine[J]. International Journal for Numerical Methods in Fluids, 2009, 60(5):515-538.

[63] 付磊,黄彦华,朱培模. 水轮机转轮叶片流固耦合水力振动分析[J]. 水利水电科技进展,2010,30(1):24-26.

[64] 黄浩钦,刘厚林,王勇,等. 基于流固耦合的船用离心泵转子应力应变及模态研究[J]. 农业工程学报,2014(15):98-105.

[65] PEI J, DOHMEN H J, YUAN S Q, et al. Investigation of unsteady flow-induced impeller oscillations of a single-blade pump under off-design conditions [J]. Journal of Fluids and Structures, 2012(35): 89-104.

[66] PEI J, YUAN S Q, BENRA F-K, et al. Numerical prediction of unsteady pressure field within the whole flow passage of a radial single-blade pump [J]. ASME Transactions Journal of Fluids Engineering,2012(134): 101103.

[67] ZHU B S, KAMEMOTO K. Numerical simulation of unsteady interaction of centrifugal impeller with its diffuser using Lagrangian discrete vortex method [J]. Acta Mechanica Sinica, 2005, 21(1): 40-46.

[68] 刘厚林,徐欢,吴贤芳,等. 流固耦合作用对离心泵内外特性的影响[J]. 农业工程学报,2012,28(13):82-87+294.

[69] 潘罗平. 大型水轮机转轮动应力测试技术研究[D].北京:清华大学,2005.

[70] 于纪幸,徐抱朴,孙殿湖,等. 大朝山水电站水轮机转轮制造和质量分析[J]. 大电机技术,2004(2):46-51.

[71] 胡宝玉,张利新,丁焱. 小浪底转轮裂纹及处理措施[J]. 水电站机电技术, 2002(4):43-46.

[72] 肖孝锋. 水轮发电机组气隙监测与转轮应力测试研究[D]. 武汉:华中科技大学,2006.

[73] 徐德新,郑雪筠,曹一凡,等. 基于动应力测试和稳定性试验水轮机运行优化方法及系统:CN105678025A[P]. 2016.

[74] 张维聚,马果. 水泵站过渡过程计算分析及技术研究[J]. 西北水电, 2012(S01): 8-12.

[75] 白绵绵,王福军,王建明,等. 高扬程泵站过渡过程特性研究[C]//2009 全国大型泵站更新改造研讨暨新技术、新产品交流大会论文集. 2009:208-217.

[76] 丁浩. 水电站压力引水系统非恒定流[M]. 北京:水利电力出版社,1986.

[77] 乔德里. 实用水力过渡过程[M]. 陈家远,孙诗杰,张治斌,译. 成都:四川省水力发电工程学会, 1985.

[78] HANIF C M. Applied hydraulic transients[M]. New York: Van Nostrand Reinhold, 1987.

[79] THANAPANDI P, PRASAD R. Centrifugal pump transient characteristics and analysis using the method of characteristics[J]. International Journal of Mechanical Sciences, 1995, 37(1): 77-89.

[80] ROHANI M, AFSHAR M H. Simulation of transient flow caused by pump failure: Point-Implicit Method of Characteristics[J]. Annals of Nuclear Energy, 2010, 37(12): 1742-1750.

[81] 刘梅清,孙兰凤,周龙才,等. 长管道泵系统中空气阀的水锤防护特性模拟[J]. 武汉大学学报(工学版),2004,37(5):23-27.

[82] 刘晓丽,郑源,高亚楠. 抽水蓄能电站可逆机组导叶关闭规律探析[J]. 水电能源科学,2011,29(6):151-153+189.

[83] 史洪德,何胜明,鞠小明,等. 二滩电站 6 号机甩负荷试验实测值与计算值对比[J]. 四川水力发电,2001,20(1):66-69.

[84] 杨琳, 陈乃祥. 水泵水轮机转轮全特性与蓄能电站过渡过程的相关性分析[J]. 清华大学学报(自然科学版), 2003,43(10):1424-1427.

[85] 于永海, 吴继成. 快速闸门断流大型立式轴流泵机组启动过渡过程的计算分析[C]//中国水利学会青年科技工作委员会. 中国水利学会第三届青年科技论坛论文集. 2007: 6.

[86] 葛强, 陈松山. 灯泡式贯流泵站机组启动过渡过程仿真计算[J]. 中国电机工程学报,2006,26(5):

160-163.

[87] 陆伟刚，郭兴明，周秀彩，等. 大型泵站快速闸门断流过程理论研究[J]. 农业机械学报，2005，36(4)：56-59.

[88] 刘进杨. 基于全特性曲线抽水蓄能电站典型过渡过程特性分析[D]. 咸阳：西北农林科技大学，2017.

[89] 常近时，白朝平. 高水头抽水蓄能电站复杂水力装置过渡过程的新计算方法[J]. 水力发电，1995(2)：51-55.

[90] 刘延泽，常近时. 灯泡贯流式水轮机装置甩负荷过渡过程基于内特性解析理论的数值计算方法[J]. 中国农业大学学报，2008，13(1)：89-93.

[91] 李卫县，孙美凤. 基于水轮机内特性的过渡过程计算[J]. 吉林水利，2008(4)：31-35+38.

[92] 邵卫云. 含导叶不同步装置的水泵水轮机全特性的内特性解析[J]. 水力发电学报，2007，26(6)：116-119+131.

[93] CHERNY S, CHIRKOV D, BANNIKOV D, et al. 3D numerical simulation of transient processes in hydraulic turbines[C]//25th IAHR Symposium on Hydraulic Machinery and Systems Conference, Sep. 20-24, Timişoara Romania, 2010.

[94] NICOLLE J, MORISSETTE J F, GIROUX A M. Transient CFD simulation of a Francis turbine startup[C]//26th IAHR Symposium on Hydraulic Machinery and Systems Conference, Aug. 19-23, Beijing, 2012.

[95] 周大庆，吴玉林，刘树红. 轴流式水轮机模型飞逸过程三维湍流数值模拟[J]. 水利学报，2010(2)：233-238.

[96] YIN J L, WANG D Z, WALTERS D K, et al. Investigation of the unstable flow phenomenon in a pump turbine[J]. Science China (Physics, Mechanics & Astronomy), 2014, 57(6):1119-1127.

[97] WU D Z, WU P, LI Z F, et al. The transient flow in a centrifugal pump during the discharge valve rapid opening process[J]. Nuclear Engineering and Design, 2010, 240(12):4061-4068.

[98] 李金伟，刘树红，周大庆，等. 混流式水轮机飞逸暂态过程的三维非定常湍流数值模拟[J]. 水力发电学报，2009，28(1)：178-182.

[99] 刘华坪，陈浮，马波. 基于动网格与 UDF 技术的阀门流场数值模拟[J]. 汽轮机技术，2008(2)：106-108.

[100] XIA L S, CHENG Y G, ZHOU D Q. 3-D simulation of transient flow patterns in a corridor-shaped air-cushion surge chamber based on computational fluid dynamics [J]. Journal of Hydrodynamics, 2013, 25(2):249-257.

[101] 李文锋，冯建军，罗兴锜，等. 基于动网格技术的混流式水轮机转轮内部瞬态流动数值模拟[J]. 水力发电学报，2015，34(7)：64-73.

[102] LI Z F, WU P, WU D Z, et al. Experimental and numerical study of transient flow in a centrifugal pump during startup[J]. Journal of Mechanical Science and Techonoly, 2011, 25(3):749-757.

[103] HU F F, MA X D, WU D Z, et al. Transient internal characteristics study of a centrifugal pump during startup process[C]// 26th IAHR Symposium on Hydraulic Machinery and Systems Conference, Aug. 19-23, Beijing, 2012.

[104] ZHANG L G, ZHOU D Q. CFD research on runaway transient of pumped storage power station caused by pumping power failure[C]//6th International Conference on Pumps and Fans with Compressors and Wind Turbines, Sep. 19-22, Beijing, 2013.

[105] 唐澍，符建平，薛付文，等. 三峡左岸电站 3 号机启动试运行水压脉动与机组振动测试[C]//

2004 年水力发电国际研讨会论文集(下册). 2004:47-50.

[106] 邱华. 水力机械状态检修关键技术研究[D]. 北京:清华大学,2002.

[107] 李德忠,冯正翔,丁仁山,等. 二滩水电厂各机组运行稳定性综合分析[J]. 水电能源科学, 2007, 25(4):79-84.

[108] 关醒凡,袁寿其,张建华,等. 轴流泵系列水力模型试验研究报告[J]. 水泵技术,2004(3):3-7+21.

[109] CHEN H X, ZHOU D Q, KAN K, et al. Experimental investigation of a model bulb turbine under steady state and load rejection process[J]. Renewable Energy, 2021, 169: 254-265.

[110] 陆林广,刘荣华,梁金栋,等. 虹吸式出水流道与直管式出水流道的比较[J]. 南水北调与水利科技,2009,7(1):91-94.

[111] 于永海,徐辉,陈毓陵,等. 城市排污泵站虹吸式出水管水力瞬变过程现场试验分析[J]. 给水排水,2005,31(9):36-39.

[112] 董毅,田明云,张坚. 虹吸式轴流泵站抽真空启动的讨论[J]. 中国水利,2000(7):39-40.

[113] 李志峰. 离心泵启动过程瞬态流动的数值模拟和实验研究[D]. 杭州:浙江大学,2009.

[114] WALSETH E C, NIELSEN T K, SVINGEN B. Measuring the dynamic characteristics of a low specific speed pump-turbine model[J]. Energies,2016,9(3):1-12.

[115] AMIRI K, MULU B, RAISEE M. Unsteady pressure measurements on the runner of a Kaplan turbine during load acceptance and load rejection[J]. Journal of Hydraulic Research,2016,54(1):1-18.

[116] HOUDE S, FRASER R, CIOCAN G, et al. Experimental study of the pressure fluctuations on propeller turbine runner blades[C]//26th IAHR Symposium on Hydraulic Machinery and Systems Conference, Aug. 19-23, Beijing, 2012.

[117] TRIVEDI C, AGNALT E, DAHLHAUG O G. Experimental investigation of a Francis turbine during exigent ramping and transition into total load rejection[J]. Journal of Hydraulic Engineering, 2018,144(6):4018027.

[118] CHIRAG T, CERVANTES M J, BHUPENDRAKUMAR G, et al. Pressure measurements on a high-head Francis turbine during load acceptance and rejection[J]. Journal of Hydraulic Research, 2014,52(2):283-297.

[119] CHIRAG T, CERVANTES M J, GANDHI B, et al. Transient pressure measurements on a high head model Francis turbine during emergency shutdown, total load rejection, and runaway [J]. Journal of Fluids Engineering, 2014,136(12):1-18.

[120] TRIVEDI C, CERVANTES M, GANDHI B. Investigation of a high head Francis turbine at runaway operating conditions[J]. Energies, 2016,9(3):149.

[121] TRIVEDI C, GANDHI B K, CERVANTES M J, et al. Experimental investigations of a model Francis turbine during shutdown at synchronous speed [J]. Renewable Energy, 2015, 83: 828-836.

[122] LIU H, KAWACHI K. A numerical study of insect flight[J]. Journal of Computational Physics, 1998,146(1):124-156.

[123] SHEU T W, CHEN Y. Numerical study of flow field induced by a locomotive fish in the moving meshes [J]. International journal for numerical methods in engineering, 2007, 69 (11): 2247-2263.

[124] SAHIN M, MOHSENI K. An arbitrary lagrangian-eulerian formulation for the numerical simulation of flow patterns generated by the hydromedusa aequorea victoria[J]. Journal of Computation-

al Physics, 2009, 228(12):4588-4605.

[125] KIRIS C C, KWAK D, CHAN W, et al. High-fidelity simulations of unsteady flow through turbopumps and flowliners[J]. Computers and Fluids, 2008, 37(5):536-546.

[126] KATO C, KAIHO M, MANABE A. An overset finite-element large-eddy simulation method with applications to turbomachinery and aeroacoustics[J]. Journal of Applied Mechanics, 2003, 70(1):32-43.

[127] POSA A, LIPPOLIS R, VERZICCO E. Large-eddy simulations in mixed-flow pumps using an immersed-boundary method[J]. Computers & Fluids, 2011, 47(1):33-43.

[128] HOU G, WANG J, LAYTON A. Numerical methods for fluid-structure interaction—a review [J]. Communications in Computational Physics, 2012, 12(2):337-377.

[129] PESKIN C S. Flow patterns around heart valves: a numerical method[J]. Journal of Computational Physics, 1972, 10(2):252-271.

[130] SOTIROPOULOS F, YANG X L. Immersed boundary methods for simulating fluid-structure interaction[J]. Progress in Aerospace Sciences, 2014, 65:1-21.

[131] STOCKIE J M, WETTON B R. Analysis of stiffness in the immersed boundary method and implications for time-stepping schemes[J]. Journal of Computational Physics, 1999, 154(1):41-64.

[132] HOU T Y, SHI Z. An efficient semi-implicit immersed boundary method for the navier-stokes equations[J]. Journal of Computational Physics, 2008, 227(20):8968-8991.

[133] MOHD-YUSOF J. For simulations of flow in complex geometries[J]. Annual Research Briefs, 1997:317-327.

[134] UHLMANN M. An immersed boundary method with direct forcing for the simulation of particulate flows[J]. Journal of Computational Physics, 2005, 209(2):448-476.

[135] SU S W, LAI M C, LIN C A. An immersed boundary technique for simulating complex flows with rigid boundary[J]. Computers and fluids, 2007, 36(2):313-324.

[136] GAZZOLA M, CHATELAIN P, VAN REES W M, et al. Simulations of single and multiple swimmers with non-divergence free deforming geometries[J]. Journal of Computational Physics, 2011, 230(19):7093-7114.

[137] KOLOMENSKIY D, SCHNEIDER K. A fourier spectral method for the navier-stokes equations with volume penalization for moving solid obstacles[J]. Journal of Computational Physics, 2009, 228(16):5687-5709.

[138] CLARKE D K, HASSAN H, SALAS M. Euler calculations for multielement airfoils using Cartesian grids[J]. AIAA journal, 1986, 24(3):353-358.

[139] YE T, MITTAL R, UDAYKUMAR H, et al. An accurate cartesian grid method for viscous incompressible flows with complex immersed boundaries[J]. Journal of Computational Physics, 1999, 156(2):209-240.

[140] KIRKPATRICK M, ARMFIELD S, KENT J. A representation of curved boundaries for the solution of the navier-stokes equations on a staggered three-dimensional cartesian grid[J]. Journal of Computational Physics, 2003, 184(1):1-36.

[141] FADLUN E, VERZICCO R, ORLANDI P, et al. Combined immersed-boundary finite-difference methods for threedimensional complex flow simulations[J]. Journal of Computational Physics, 2000, 161(1):35-60.

[142] CHENY Y, BOTELLA O. The LS-STAG method: a new immersed boundary/level-set method for the computation of incompressible viscous flows in complex moving geometries with good con-

servation properties[J]. Journal of Computational Physics,2010,229(4):1043-1076.
[143] MEYER M, DEVESA A, HICKEL S, et al. A conservative immersed interface method for large-eddy simulation of incompressible flows[J]. Journal of Computational Physics, 2010, 229(18): 6300-6317.
[144] GILMANOV F. A hybrid cartesian/immersed boundary method for simulating flows with 3d, geometrically complex, moving bodies[J]. Journal of Computational Physics, 2005, 207(2): 457-492.
[145] GE L, SOTIROPOULOS F. A numerical method for solving the 3d unsteady incompressible navier-stokes equations in curvilinear domains with complex immersed boundaries[J]. Journal of computational physics,2007,225(2):1782-1809.
[146] KANG S, BORAZJANI I, COLBY J A, et al. Numerical simulation of 3d flow past a real-life marine hydrokinetic turbine[J]. Advances in water resources,2012,39:33-43.
[147] ANGELIDIS D, CHAWDHARY S, SOTIROPOULOS F. Unstructured cartesian refinement with sharp interface immersed boundary method for 3D unsteady incompressible flows[J]. Journal of Computational Physics,2016,325:272-300.
[148] Pope S B. Turbulent flows[J]. Measurement Science and Technology, 2001, 12(11): 2020-2021.
[149] 王福军. 计算流体动力学分析:CFD软件原理与应用[M]. 北京:清华大学出版社, 2004.
[150] PATEL M K, CROSS M, MARKATOS N C. An assessment of flow-oriented schemes for reducing False Diffusion[J]. International Journal for Numerical Methods in Engineering, 1988, 26(10): 2279-2304.
[151] KOBAYASHI M, PEREIRA J M C, PEREIRA J C F. A second-order upwind least-squares scheme for incompressible flows on unstructured hybrid grids[J]. Numerical Heat Transfer B, 1998, 34(1): 39-60.
[152] HUANG X B, GUO Q, FANG T, et al. Air-entrainment in hydraulic intakes with a vertical pipe: The mechanism and influence of pipe offset[J]. International Journal of Multiphase Flow, 2022, 146: 103866.
[153] 王勖成,邵敏. 有限单元法基本原理和数值方法[M]. 2版. 北京:清华大学出版社,1997.
[154] ANSYS MANUAL 15.0[M]. ANSYS Inc.: Canonsburg, PA, USA, 2013.
[155] 严登丰. 泵站过流设施与截流闭锁装置[M]. 北京:中国水利水电出版社, 2000.
[156] 李鹏飞,徐敏义,王飞飞. 精通CFD工程仿真与案例实战[M]. 北京:人民邮电出版社, 2014.
[157] 阚阚. 贯流泵流固耦合结构响应特性与非定常流动机理研究[D]. 南京:河海大学,2019.
[158] 刘跃飞. 立式轴流泵启动机停机过渡过程三维数值模拟[D]. 南京:河海大学,2016.
[159] YANG Z Y, DENG B Q, SHEN L. Direct numerical simulation of wind turbulence over breaking waves[J]. Journal of Fluid Mechanics, 2018,850:120-55.
[160] CUI Z, YANG Z X, JIANG H Z, et al. A sharp-interface immersed boundary method for simulating incompressible flows with arbitrarily deforming smooth boundaries[J]. International Journal of Computational Methods,2018,15(1):1750080.
[161] CUI Z, YANG Z, SHEN L, et al. Complex modal analysis of the movements of swimming fish propelled by body and/or caudal fin[J]. Wave Motion,2018,78:83-97.
[162] HE S, YANG Z, SHEN L. Numerical simulation of interactions among air, water, and rigid/flexible solid bodies[C]//10th International Workshop on Ship and Marine Hydrodynamics, Nov. 5-8, Keelung, Taiwan,2017.

[163] TANG S, YANG Z X, LIU C X, et al. Numerical study on the generation and transport of spume droplets in wind over breaking waves[J]. Atmosphere,2017,8(12):248.

[164] SAEED R A, GALYBIN A N. Simplified model of the turbine runner blade[J]. Engineering Failure Analysis, 2009, 16(7):2473-2484.

[165] ZHANG Y N, LIU K H, XIAN H Z, et al. A review of methods for vortex identification in hydroturbines[J]. Renewable and Sustainable Energy Reviews,2018,81:1269-1285.

[166] 刘凯华. 水泵水轮机内部流动模拟及分析[D]. 北京:华北电力大学,2017.

[167] 张杰. 混流式水轮机跨尺度流动数值模拟与过渡过程水力稳定性研究[D]. 南京:河海大学,2017.

[168] SUSSMAN M, SMEREKA P, OSHER S. A level set approach for computing solutions to incompressible two-phase flow[J]. Journal of Computational Physics,1994,114(1):146-159.

[169] KATZ R F, KNEPLEY M G, SMITH B, et al. Numerical simulation of geodynamic processes with the Portable Extensible Toolkit for Scientific Computation [J]. Physics of the Earth and Planetary Interiors, 2007, 163(1-4): 52-68.

[170] ROMAN F, ARMENIO V, FRÖHLICH J. A simple wall-layer model for large eddy simulation with immersed boundary method[J]. Physics of Fluids,2009,21(10):1-4.

[171] YANG X L, SOTIROPOULOS F, CONZEMIUS R J, et al. Large-eddy simulation of turbulent flow past wind turbines/farms: the Virtual Wind Simulator (VWiS) [J]. Wind Energy,2015, 18(12):2025-2045.

[172] RULE K, RULER K. 3D graphics file formats: a programmer's reference[M]. Redwood City: Addison Wesley Longman Publishing Co. , Inc. ,1996.

[173] BORAZJANI I, GE L, SOTIROPOULOS F. Curvilinear immersed boundary method for simulating fluid structure interaction with complex 3D rigid bodies[J]. Journal of Computational physics,2008,227(16):7587-7620.

[174] CALDERER A, KANG S, SOTIROPOULOS F. Level set immersed boundary method for coupled simulation of air/water interaction with complex floating structures[J]. Journal of Computational Physics,2014,15:201-227.

[175] FORNBERG B. A numerical study of steady viscous flow past a circular cylinder[J]. Journal of Fluid Mechanics,1980,98(4):819-855.

[176] TSENG Y H, FERZIGER J H. A ghost-cell immersed boundary method for flow in complex geometry[J]. Journal of computational physics,2003,192(2):593-623.

[177] DENNIS S C, CHANG G Z. Numerical solutions for steady flow past a circular cylinder at Reynolds numbers up to 100[J]. Journal of Fluid Mechanics,1970,42(3):471-893.

[178] PARK J, KWON K, CHOI H. Numerical solutions of flow past a circular cylinder at Reynolds numbers up to 160[J]. KSME international Journal,1998,12(6):1200-1205.

[179] RAJANI B N, KANDASAMY A, MAJUMDAR S. Numerical simulation of laminar flow past a circular cylinder[J]. Applied Mathematical Modelling,2009,33(3):1228-1247.

[180] KIM J, KIM D, CHOI H. An immersed-boundary finite-volume method for simulations of flow in complex geometries[J]. Journal of Computational Physics,2001,171(1):132-150.

[181] LYSENKO D A, ERTESVÅG I S, RIAN K E. Large-eddy simulation of the flow over a circular cylinder at Reynolds number 3 900 using the OpenFOAM toolbox[J]. Flow, turbulence and combustion. 2012,89(4):491-518.

[182] TREMBLAY F. Direct and large-eddy simulation of flow around a circular cylinder at subcritical

Reynolds numbers[D]. Munich: Technische Universität München, 2002.

[183] KRAVCHENKO A G, MOIN P. Numerical studies of flow over a circular cylinder at Re D=3 900[J]. Physics of fluids,2000 ,12(2):403-417.

[184] BEAUDAN P, MOIN P. Numerical experiments on the flow past a circular cylinder at sub-critical Reynolds number[M]. California: Stanford University,1995.

[185] ONG L, WALLACE J. The velocity field of the turbulent very near wake of a circular cylinder [J]. Experiments in fluids,1996,20(6):441-453.

[186] PARNAUDEAU P, CARLIER J, HEITZ D, et al. Experimental and numerical studies of the flow over a circular cylinder at Reynolds number 3 900 [J]. Physics of Fluids, 2008, 20 (8):085101.

[187] GUILMINEAU E, QUEUTEY P. A numerical simulation of vortex shedding from an oscillating circular cylinder[J]. Journal of Fluids and Structures,2002,16(6):773-794.

[188] DÜTSCH H, DURST F, BECKER S, et al. Low-Reynolds-number flow around an oscillating circular cylinder at low Keulegan-Carpenter numbers[J]. Journal of Fluid Mechanics,1998 , 360:249-271.

[189] ZHANG D S, PAN D Z, XU Y, et al. Numerical investigation of blade dynamic characteristics in an axial flow pump[J]. Thermal Science,2013,17(5):1511-1514.

下篇

第 1 章
绪论

1.1 研究意义及背景

随着现代社会与经济的迅猛发展，人类对于能源的需求也在不断增长，然而世界能源工业面临经济增长与环境保护的双重压力，传统能源正逐渐消耗殆尽，而需求却不断增加，同时由于矿物能源的大量使用带来的一系列环境问题也日益严峻，依靠开采和使用化石能源难以持续，生态系统承载空间十分有限，因此积极开发与利用清洁能源是人类保持可持续发展的必然趋势[1]。水力发电技术作为技术成熟的清洁可再生能源发电方式已为国际社会所认同，并且水力发电作为水资源利用最直接有效的方式，具有较好的调节性能，且启动迅速，通常在电网中能够快捷有效地担任调峰任务，降低电网非正常情况下的供电损失，对电网安全起到一定的保护作用。世界河流水能资源理论蕴藏总量约为 43.99 万亿 kW·h，技术可开发的水能资源约为 15.63 万亿 kW·h，占理论蕴藏量的 36%[2,3]。我国是世界上水能资源最为丰富的国家，理论年发电量约 6.08 万亿 kW·h，技术可开发装机容量达到 5.7 亿 kW，主要集中在长江、雅鲁藏布江、黄河三大流域，未来开发潜力巨大[4]。由此可见，水电未来还有较大的开发空间，加快我国水电建设，提升水电开发利用率具有长远的意义。近年来，随着世界各国的高水头水力资源开发罄尽及大型水电项目的建成，低水头甚至是超低水头水力资源逐渐吸引了各国的目光[5-10]。据不完全统计，我国水头在 25 m 以下的水能资源量有 5 000 万 kW 左右，目前开发利用率在 10%左右，具有较大发展潜力[11,12]。我国潮汐能蕴藏量丰富，总蕴藏量为 1.9 亿 kW，年可开发电量 2 750 亿 kW·h[13]，可开发潜力巨大，建立大型潮汐能发电站已是大势所趋，其对解决我国能源短缺和满足社会和谐发展具有十分重要的战略意义和现实意义[14-17]。

目前，对于低水头水资源的开发，一般选取立式轴流式水轮机和卧式贯流式水轮机，这两种机型可为转桨式机组，其活动导叶与桨叶可根据运行工况的不同进行调节，当两者形成最优协联关系时，水轮机内水力损失较小，水力效率可得到提升，高效率运行区增大[18-20]。然而立式轴流水轮机相较于贯流式机组，存在一些不足：不完全蜗壳的出流不均匀、导叶和叶片的不稳定间隙流，是引起水轮机效率损失增大、空化性能恶化、稳定性变差的重要因素。现如今，多数大、中型水电站中广泛应用的机型就是灯泡贯流式水轮机[21]。灯泡贯流式机组，顾名思义，有一个灯泡形的金属壳体用以安装密封好的发电机设备，该灯泡形壳体一般位于水轮机上游侧，其中发电机主轴与水轮机转轮水平连接，水流从上游侧基本轴向流经流道和转轮叶片，最终从直锥形出水流道流出。对于灯泡式机组，发电机置于水下密闭的灯泡体中，这不仅会给发电机运行检修带来困难，而且对电机的制造提出特殊要求，包括通风冷却、密封以及轴承的布置等[22,23]。目前，灯泡贯流式水电站被认为是开发低水头、大流量水力资源及潮汐潮流资源最好的方式，一般应用于25 m水头以下[24,25]。相较于中、高水头电站，低水头立式轴流电站，具有以下显著特点[26,27]：

(1) 灯泡贯流式水轮机的引水部件简单，采用直缩型引水管及扩散型尾水管，水流通道基本上是轴向贯通，不仅便于施工，且流道水力损失较小，使水轮机效率较高，模型最高效率可达90%以上。

(2) 灯泡贯流式水轮机具有比转速高和单位流量大的特点，即该机型过流能力强，当水头和功率条件一定时，贯流式机组的转轮直径相比轴流式机组小10%左右，转速可比轴流机高两档以上。

(3) 灯泡贯流式水轮机结构紧凑，其尺寸小于相同规格的轴流式水轮机，可布置在坝体内，无须复杂的长距离输水系统，机组的土建面积小，相关资料显示，土建费用可降低20%～30%，同时厂房面积较小，因而混凝土使用量和电站开挖量亦可相应减少。

(4) 灯泡贯流式水电站相比于轴流式电站建设周期短、投资较小而收益快，能够减小移民淹没成本，通常建在靠近城镇的位置，利于调动区域兴建电站的积极性。

(5) 灯泡贯流式水轮机适合作为可逆式水泵水轮机使用。当机组反向做水泵工况运行时，其尾水管为直管段的水泵进水管，水泵出水又是直线的扩散管，完全满足水力机械可逆运行的要求，所以它在潮汐发电上可用于双向发电、双向抽水和双向泄水等多种工况运行[28,29]。

如前所述，由于灯泡机组具有能量参数高、平面尺寸小、运行性能好等优点，而且水头越低，其优势越大。基于以上特性，在低水头径流电站设计建造中，应优先选用灯泡机组。目前，国内大型灯泡机组的开发与研制已经达到国际一流水平，其大直径、大容量的设计与制造技术已经日臻成熟，因此关于其稳定性与安全性的研究越来越得到重视，其中，改善过渡过程动态品质的研究便是其中之一。

当水电站的水流状态从一种稳定状态变为另一种稳定状态时，它中间过渡流态称为瞬变流或水力过渡过程[30]。水电站过渡过程较为复杂，既有水力方面的，还涉及机械和电气。也就是说，当水电站处于过渡过程中时，水流从上游流动至下游的整个过程中都是处于非恒定流动状态，与其相关联的机械装置、电气设备甚至由其组成的整个电力系统都是处于一种暂态过程中，因而将其合称为水机电过渡过程[31]。水电站的过渡过程，虽然是一种暂态现象，每次持续时间不允许很长，但是这并不意味着过渡过程是一种罕见的现象。实际上，在水电站实际运行当中，工况转换是十分常见的。水电站大波动水力过渡过程就是一种水电站丢弃全部负荷工况（或称甩负荷工况）所产生的水力过渡过程，这种工况对水电站的安全运行威胁最大。当水电机组因某种事故突然从电网切除后，作用在机组上的阻力矩突然减小为零，伴随水轮机导叶的迅速关闭，动力矩逐渐减小，此时力矩的不平衡使得机组转速迅速升高；当导叶关闭到某一开度时，动力矩为零，水流所产生的能量用于克服机械摩擦损失和水力损失，此时转速达到极值；而后续阶段，导叶继续关闭，动力矩过零点变为负值，此时水流能量小于高转速下消耗的能量，转速开始下降；待导叶关闭到空载开度时，水轮机转速回到额定转速，动力矩为零。在此过程中，水电站引水系统压力管道压力急剧变化并产生大的水击压力，如果引水系统内设有调压井，在水击压力下，调压室水位发生巨大波动，同时，过高的水压力和机组转速升高可能威胁水工建筑物和机电设备的安全，因此研究水电站过渡过程是检验机电设备和水工建筑物安全可靠性的重要任务[32]。

对于灯泡贯流式水电站，除了作为担负调峰任务的电站之外，更多的是按照径流方式运行，部分电站在汛期的时候还需要负担水池的防洪泄水任务，这就决定了灯泡式电站工况变换十分频繁，常见的工况转换有启动过程、停机过程、增减负荷过程以及泄水等，除此之外，还会发生一些非正常的甩负荷过程。因而，对于这些可能会引起一些严重事故的过渡过程应当给予特别的重视。此外，贯流式水轮机具有两个调节元件，即导叶与桨叶，而且它们在不同的工况区对流量的调节作用有所不同，因此过渡过程中的工况参数瞬变规律难以准确计算，使得这种具有双调节元件的水轮机的过渡过程问题尤显复杂[27]。由于过渡过程种类很多，灯泡贯流式水轮机经历十分宽广的工况区域和多种工作状态，机组动态附加载荷很大，且易发生强烈的水压脉动和机组振动。因此，为了保证设备的安全性和可靠性，认真研究灯泡贯流式水轮机组过渡过程的特点，寻求改变其动态品质的方法，并在实际设计、运行中加以贯彻是十分必要的[33-36]。

水力过渡过程的研究，对水电站安全运行具有十分重要的意义。在工程实际中，由于对水力过渡过程考虑不周、设计不当所引起的机组不能够稳定运行，在过渡过程中发生损坏之类的严重事故时有发生[37,38]，表 1.1 列举了国内外水电站发生过的水轮机组过渡过程的一些实际事故[39]。

表 1.1　部分过渡过程事故实例

电站名称	国别	时间	事故原因	事故情况
阿格瓦	日本	1950 年	错误蝶阀操作，造成直接水击	钢管爆破
莱昂	希腊	1955 年	闸门关闭过速	闸门室突然出现水击冲击波
江口	中国	1965 年	关闭动作不良	制动工况时反向水推力过大，抬机
那洛夫	苏联	1977 年	甩负荷控制规律不良	发生反水锤，抬机
天生桥	中国	1994 年	甩负荷控制规律不良	水锤叠加
天荒坪	中国	2003 年	增负荷机构操作不当	转动部分发生抬机
萨扬	俄罗斯	2009 年	负荷转移，长时间飞逸	抬机，管道破裂

由于管道水击压力过大导致压力钢管破裂，严重的造成厂房塌陷；由于调速器控制不当导致发生反水锤，引起抬机现象；由于运行工况改变导致转子温度发生改变产生偏移，引起扫膛事故；由于水流惯性推动转轮旋转引起转速快速升高，使得机组产生明显振动和噪音，对电站安全稳定运行产生极大威胁。特别是随着大型火电站的兴建，水电站更多承担系统峰荷任务，因此会产生相对频繁的负荷变化，工况转换次数较多，频繁地开停机、增减负荷对机组安全运行造成较大的影响，因此水力机械过渡过程的研究必须引起更多研究者的注意。

研究水电站水力机械过渡过程的目的和意义在于[40]，探明过程的物理本质，揭示水力机械及系统可能经历的各种过渡过程的动态特性，及时发现其产生的不利影响，寻求改善这些动态特性的合理控制方案和技术措施，用以消除或者减小这种不利影响，以便提升水力机械设备的安全性，运行的稳定性、可靠性和灵活性，进而进一步提升水电站安全稳定运行水平以及技术经济水平。

1.2 灯泡贯流式水轮机的发展与研究

贯流式水轮机具有较高的技术经济性和实用性，因此在 20 世纪 30 年代一经问世便广泛应用于低水头电站，且发展势头迅猛。随着贯流式机组设计、制造、安全、运行等技术的日臻成熟，贯流式水电站越来越普遍[41,42]。现如今，国际上对于 25 m 以下水资源的开发方式中，贯流式机组已逐渐替代轴流式机组。与此同时，国外专家对包括大型灯泡机组在内的贯流式机组进行了大量的试验研究，其中包括水轮机转轮优化、性能提升、合理的机电布置方式、系统的密封冷却等。还从结构力学角度出发，对机组的振动特性以及机械材料的强度和刚度等方面进行了试验研究。基于大量的试验研究，从灯泡式机组设计、制造、安装以及运行等方面，研究人员积累了丰富的经验，并且实际用于电站建设中。从 20 世纪 70 年代开始，大型灯泡贯流式机组已发展成熟，应用广泛[43]。

在我国，大、中型灯泡贯流式水轮发电机组的研究起步较晚，但发展迅速。1984 年投产的广东白垢电站机组正式开启了我国自行研制大型灯泡机组的摸索、试制阶段；湖南马迹塘电站于 20 世纪 80 年代初引进灯泡贯流式机组，这标志着我国开始了较大规模的仿制、消化吸收和研制工作；在 20 世纪 90 年代初，广东英德白石窑机组的问世标志着我国在大中型灯泡贯流式机组的设计制造技术进入第二级台阶；进入 20 世纪 90 年代后期，随着大单机容量机组的需求不断出现，我国通过技术引进和合资生产的方式将灯泡式机组的设计开发能力显著增强，大批大直径、大容量的灯泡机组电站投入发电，使得国内灯泡贯流式机组的设计水平与技术发展站在了更高的起点之上；21 世纪以来，国产灯泡贯流式机组的生产技术和制造水平进入全面上升阶段，特别是 2003 年青海尼那电站和湖南洪江电站的顺利投产，正式向世界昭示我国的灯泡贯流式机组制造能力已达到国际先进水准[44]。从发展趋势来看，灯泡贯流式机组的应用范围从业内普遍认为的 5～25 m 向两头延伸[45,46]。

随着灯泡式机组制造技术的日益成熟，国内外学者对机组能量与内部流态的研究逐渐开展。现有文献对贯流式水轮机的研究工作主要集中在流动计算和水力设计研究两个方面。在贯流式水轮机内部流场的数值模拟方面，研究重点多集中于特定工况下过流部件的性能解析和部件之间的匹配关系研究；在水力设计方面，多集中于流道和过流部件的改型优化设计方面。王正伟等[47]对水头范围为 1.2～5.5 m 的江厦潮汐电站水轮机部分进行优化设计，最终将双向灯泡贯流式水轮机正反向发电效率提高了 6%；韩凤琴等[48-50]采用理论分析、数值模拟以及模型试验的方法获得了灯泡机组的协联工况，具体是先将位于转轮入口的导叶开度进行优化预测，然后对已有的转轮型式和导叶形状进行解析，最后通过大量计算预测转轮和导叶的协联关系；李凤超等[51-52]采用三维联合反问题计算模型，设计了灯泡贯流机的桨叶和导叶，并进行数值模拟，同时采用边界涡量动力学方法对叶片进行优化设计且对其内部流场进行了模拟与分析；Yang 等[53]对某灯泡机组通过分析数值模拟结果与内部流态，提出了以三个原则来优化叶片的方法；Ferro 等[54,55]分别采用流线曲率法和奇点表面法来计算机组子午面流量及叶片间流量，并用五孔探测器试验验证了以上两种设计方法对小型灯泡贯流式水轮机导叶设计的准确性；Li 等[56]对比了 3 种不同流道设计方案，对一种新型超低水头灯泡贯流式机组进行了设计优化，并分析内部流场；苏博文[57]以某电站三叶片贯流式水轮机为研究目标，利用商业软件对水轮机转轮区进行改型，取得良好效果；康灿等[58]研究了导叶开度对水轮机性能及流动特性的影响，通过三组导叶开度下的水轮机能量特性及内部流场特征对比，获得与转轮匹配性最佳的导叶开度；Coelho 等[59]对灯泡贯流式水轮机不同尾水管形状进行计算，给出优化方案，并重点对尾水管边壁上边界层进行了精细模拟。

数值模拟方法已逐渐成为研究灯泡式机组的重要手段，但是试验研究方法在水力机械中亦有着非常重要的地位，该方法常作为检验数值模拟方法准确性的手段。王辉斌等[60]以试验研究为主要手段，对东坪电站的灯泡式机组的优化运行进行探讨，通过协联优化成功解决了部分负荷的严重振动与冲击噪声，改善了机组的运行；付亮等[61]针对某灯泡贯流式机组开展了真机协联优化试验分析，通过真机试验结果对协联曲线进行优化，提升了机组性能；李广府等[62]对某灯泡贯流式水轮机进行了轴向水推力试验，提出轴向水推力与水轮机驱动力比值这一新参数，并研究该比值与水轮机比转速、导叶开度和桨叶角度的关系；Vuillemard 等[63]对灯泡贯流机组尾水管进口流态进行了试验分析，通过 LDV 技术测定了轴向与圆周速度，修正了 5 种工况下尾水管进口流动分离情况，并分析尾水管压力脉动成因；Loiseau 等[64]在法国某实验室对阿尔斯通所生产的乌溪江灯泡贯流式水轮机进行了模型试验，阐明了最小出力达到安全的运行范围；Liu 等[65]对洪江水电站水轮机进行现场试验，针对机组出力不足的情况，提出了合理的叶片安装角度调整方案及特征曲线的修改建议。

以上开展的灯泡贯流式机组的研究多侧重于获得机组能量特性及内部流场特征。随着数值模拟技术的广泛应用，针对灯泡贯流式机组水力振动、噪声及空化的研究逐渐吸引了各国研究者的目光[66]。周斌等[67]对灯泡贯流式水轮机进行现场试验，对转轮室及尾水管的压力脉动进行了实测分析；钱忠东等[68]采用大涡模拟方法对灯泡贯流式水轮机全流道非定常压力脉动进行的数值模拟，分析了两种特殊工况下的压力脉动特征；梁永树等[69]通过分析桂平航电枢纽电站灯泡贯流式机组振动产生原因，对机组改造加固提出改善措施；郑源等[70]对某电站灯泡贯流式机组进行了不同工况内部压力脉动数值模拟，揭示了机组内部低频压力脉动产生原因，并提出改善方案；王文忠[71]针对丰海水电站灯泡贯流式水轮机出现的异常振动及噪音现象，通过现场试验数据分析，查找引起振动及噪声的原因；Sudsuansee 等[72]通过灯泡贯流式水轮机非定常计算结果，对前缘空化及转频特性进行了分析；李广府等[73]采用模型试验方法采集了某灯泡式水轮机协联工况下的空化试验数据，结合流态观测记录，分析了空化产生原因并提出改善措施；Sun 等[74]对某灯泡机组进行了定常空化流动数值模拟，获得了空化诱导区的产生及发展区域，绘制了空化性能曲线。

灯泡贯流式水电站属于低水头、大流量、径流式电站，主轴呈卧式结构，且水轮机流道相对于引水式电站来说比较短，机组段相对占有较大比例，过渡过程中机组段水体惯性会体现出来，而且轴向水推力是动态过程中的一项重要指标[27]。同时，灯泡贯流式机组设置在河道中，机组的启停对河道上、下游水位影响较大。此外，贯流式水轮机具有双重调节机构，流量特性和力矩特性都比较复杂，不仅受导叶开度的影响，还受桨叶调节的作用。这些因素都给装有贯流式机组的电站过渡过程数值模拟带来明显的复杂性，而且由于这些特殊的结构特点使得贯流式水电站的过渡过程与其他类型电站有着很大的不同，因此研究灯泡贯流式机组动态特性也有诸多特殊问题[33]。例如，在过渡过程中，反向水推力的变化规律和大小是方向水推力轴承设计的依据；灯泡贯流式机组的 GD2 小，致使在过渡过程中转速上升时间很短，且往往在较小的桨叶角度下达到最大值；超低水头飞逸工况下泄水的振动和压力脉动问题；在小负荷下运行时机组的振动、稳定性问题等。因此，要寻求合理的导叶、桨叶的关闭规律，改善机组过渡过程的品质，从而保证机组的安全经济运行。除此之外，由于贯流式机组的转动惯量小，其转速一般均在 3 s 之内就能达到最大值，而灯泡体、转轮室和转动部分受到的水压力变化很大，尤其是在转轮室和导叶之间会产生局部真空，造成很大的压力变化，而且这些变化受机组初始运行工况点及导叶和桨叶变化规律影响较大[40]。一般来说，贯流式机组在甩负荷后，水轮机效率及水力能量都会下降，只要这个能量是正值，机组就会得到加速，但机组转速达到最大值后，水给予转轮的能量变为零。这时机组的导叶开度很小，而转轮桨叶角度较大，两者是极不协调的。随着转速的下降，转轮反过来施予能量给水流，就像反转的水泵那样使水流沿着出流方向加速，流经转轮的水流比流经导水机构的水流来的更有力。这样导水机构与转轮之间的压力低于转轮出口的压力，水压力与正常运行相反，导致水轮机承受较大的反向作用力，而且导叶、桨叶的水力矩变化也较大。国内外实践表明，贯流式机组在单机带孤立负荷时，若出力超过 40%，常规比例积分微分控制(Proportion Integration Differentiation, PID)调速器已难以保证调节系统稳定，此时必须采取一些新的控制策略。在启动和甩负荷过程中，因为机械惯性时间常数较小，容易产生过调，也需采取一些先进的控制策略[75,76]。

现有研究中对贯流式机组开展的计算多数是基于稳态工况寻求水轮机运行的最佳状态，减少机组稳定工况不良流态，但针对灯泡贯流式水轮机过渡过程中瞬态特性的研究相对较少，因此本篇针对某电站灯泡贯流式水轮机开展带有上下游水池全过流系统的过渡过程三维数值模拟研究。

1.3 水力机械过渡过程研究进展

1.3.1 研究方法进展

早期人们对过渡过程的研究以理论研究作为基础，具体再通过一些模型或者原型试验来对过渡过程进行更为细致的研究，最终将获得的试验数据作为改进理论方法的依据[40]。理论研究方法[77,78]首先需要对所研究流体进行简化并设置相应的湍流模型，然后通过物理定律以及流体力学公式相结合的方式来建立描述流体运动的积分或微分闭合控制方程式，再结合边界条件对方程进行求解，得到解析解，这种方式获得的解对流动机理分析以及流动参数预测都具有较大的参考价值，但是该方法对复杂流动的求解较难实现。试验是研究水力机械装置过渡过程的重要手段，通过试验手段已经解决了不少工程实际问题[79-85]，试验研究主要分为模型试验与原型试验，它们的研究内容各有侧重点，又互相联系。原型试验可以获得相对真实准确的结论，但是因其机会少、难度大、风险高，为数不多的现场原型试验显得尤其宝贵。相比于原型试验，采用模型试验研究过渡过程可以最大程度降低试验中所消耗的资源，并且由于机型小，更加易于控制调节元件的运行以及初始工况的确定，一般不易发生事故，即使发生事故所造成的危害也远远小于原型试验，因此模型试验研究水力机械装置过渡过程具有经济、灵活、安全等优点[86-87]。基于此，本篇将开展贯流式水轮机组过渡过程的模型试验研究。

基础理论和计算方法研究构成了水力机械过渡过程理论研究的主要体系。基础理论研究的侧重点主要是水力系统的不稳定流动理论、不稳定流动的相似理论与水力机械不稳定工况参数的解析理论等，其涉及的理论范围较广。理论研究方法已经取得了相当丰硕的成果，并且已经基本形成系统。过渡过程的计算方法研究主要包括解析计算法、图解法、数值计算法以及发展较快的计算机数值解法。

解析计算法[88-89]是一种近似计算方法，此方法的实施是以分析水力机械装置过渡过程中主要相关因素内在联系为基础，通过工况参数时变规律来求解其动态解析表达式，而工况参数的影响因素众多，因此不可避免地给计算结果带来较大的误差。要想提高解析计算方法的准确度，必须处理好以下三个方面的问题：首先要确保表达式推导过程中理论基础正确；其次要确保进行线性化处理时对象的选择合理；最后要确保给定切合实际的相关因素变化规律。

图解法[90]起源较早，核心思想是针对解析表达式中的单一待求解参数，给定其初始条件和边界条件，然后采用作图的方法确定参数值，但是由于该方法手工作图烦琐，十分依赖作图技巧，且在复杂条件下精度有限，已经很少采用了。

数值计算法[91]是目前应用最为广泛的一种研究水力机械过渡过程的方法，按照水力机械边界的处理方式，常用的数值解法主要包括外特性数值解法和内特性数值解法两大类。目前，这两类方法在水力机械过渡过程计算中都有相应的运用，其计算成果为工程的设计、建设与运行提供了重要的参考依据。外特性数值解法[92-94]的基本思路是将水轮机完整的综合特性曲线或全特性曲线作为边界条件，将该边界条件赋予机组转动部分的运动方程以及基于弹性理论的一元非恒定流基本方程组成的方程组中，通过特征线法将其转化为常微分方程组，再改写为差分形式，通过选择合适的时间步长来满足库朗数稳定，最后再次通过特征线法求解方程组中所涉及的过渡过程各工况参数变化规律。可以发现，内特性数值解法很大程度上依赖于作为边界条件所需的水轮机特性曲线，如若缺少这类曲线，则该方法难以实现，而全特性曲线需要借助大量试验才能获得，所需周期长、投资大。此外，水轮机综合特性曲线也称静特性曲线，是在恒定流状态下所测，因而与动态特性存在一定的差异，这个差别有时较大，给计算带来一定的误差。内特性数值解法[95-98]的基本思路是根据水轮机装置集合参数、基本结构参数以及所涉及过渡过程计算的初值条件，基于水轮机广义基本方程组来建立非恒定工况下水轮机动态水头和力矩表达式，通过已知的调节机构运动方案，联立有压非恒定贯流基本方程求解过渡过程中所涉及的各工况参数动态变化规律，整个求解过程无须水轮机综合特性曲线或全特性曲线。经大量的现场原型试验结果验证，内特性数值解法在工程实用上具备一定的计算准确度[99]。然而,这种方法也具有一定的局限性,体现在建立动态力矩和水头表达式时将介质假设为不可压理想流体,并假设相邻流动曲面间互不干扰,液体轴对称流经转轮,并且用转轮中间流动曲面的各参数来代表完整转轮的具体工作情况,即平均参数法,然而这种简化与假设与实际的流动状态存在一定的差异性。但是纵观前人的研究发现,多采用特征线法[100-103]开展管路系统的过渡过程研究,然而特征线法采用平均参数法,基于一元流假设,忽略不同管道截面上各水力参数的差异性,仅以截面上水力参数的均值来代表整个截面的水力特性,这对以管路系统为主要研究对象时具有较好的工程实用精度,但对于以水力机械装置本身为主要研究对象并考察其动力学特性时,因其过流截面形状不规则并具有强三维特性的流动,常规特征线法无法精细描述其内部流动特性[104],因此需要构建新的数值模拟方法。

近年来,依托高性能计算机的快速发展,计算流体动力学(Computational Fluid Dynamics, CFD)方法因其具备观察流动细节等优势逐渐成为主流发展趋势[105-107]。通过CFD方法求解任意时间点上的流动特征受硬件能力限制尚无法完全实现,因为CFD方法中,若想实现所需的计算过程,必须事先给定边界条件,然后经过离散化处理后得到研究问题的数值解,故该方法获得的结果信息并不全面、详细。从某种程度上说,CFD方法与试验研究相似,故该方法也叫作数值试验法。相比于常规试验方法,其优点在于没有原型和模型试验条件的约束,只要计算机硬件和软件性能条件允许,理论上可以计算任何复杂条件下的流动。除此之外,CFD方法投入成本低、计算周期短,其求解速度与模拟精度主要受计算机硬件水平和容量决定。同时,借助计算机运行速度的不断提升,特征线法计算效率也得到了快速的提升。

在1960年前后十年间,水力机械的设计理论主流是一元理论,假设水流是无黏性的理想流体对叶栅内流体进行求解[108];到20世纪50年代,吴仲华教授提出了将两个二元流场的计算结果进行反复迭代可以近似求解出三元流动,这种准三元方法运用的是相对流面技术[109];到70年代后,三维求解技术得到充分发展,其求解方法也越来越多元化,对复杂工况的求解也趋于准确;80年代期间,伴随着CFD三维技术的发展与湍流模型修正技术的日益完善,数值模拟流动与真实流动的吻合程度也逐步提高;时至今日,计算机技术对处理雷诺时均化湍流流动问题的能力已经较高。随着CFD技术的发展,研究流体流动的方法从一维拓展到三维,三维方法在流体的精细模拟与准确预测中的优势逐渐凸显,目前水力机械流动模拟与分析的主流方法便是三维计算。在计算模型方面,计算流体力学方法提出了许多新的模型,这些模型在复杂流动预测中充分发挥了重要作用,使得计算流体力学方法由最初的Euler方程和Navier-Stokes(N-S)方程扩展到了湍流及多相流计算当中;在计算方法方面,新的遗传算法、无网格算法、混合网格技术、动网格技术等新的计算方法在计算流体力学中得以实现,目前的计算方法集中追求三阶以上精度来解决实际问题,在稳定性与收敛性等方面也越来越完善。从研究成果来看,目前三维湍流数值模拟主要应用于水力机械稳态工况,即边界条件恒定情况下的定常与非定常计算,如采用三维湍流数值模拟进行水力机械水力性能预测及优化,空化性能预测、压力脉动分析,外加激励对流场影响等,还有各湍流模型的对比研究,以及流场的涡动力学分析,成果颇丰[110]。

1.3.2 过渡过程数值解法研究进展

一项水利工程项目的可行性与布置的合理性需要通过评估其过渡过程品质来衡量，故过渡过程计算是水电站安全运行的重要内容之一。水轮机水力过渡过程是由稳态到非稳态再到稳态的过程，主要是由水轮机负荷突变或者发生飞逸过程中水流动量发生急剧改变而引起，它涉及水轮机装置多维度机械动力学特性、流体力学特性、水力机械全特性以及水轮机本身动态特性等，影响因素多且有理论难度，边界条件复杂且多变。水力机械过渡过程中所产生的安全问题常常由于管道水击作用引起的有压管道系统压力急剧变化，从而威胁整个电站系统安全。水力机械过渡过程中的水力激振与该过程中内部流态演变规律息息相关，因此对水轮机过渡过程各工作参数的动态变化规律和内部流态演变规律的研究，可为探究水轮机系统运行稳定性、减小机组振动、提高机组安全稳定性提供依据[111]。

早在 1759 年，Eular 建立了弹性传播理论及波动方程；1850 年，Menabrea 通过能量分析法阐述了水击的基本理论，以此成为弹性水击理论的奠基人[112]；1898 年，俄国的 Joukowsky 公开发表了水击理论的经典报告，首次提出了管道中水锤理论及末端阀水锤计算公式，也就是著名的茹科夫斯基公式；1913 年，意大利学者 Allievi 提出水击计算连锁方程、水击图解曲线以及末相水击计算式，开创了水击方程的解析解法，奠定了现代水锤理论分析的基础，直到 20 世纪 40 年代中期，阿列维公式仍然是水电站水力过渡过程计算中使用最为广泛的方法，但这种方法求解条件苛刻且精度难以保证[113]；1926 年，Strowger 和 Kerr 发现系统管道中水击压力对机组转速会产生影响，于是提出关于机组负荷发生改变所引起机组暂态转速发生变化的计算理论，继而调保计算成为水电站设计的一项重要任务[112]；1926 年，Wood 提出了分析水击现象的新方法——图解法，后来 Schnyder 首次在图解分析方法中加入了阻力损失[112]；从 1940 年至其后 20 年间，相继出现了一批为了改进水锤或系统压力测算方法而进行探索的学者，如 Rich 和 Jaeger 等，这期间多部相关论著相继出版[112]。20 世纪四五十年代，苏联集中建成了一批装有轴流转桨式水轮机组的低水头电站，然而在 1956 年卡霍夫卡电站的一台机组在甩负荷时发生断流反水锤，引发摧毁性事故，该事故引起更多国内外学者对过渡过程研究的关注[114]。1975 年，苏联学者克里夫琴科[115]主编的《水电站动力装置中的过渡过程》出版，这本书集中列举了苏联学者在水轮机装置过渡过程领域中的研究成果，对水力机组过渡过程的研究产生了深远的影响。

随着现代水力机械向着单机大容量、大尺寸方向的发展，引水管道和机组安全运行问题逐渐引起热议，吸引大批国内外科研工作者从事过渡过程的科学研究与实践探索。同时依托计算机技术和计算方法的发展，数值方法研究水力机械过渡过程成为新的研究手段。迄今为止，模拟水力机械瞬态过程最为广泛的 3 种主要方法是一维（One-dimensional，1D）特征线法（Method of Characteristics，MOC）、三维（Three-dimensional，3D）数值模拟方法及 1D-3D 耦合求解方法。

1967 年，Wylie 和 Streeter、Suo[94]合著出版了《瞬变流》一书，该书首次提出 1D 特征线法，将涉及管路摩阻的水锤偏微分方程转化为常微分方程，紧接着简化为差分方程，以此作为数值计算条件，该方法解决了复杂管路系统、摩擦影响、调压井水位波动与水锤联合分析等水力过渡过程分析中的几个难题。随后 Ghidaoui 等[116]通过对水锤理论与应用的总结，指出特征线法具有精度高、处理简单、应用广泛等特点。目前，国内外学者采用特征线法的过渡过程研究成果不计其数。Koelle 和 Luvizotto[117]借助计算机计算了某抽蓄电站的过渡过程；巴西的 Petry 等[118]通过描述过渡过程的数学模型，将该模型运用在真机中，并将该数学模型的仿真结果与真机试验数据进行了对比分析，结果表明，所建立的数学模型能够较为精确地模拟过渡过程；Rao 等[119]基于特征线法开发了一套用于计算复杂供水系统突然停泵、甩负荷等过渡过程中压力和速度的计算程序；Thanapandi 等[100]对离心泵启停机过渡过程中的水力特性进行了计算；Rohani 等[103]将一种改进的泵公式，结合新提出的一种点隐式特征线法，对由于故障引起的泵装置内部瞬态流动进行了计算；彭小东等[120]通过对蜗壳当量管采用简化计算方法，运用特征线法对轴流转桨式水轮机过渡过程中工作参数变化进行了模拟讨论；刘进杨[121]针对某混流式水泵水轮机调节系统，基于实测抽蓄电站运行数据，拟合其全特性，并利用外特性方法计算水泵水轮机过渡过程中动态参数变化规律；白亮[122]通过计算分析贯流式水轮机甩负荷过渡过程中参数变化规律，进而研究了参数变化对电站上下游水位波动规律的影响；Afshar 等[123]采用一种隐式特征线法对水轮机负荷变化引起的过渡过程中流动变化进行了模拟；Wan 等[124]通过一种新的方式将离心泵性能曲线转化为全特性曲线并利用特征线法对某离心泵事故停机和启动过渡过程进行了计算；Nicolet 等[125-127]利用自主开发的 1D 瞬态模拟代码 SIMSEN，研究了发电工况下水泵水轮机紧急停机时的反水锤现象，结果表明，一维方法能够捕捉到尾水管入口气腔塌陷引起的突然压升。上述研究所采用的方法基本都是基于外特性的特征线法，对水力机械全特性曲线依赖性极强。为了获取更加丰富的水力机械内部流动，一些学者尝试对一维特征线法进行延伸[128,129]或者对控制方程进行二维变形，如双特征线方程[130]、近似特征线法[131]以及拟特征线法[132]等，但是这些方法并没有取得一维特征线法那样的成功。1984 年，常近时[40]首次给出了另一种提高一维特征线法求解精度的思路，即内特性数值解法。之后常近时[133]采用内特性解析理论的一维特征线法对拥有高水头的抽蓄机组过渡过程进行了参数计算；邵卫云[96]根据叶片式水力机械的内特性解析理论，建立了含有不同步装置的水泵水轮机全特性曲线数学表达式，对某水轮机装置飞逸过程进行了计算；李卫县等[97]从水轮机内特性过渡过程计算理论出发，选用不同的刚性和弹性理论对带有引水管道系统的水轮机装置的水击压力进行了计算；刘延泽等[95]将此内特性数值解法应用于求解灯泡式水轮机装置甩负荷过渡过程的研究当中，并将计算结果与实测数据进行对比，结果发现误差均小于 10%，从而验证了数值计算的精度。这种求解方法弥补了外特性数值解法中水力机械原件由静态的试验特性曲线来表述的不足，故在解决水电站、泵站等水力系统过渡过程问题中发挥了重要作用。然而以上所述方法主要用于求解带有管路系统的水力机械过渡过程水力特性，在求解参数变化情况中具有一定的优势，但不能捕捉和再现过渡过程中许多非线性脉动特征及精细的内部流动。特别地，在贯流式水轮机中，流道相对较短，三维湍流流动特性非常明显，一维特征线法不能精确模拟其瞬态内流特性。

为了能够更加精确地捕捉过渡过程中的瞬态流动状态，依托高性能计算机技术及计算流体力学的高速发展，许多学者尝试将三维湍流数值模拟方法应用到求解水电站、泵站以及抽蓄电站过渡过程研究当中，并取得了一定的成果[134-136]。

周大庆等[137]对轴流式模型水轮机飞逸过程进行了三维湍流数值模拟，计算得到最大逸速及达到最大逸速所需时间，并对该过程内部流场变化进行了详尽分析，此外他还将此方法应用到模拟轴流泵装置模型断电飞逸过程求解中[138]；李金伟等[139-140]等对混流式水轮机的飞逸暂态过程以及甩负荷暂态过程进行了三维非定常数值模拟，获得了暂态过程中转速变化及测点压力脉动情况，并与试验结果进行对比，两者较为接近；Cherny等[141]基于不可压缩雷诺时均Navior-Stokes(N-S)方程、转轮旋转方程和水锤方程，计算了混流式水轮机飞逸过渡过程中尾水管涡结构变化及脱落过程；Avdyushenko等[142]对混流式水轮机瞬态过渡过程进行了非定常三维计算，考虑了压力钢管与水轮机间流动参数交换问题，给出了启动过程、减负荷过程以及功率波动过程中暂态仿真结果，并与试验结果进行了比较；Cherny等[143]利用三维手段对仅考虑导叶、转轮和尾水管3个重要部件的水轮机进行飞逸过程的数值模拟，采用简化方法处理蜗壳段流动，分析了不同湍流模型对计算结果的影响。在某些带有长距离输水管道系统的抽水蓄能电站中，常常设置调压井来抑制管道水锤压力的上升[144]，在这种系统中通常使用两相流模型(Volume of Fluid, VOF)模拟调压井对过渡过程压力上升的减缓作用。程永光等[145,146]利用VOF模型对水电站甩负荷和增负荷过渡过程中斜背式气垫调压井内水和空气流动情况进行了三维数值模拟，此外他们还对替代尾水调压井的顶棚倾斜尾水隧洞内复杂表面瞬态流动进行了模拟；张蓝国等[147,148]采用VOF两相流与单相流(Single Phase, SP)模型相结合的方式对某蓄能电站的水泵水轮机全过流系统泵工况的停机及断电过渡过程进行了数值试验研究，获得了若干工作参数的变化规律及内流特性；周大庆等[149-151]通过建立包括上下游水池、调压井及引水、尾水系统的抽蓄电站全过流系统集合模型，对水泵水轮机组水泵抽水工况下的断电飞逸、发电工况下甩负荷过渡过程进行了模拟，开发了一种VOF与SP耦合方法，捕捉调压井自由液面的变化情况，分析了水锤现象发生的位置及原因；此外，Zhou等[152]还对一洞两机布置的抽水蓄能电站机组同时甩负荷工况引水系统内水流状态进行了三维模拟，利用VOF模型模拟调压井水位变化，首次发现引水管道内水体存在自激螺旋流动，该流动也是造成引水管道末端压力衰减较快的原因，为研究管道压力波衰减机理提供了新的思路。

对某些引水管道系统较短、影响较小的电站，为了降低计算成本，一些学者将研究重点只放在水轮机或水泵机组上，旨在研究机组内部的瞬态流动。众所周知，在多数水轮机瞬态过程中，如启动、停机和甩负荷等，桨叶、活动导叶或者阀体等调节机构往往会产生运动，引起叶轮转速变化，这些都将引发水锤现象，从而导致剧烈的流场变化。加拿大学者Nicolle等[153,154]通过对水电站开机过程的计算发现，启动过程中水轮机活动导叶的运动会造成该部分区域网格质量降低，导致模拟精度下降，提出了水轮机三维过渡过程模拟的难点；Fu和Li等[155-159]采用动网格方法实现水泵水轮机甩负荷过程中导叶关闭过程的模拟，分别从内流特性、间隙流角度、能量特性以及压力脉动角度全面分析了该过程中的瞬态特性；李文锋等[160]基于动网格技术对混流式水轮机转轮内部瞬态流动进行数值模拟，分析导叶关闭过程内部压力场与速度场变化，结果表明，动网格技术能够较好地模拟水轮机转轮内部流场动态变化；Mao等[161,162]采用一种网格壁面滑行技术，解决了过渡过程连续性模拟问题，保证了计算网格精度，但该方法的缺点是外部网格重构过程相对复杂，需要耗费大量的计算时间；Li等[163,164]在STAR-CCM＋软件平台计算了原型水泵水轮机正常停机和开机至空载状态下的过渡过程特性，采用重叠网格法实现了导叶的开启和关闭过程；李师尧等[165]采用浸没边界与玻尔兹曼耦合格式模拟贯流式水轮机增负荷和甩负荷两种过渡过程工况下的三维特性，开辟了一种实现导叶运动的新思路。此外，国内外许多学者采用不同的边界条件及湍流模型对水力机械三维过渡过程进行了细致研究。Fu 等[159]、Li 等[163]采用了非定常边界条件，即根据试验测得的进出口压力变化，将该数据赋值给数值模拟进出口边界；Liu 等[166,167]结合动网格方法，在 v2-f 湍流模型基础上考虑近壁面湍流的各向异性和非局部压力-应变效应作用计算了水泵水轮机甩负荷过渡过程，结果表明该模型在预测机组过渡过程瞬态特性方面具有一定精度；Xia 等[168]利用 SAS 湍流模型计算了水泵水轮机飞逸工况瞬态特性，并且分析了 S 区工况特点及形成机理，验证了该模型的模拟精度；Pavesi 等[169,170]采用分离涡(Detached-Eddy Simulation, DES)模型对水泵水轮机负荷变化、变转速功率波动瞬态工况下的流动状态进行了模拟；Chen 等[171]采用剪切压力传输(Shear-Stress Transport, SST)$k-\omega$ 湍流模型对轴流转桨式水轮机甩负荷工况下的外特性参数变化及内流场演变规律进行了模拟，并与试验结果对比，两者吻合较好，验证了该模型的模拟精度。

如前面所述，一维特征线法不能准确模拟瞬态过程中的非线性波动特征，而整个过流系统的三维模拟需要耗费大量的计算资源，且水轮机的三维仿真很大程度依赖于试验数据。因此，对于某些含有长距离输水管道系统的电站，为了模拟整个过流系统及机组过渡过程中非稳态流动，一种将一维与三维相结合的办法应运而生，即 1D-3D 耦合求解过渡过程方法：长输水管道的瞬变流采用 1D-MOC 的方法，机组段采用 3D 方法进行模拟[172]。武汉大学张晓曦等[173-175]提出一种新的基于显格式的 1D 输水系统和 3D 水轮机耦合的方法对抽水蓄能电站水泵水轮机飞逸过程和甩负荷过程动态特性进行了模拟，重点解决了三维部分水击压力模拟和一维与三维之间数据传递问题；Wu 等[176]采用 1D-3D 耦合的方法研究了阀激水锤与水泵在阀门快速关闭过程中的相互作用，并与单独采用 1D-MOC 方法的计算结果进行对比，结果表明，考虑水体惯性的 MOC-CFD 耦合分析方法更接近实际情况；刘巧玲[177]以离心泵为研究对象，重点研究了离心泵系统关键部件的一维/三维耦合算法，探索部件与系统相互作用机理，耦合边界数据传递及提高计算稳定性的迭代算法；杨帅[178]开发了 MOC-CFD 耦合计算程序，并对水泵瞬态特性进行计算分析，结果与试验数据吻合较好。

单纯以灯泡贯流式水轮机为研究对象的三维过渡过程研究相对较少。Kolšek 等[179]基于有限体积法对包含全流道的灯泡式水轮机进行了暂态运行过程计算，预测了转速、轴向力及测点压力变化情况，并与原型数据进行了比较；夏林生等[180]考虑重力场影响，利用 Fluent 软件对灯泡式水轮机飞逸过渡过程进行了模拟；罗兴锜等[181]通过 CFX 和 Fortran 程序的二次开发，建立了灯泡式水轮机飞逸过渡过程的模拟方法；张晓曦[182]利用 FLOW-3D 对灯泡贯流式水轮机过渡过程动态特性进行三维数值模拟，但该软件不能生成贴体网格，欠缺精细的计算结果；李师尧等[165]采用浸没边界与玻尔兹曼耦合格式对灯泡式机组内三维瞬变流动进行了模拟，但是该方法只能定性描述流态，难以对工作参数变化进行定量计算；Li 等[183]利用 Fluent 软件对灯泡贯流式水轮机的启动和飞逸过程进行了三维数值模拟，然而启动过程并未涉及导叶运动；杨志炎等[184]采用动网格方法模拟了导叶关闭过程中灯泡式水轮机甩负荷过渡过程中水锤和压力脉动特性。不难看出，为数不多的关于灯泡贯流式水轮机过渡过程的研究中，多数是关于导水机构不动作的飞逸过程或者只有导叶参与调节的甩负荷过程，而实际电站工况调节中，桨叶也是十分重要的调节机构。

1.3.3 过渡过程试验研究进展

与数值模拟研究相比，水力机械过渡过程的试验研究很少，然而试验研究对于深入理解瞬态过程中的流动机理非常重要，也是研究过渡过程的重要方式和组成部分。虽然试验研究需要耗费大量的人力物力，且多数过渡过程较为危险，但是试验数据精确，因而其在过渡过程研究中依然有着无法替代的作用。多年来，许多国内外科研院所在水力机械的静态特性和动态特性方面做了相应的试验研究，积累了一定的经验。

在我国，包括中国水利水电科学研究院、清华大学、华中科技大学、江苏大学、扬州大学等在内的多所科研机构对我国多座大中型水电站和泵站里的动力设备开展了全面广泛的模型试验及真机测试，得到了丰富的实测数据，并结合理论分析指导电站与泵站的安全运行[185-189]。其中，武汉大学“抽水蓄能电站过渡过程物理试验平台”、浙江富安水力机械研究所“水力机械试验台”等平台在过渡过程试验中的精度都已达到国内领先、国际同类试验台的先进水平。河海大学“水力机械动态试验台”作为国家 211 工程项目中的一员，是国内最早开展水轮机组过渡过程的试验台，先后为葛洲坝轴流转桨式机组、白石窑灯泡贯流式机组、潘家口抽水蓄能机组等项目进行过渡过程试验研究，取得了十分显著的成果。

寿梅华、常近时等[84,85,190-192]专家对我国多座大中型电站机组进行了过渡过程现场试验，这其中包括古田一级和四级水电站转桨式水轮机启动特性试验、模式口水电站 2 号机的突减负荷过渡过程现场试验、葠窝水电厂 2 号机的启动过渡过程及空扰试验以及天生桥二级水电站水轮机装置甩负荷动态特性现场试验观测；张成冠[79,193]先后对斜流式水泵水轮机和 10 MW 灯泡贯流式水轮机进行了现场试验，试验内容包含多个典型过渡过程工况，获得了宝贵的试验数据；到 20 世纪 90 年代，河海大学严亚芳、王煦时等[87,194]依托河海大学动态试验台对葛洲坝电厂 ZZ500 水轮机模型进行了动态试验研究；游光华等[195]对天荒坪抽蓄电站不同布置方案下的机组进行了现场甩负荷实测，并与数值仿真结果进行比较分析；龙斌[196]则是针对引水系统有调压井和无调压井两种典型水电站的甩负荷过渡过程进行了理论计算和试验研究；王庆等[197]则对抽蓄电站极为罕见的同一高压输水系统一洞四机同时甩负荷过渡过程进行了试验分析，获得了宝贵的试验数据；付亮等[198,199]采用真机实测方式对双机共尾水调压室水电站机组同时甩负荷过渡过程进行了研究，并基于实测数据对水轮机力矩特性曲线进行了拟合；武汉大学的 Zeng 等[200]重点研究了 S 特性对水泵水轮机一洞两机相继甩负荷过渡过程特性的影响，并考虑 S 特性的影响提出了合适的导叶关闭方案；李志锋[201]对离心泵启动过程进行了试验研究，PIV 测试结果表明泵内部非定常流态与泵的性能特征基本一致。依靠先进的测量设备和试验条件，国外许多学者对水力机械过渡过程也开展了许多试验研究工作。其中，挪威科技大学的 Trivedi[80-83,202-205]进行了大量过渡过程试验，主要围绕压力脉动测试展开，先后对混流式水轮机失速到全甩负荷过程、增负荷和甩负荷过程、紧急停机过程、飞逸过程和停机过程等进行了相关研究。他在研究中指出，过渡过程中压力波动和叶片载荷增加会导致循环应力的产生和疲劳的发展，进而影响水轮机寿命，同时他提出可以通过改进导叶关闭规律来减小这种影响，他的研究成果对提高水轮机安全稳定运行以及提升水轮机使用寿命起到了很好的指导作用；Amiri 等[206]研究了甩负荷和增负荷过程中压力脉动对轴流式水轮机的影响，结果发现，在增负荷过程中，压力波动相对平稳，而在甩负荷过程中压力脉动幅值波动较大，瞬态过程极为不稳定；Walseth 等[207]对某水泵水轮机模型在电机断开前低速运转向飞逸状态转换过程中的测点压力脉动进行了实测，结果发现，水泵水轮机在飞逸前后压力、速度和流量等外特性参数均发生了阻尼振荡；Houde 等[208]对某轴流式水轮机转轮内部压力脉动进行了实测，结果表明，水轮机从正常运行工况到空载转速过程中动态特性依旧不稳定；Ruchonnet 等[209]对一台小型水泵水轮机进行了水泵工况到水轮机工况转换的过渡过程试验研究，结果显示，该模型所测压力脉动的频率特性与原型试验中观察到的频率特性相似。综上所述，水力机械进行过渡过程动态试验不仅仅是丰富研究机组过渡过程安全运行的重要手段，也是验证对比数值模拟计算精度的重要方式。

1.4 研究问题的提出

综上所述，国内外相关学者在水力机械内部流动的稳态和瞬态过程数值计算方法的探索方面已总结出大量成熟可行的理论和实践经验，并利用这些方法解决了许多水力机械内部流动问题求解的难题，对水力机械优化设计和安全稳定运行具有重要的理论和工程指导意义。纵观国内外对水力机械过渡过程的研究，研究方法不断完善提升，并且取得了一定成果，但仍然有不足之处。

(1) 目前，关于过渡过程的试验研究多是针对抽水蓄能电站，而常规电站的试验研究相对较少，以灯泡贯流式水轮机为研究对象的过渡过程试验则更为少见。灯泡贯流式水轮机过渡过程与一般水力机组相比有许多特殊问题，如贯流式机组转动惯量较小，甩负荷后很快就能达到最大值，因而寻求合理的调节机构控制策略是十分必要的。

(2) 关于灯泡贯流式水轮机过渡过程的数值模拟研究中，一维特征线法由于节省计算资源且方便快捷而运用广泛，相对能够反映内部细节流动的三维数值模拟成果则较少。目前，现有的三维模拟方法中对边界条件的处理均有不同程度的简化。除此之外，已有贯流式水轮机甩负荷过渡过程的三维数值模拟研究成果中，仅有导叶参与动作的单调节数值模拟，而桨叶参与动作的相关研究仍然空白。

(3) 根据已有的关于灯泡贯流式水轮机的瞬态过程的文献，更多的是关于瞬态过程三维计算的实现方法探讨及水轮机过渡过程中的外特性，较少对造成水轮机外特性工作参数剧烈变化的原因进行深入的分析，对于边界条件对水轮机过渡过程的影响的研究更是少之又少，尤其是造成水轮机动态外特性的内流特性和流动机理的深入研究有待加强。

1.5 主要研究内容

本篇在前人研究的基础上，针对上述存在的问题，主要进行以下几个方面的研究。

（1）灯泡贯流式水轮机模型机组过渡过程试验研究。借助于河海大学水力机械动态试验台，对灯泡贯流式水轮机模型开展过渡过程试验研究，主要包括贯流式机组静态特性试验和动态特性试验，着重研究导叶关闭规律和桨叶关闭规律对过渡过程外特性参数的影响，提出导叶、桨叶最佳关闭规律的建议，为确保机组安全经济运行提供科学依据。

（2）导叶和桨叶双调节控制下的灯泡贯流式水轮机甩负荷过渡过程三维湍流数值模拟。从非惯性坐标系的质点运动方程角度出发，结合转轮旋转力矩平衡方程，推导甩负荷过程中转速变化表达式；采用动网格和网格重构技术，编写用户自定义函数，通过对Fluent 软件二次开发，有效控制活动导叶和桨叶关闭运动，实现了导叶-桨叶联动关闭调节下的贯流式水轮机过渡过程三维数值模拟。

（3）建立考虑自由液面的上下游水池水轮机全过流系统，通过对灯泡贯流式水轮机稳态运行和导叶持续关闭的甩负荷过程进行三维数值模拟，获得系统外特性和内流场特性；通过对某些特征位置处流场压力的时域信号，运用短时傅里叶变换手段来分析流场压力脉动的频率成分和来源，寻求自由液面波动对机组稳态和非稳态运行的水力特性影响，对数值模拟边界精确选取提供理论指导和借鉴。

1.6 主要创新点

（1）建立了贯流式水轮机模型全过流系统的静态和动态过渡过程的试验方法，获得了水轮机稳态性能曲线及甩负荷过程中机组动态参数的瞬变规律。基于稳态运行特性试验，揭示了贯流式水轮机单位力矩与单位水推力随水轮机桨叶角度、导叶开度及机组转速变化的规律；研究了不同工况和导叶、桨叶调节规律下的甩负荷动态试验，获得了甩负荷过渡过程导叶和桨叶的关闭规律对机组水力特性的影响，揭示了贯流式水轮机机组力矩、轴向水推力、转速等外特性参数及测点压力脉动的瞬变规律。针对所研究贯流式水轮机全过流系统模型，提出设计水头甩全负荷时，导叶和桨叶的最佳关闭规律。

（2）建立贯流式水轮机转轮桨叶调节算法，利用力矩平衡方程获得转轮实时转速，结合动网格和网格重构技术，首次提出了桨叶与导叶双重调节下灯泡贯流式水轮机全过流系统的甩负荷过渡过程三维瞬态模拟方法。通过分析贯流式水轮机模型甩负荷过程中外特性参数的变化规律，测点压力脉动瞬变规律以及内部流场的演变过程，揭示了贯流转桨式水轮机模型在桨叶与导叶持续联动关闭下甩负荷过渡过程的三维瞬变机理。

（3）首次实现了考虑进出水池上表面为自由液面的灯泡贯流式水轮机全过流系统甩负荷过渡过程三维瞬态数值模拟。通过对比进出水池上表面为自由液面和进出水池上表面为无滑移壁面的贯流式水轮机模型全过流系统的稳态、甩负荷过渡过程的三维模拟结果，分析了自由液面波动特性对机组外特性参数和压力脉动规律的影响。通过分析自由液面对上下游水池流动特性的影响，揭示了两种情况下内外特性参数差异的机理。甩负荷过程中，考虑自由液面的转速和轴向力变化曲线与试验结果更为接近，转速和轴向力最大误差分别为 1.5%和 8.5%，且达到最大转速和最大负轴向力时刻与试验基本吻合；而不考虑自由液面下转速和轴向力最大误差 4.3%和 14%，且达到最大转速和最大负轴向力时刻相比于试验值滞后 0.8 s 左右。所得结果对数值模拟边界精确选取提供了理论指导和借鉴。

1.7 研究成果概要

基于河海大学水力机械动态试验台，开展了贯流式水轮机模型全过流系统大量工况的试验测定，获得了水轮机模型全面的稳态及动态试验特性。具体而言，通过固定桨叶角度，调节不同导叶开度的稳态性能试验获得单位流量、单位力矩和单位轴向力随转速变化规律，对比不同导叶和桨叶角度下水轮机性能曲线，揭示了单位力矩与单位水推力随水轮机桨叶角度、导叶开度及机组转速变化的规律；通过设计工况下不同调节方式的动态模型试验探究了导叶关闭规律与桨叶关闭规律对甩负荷过渡过程的影响，利用正交优化方法，获得设计水头甩全负荷时导叶、桨叶的最佳关闭方案，同时获得了机组力矩、轴向水推力、转速以及测点压力等外特性参数数值大小及其瞬变规律。

从非惯性坐标系下的质点运动方程出发，结合转轮旋转力矩平衡方程，获得水轮机甩负荷过程中转轮实时转速，编写了自定义函数，用以有效控制活动导叶以及桨叶的面网格运行速度，基于三维空间动网格技术实现了调节机构区域网格能随导叶和桨叶位置变化而自动调整；通过坐标系转换捕捉桨叶转轴实时位置，从而确定桨叶自转角速度在三个坐标系方向的分量来精确控制桨叶的旋转，解决了桨叶自转与随转轮公转的复合运动规律精确指定的难题。

运用所建立水轮机甩负荷过渡过程的三维湍流数值模拟方法，开展了导叶和桨叶联动关闭下的水轮机甩负荷过渡过程数值模拟，获得了机组外特性参数的变化规律，测点压力脉动瞬态规律以及内部流场演变规律，揭示了灯泡贯流式机组甩负荷过渡过程三维瞬变机理。结果表明：机组最大转速值、最大负轴向力值及导前压力变化曲线的模拟值与试验值吻合较好；导叶和桨叶联动关闭恶化了转轮入流条件，叶片进口冲角的变化是引起转轮内流场不稳定的重要原因；由于重力场影响，叶片在旋转过程中承受交变作用力，出现尾水管低压涡带被截断现象，水力稳定性急剧恶化。

首次建立了考虑进出水池上表面为自由液面和考虑进出水池上表面为无滑移壁面的贯流式水轮机模型全过流系统的稳态、甩负荷过渡过程的三维模拟方法。水轮机甩负荷运行时，自由液面的存在对靠近上下游水池的导前和尾水管压力脉动影响作用强于转轮进出口，弱化了导叶关闭对流量的决定性作用，减缓了转轮水力矩下降速率，增大了最大转速升高值和最大负轴向力值，同时减弱了转轮前后压力脉动信号高频谐波分量的强度；考虑自由液面的转轮转速高于不考虑自由液面，不仅仅因为壁面对水体的剪切力作用使进出水池产生了更大的水头损失，还包括不同边界条件下出水池中内部流态的不同，大尺度漩涡的不良流态带来了更多能量的耗散。

第 2 章
贯流式水轮机瞬态流动特性数值计算方法

2.1 概述

1917 年，Richardson 采用数值方法研究天气预报的工作标志着计算流体力学 CFD 的产生，时至今日 CFD 已经发展百年有余，CFD 技术已经成熟运用于各行各业中。计算流体动力学是流体力学的一个分支，它将流体动力学理论、数值分析计算方法、计算机理论技术相结合，在流动基本方程（质量守恒方程、动量守恒方程、能量守恒方程）的控制下对水流状态进行数值模拟。CFD 的核心思想是通过计算机数值计算和图像显示方法，在空间与时间上定量描述流场的数值解，以达到对复杂的物理现象进行研究的目的。同时 CFD 商用软件种类繁多，主要包括前处理、求解器和后处理三大模块，各有其独特作用，为求解水力机械内部复杂流动问题及展现复杂流动细节特征提供了便利[210]。

2.2 基本理论

2.2.1 基本方程

自然界中所有流动都受物理守恒规律的支配，基本的守恒定律包含：质量守恒、动量守恒和能量守恒。此外，水轮机内部流场流动为三维不可压缩湍流流动，在常温状态下忽略由于温差引起的浮力效应，可不考虑热量交换问题，因而本篇不考虑能量守恒方程。此外，通常认为灯泡贯流式水轮机内部流体是不可压缩的，即其密度不随时间变化。故其有效控制方程只包含质量守恒方程和动量守恒方程（N-S 方程），如下所示[211]。

流体运动的连续性方程为

$$\nabla \cdot \boldsymbol{u} = 0 \tag{2.1}$$

动量守恒方程为

$$\frac{\partial \boldsymbol{u}}{\partial t} + (\boldsymbol{u} \cdot \nabla)\boldsymbol{u} = f - \frac{1}{\rho}\nabla p + \nu \nabla^2 \boldsymbol{u} \tag{2.2}$$

式中，$\boldsymbol{u}$ 为流体速度；ρ 为流体密度；t 为物理时间；∇为哈密顿算子；∇^2 为拉普拉斯算子；p 为压强；ν 为运动黏度；$\boldsymbol{f}$ 为质量力。

式(2.2)是原始状态的 N-S 方程,在 CFD 中形式做了如下改变[212]。

$$\frac{\partial \boldsymbol{u}}{\partial t}+(\boldsymbol{u}\cdot\nabla)\boldsymbol{u}=\boldsymbol{f}-\frac{1}{\rho}\nabla p+\frac{1}{\rho}\nabla\cdot\overline{\overline{\tau}}+\boldsymbol{F} \tag{2.3}$$

式中,$\overline{\overline{\tau}}$ 为应力张量;$\boldsymbol{F}$ 为额外的体积力项,并且包含一些用户自定义源项。其中,应力张量 $\overline{\overline{\tau}}$ 的公式为

$$\overline{\overline{\tau}}=\mu\left[(\nabla\cdot\boldsymbol{u}+\nabla\cdot\boldsymbol{u}^{\mathrm{T}})-\frac{2}{3}\nabla\cdot\boldsymbol{u}I\right] \tag{2.4}$$

式中,I 为单位张量。

自然界中的流动状态普遍为湍流运动,它的任何物理量都是随着时间和空间不断变化的,但由于 N-S 方程的非线性导致其很难描述湍流流动中的所有细节,即便能获得所需细节,对于求解实际问题也没有太大意义。人们普遍关注的是湍流引起的平均流场变化情况,因此产生 Reynolds 平均法,其基本思想是不直接求解瞬态量,而是将瞬态量看成是时均值与脉动值的叠加[213,214]。

对任意物理量 $\phi(x_i,t)$,若用上标"—"和"′"分别代表对时间的平均值和脉动值,则它的时间平均值可定义为:

$$\overline{\phi}(x_i,t)=\frac{1}{\Delta t}\int_t^{t+\Delta t}\phi(x_i,t)\mathrm{d}t \tag{2.5}$$

则物理量的瞬时值 ϕ、时均值 $\overline{\phi}$ 与脉动值 ϕ' 有如下关系:

$$\phi(x_i,t)=\overline{\phi}(x_i)+\phi'(x_i,t) \tag{2.6}$$

将物理量的时均值代入到式(2.1)和式(2.2)中,通过这种方式来将湍流流动中的控制方程时均化,则时均化后的控制方程如下。

$$\frac{\partial u_i}{\partial x_i}=0 \tag{2.7}$$

$$\frac{\partial u_i}{\partial t}+\frac{\partial u_i u_j}{\partial x_j}=f_i-\frac{1}{\rho}\frac{\partial p}{\partial x_i}-\frac{\partial}{\partial x_j}\overline{(u'_i u'_j)}+\nu\nabla^2 u_i \tag{2.8}$$

式中,下标 i 和 j 的取值范围是(1,2,3),式(2.7)是时均形式的连续性方程,式(2.8)是时均形式的 N-S 方程,即雷诺(Reynolds)时均 N-S(RANS)方程。不难看出,RANS 方程中多了一个 Reynolds 应力项,即 $-u'_i u'_j$。

RANS 方程出现了雷诺应力项,这是一个新的未知量 $-u'_i u'_j$,导致方程组不封闭,若要使方程组能够封闭,则需要建立相应的表达式将时均值域脉动值关联起来,这些被引入的表达式即为湍流模型。

2.2.2 湍流模型和壁面函数

如前所述,描述湍流运动的流体力学方程由于引入了时间平均值而不封闭,必须定义方程组中出现的新未知量使其封闭,因而湍流模型的作用就是将新未知量和平均速度

梯度联系在一起，从而使得湍流方程组封闭。

目前，湍流数值模拟方法主要包括直接数值模拟方法（Direct Numerical Simulation，DNS）和非直接数值模拟方法两大类[215]。直接数值模拟方法就是直接用瞬时 N-S 方程对湍流流动进行计算，这种方法能够提供全面可靠的流场信息，但计算需要极小时间步长、很高的空间分辨率以及足够多的样本流动，因而 DNS 方法对计算机内存及计算机运行速度提出了很高的要求，造成该方法不具备很好的普适性。非直接数值模拟方法顾名思义就是不直接求解湍流的脉动项，而是通过某种方式对湍流流动做近似和简化处理。按照所采用的近似和简化方法不同，非直接数值模拟方法分为大涡模拟法、统计平均法和 Reynolds 平均法，图 2.1 所示为湍流模型数值模拟方法分类。

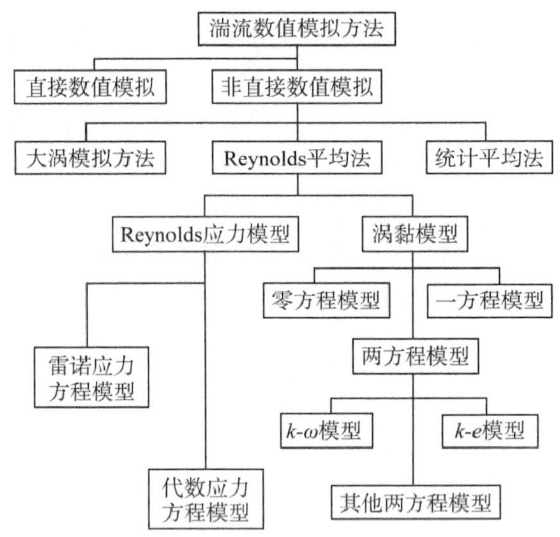

图 2.1 湍流数值模拟方法分类

大涡模拟（Large Eddy Simulation，LES）[216,217]是将湍流流动的大尺度涡通过瞬时 N-S 方程来直接模拟，对于小尺度的涡则是通过建立模型来模拟。它的核心思想就是区别对待大小尺度的涡，但即便如此，要想实现 LES 方法求解湍流流动，对计算机性能与网格分辨率也有很高的要求。与 DNS 和 LES 方法相比，Reynolds 平均法则对湍流问题做了进一步简化，对于湍流流动中的平均分量通过控制方程直接求解，而脉动分量则是通过湍流模型来反映，这种方法所需计算量小，具备很好的工程实际应用价值，因此 Reynolds 平均法是目前运用最为广泛的湍流求解方法。

如图 2.1 所示，Reynolds 平均法又可分为涡黏模型和 Reynolds 应力模型。通常情况下，Reynolds 应力模型直接建立 Reynolds 应力项方程，而求解该方程则需要 7 个额外的输运方程，计算量大，故此方法的计算性价比并不高。相对来说，涡黏模型不直接求解 Reynolds 应力项，而是通过引入湍动黏度把湍流应力表示成湍动黏度的函数，这就将问题的关键置于如何确定这个湍动黏度上面。湍动黏度的假定是由 Boussinesq 提出的[218]，该假定建立起了 Reynolds 应力与平均速度梯度关系，如下所示。

$$-\rho\overline{u'_i u'_j}=\mu_t\left(\frac{\partial u_i}{\partial x_j}+\frac{\partial u_j}{\partial x_i}\right)-\frac{2}{3}\left(\rho k+\mu_t\frac{\partial u_k}{\partial x_k}\right)\delta_{ij} \tag{2.9}$$

式中，μ_t 为湍动黏度；u_i 是时均速度；δ_{ij} 是克罗内克符号(当 $i=j$ 时，$\delta_{ij}=1$；当 $i \neq j$ 时，$\delta_{ij}=0$)；k 为湍动能。

由式(2.9)可见，求解湍流流动的重点就是确定湍流黏度 μ_t，而根据确定 μ_t 所需的微分方程数目，可以将涡黏模型分为零方程模型、一方程模型和两方程模型[219-221]。零方程模型是一种用代数关系式替代微分方程组来建立湍动黏度和时均值关系的模型，对于复杂流动零方程模型无法模拟，故几乎不运用于工程实际中。为了弥补零方程模型的不足，一方程模型则在时均控制方程基础上建立了关于湍动能 k 的输运方程，但是对于如何确定 k 与 μ_t 的关系仍然不明确，因而很难推广使用。与前两者相比，两方程模型则全面考虑了以上问题，目前广泛应用于湍流流动的求解中。因本篇所计算的流体域求解均是采用 Reynolds 平均法中的 SST k-ω 模型，故这里只对该模型进行详细介绍。

SSTk-ω 湍流模型[222,223]是 Standard k-ω 考虑了剪切应力的修正模型，而 Standard k-ω 模型是基于 Wilcox$k$-ω 模型[224]产生的，它包含对低雷诺数效应、可压缩性和剪切流扩散的修正。对湍动能 k 和湍流扩散率 ω 剪切层外的自由流灵敏度敏感性较强是 Wilcox 模型的一个重要缺点，Standard k-ω 模型降低了此依赖性，同时可以对计算结果产生显著影响，特别是对于自由剪切流[225]。Standard k-ω 湍流模型的湍动能 k 和湍流扩散率 ω 的输运方程为

$$\frac{\partial}{\partial t}(\rho k)+\frac{\partial}{\partial x_i}(\rho k u_i)=\frac{\partial}{\partial x_j}\left(\Gamma_k \frac{\partial k}{\partial x_j}\right)+G_k-Y_k+S_k \tag{2.10}$$

$$\frac{\partial}{\partial t}(\rho \omega)+\frac{\partial}{\partial x_i}(\rho \omega u_i)=\frac{\partial}{\partial x_j}\left(\Gamma_\omega \frac{\partial \omega}{\partial x_j}\right)+G_\omega-Y_\omega+S_\omega \tag{2.11}$$

式中，G_k 是指由于平均速度梯度产生的湍动能；G_ω 是指湍流扩散率 ω 的产生项；Γ_k 和 Γ_ω 分别代表 k 和 ω 的有效扩散系数；Y_k 和 Y_ω 分别代表由湍流引起的 k 和 ω 的耗散；S_k 和 S_ω 是指用户自定义的源项。上两式中，

$$\Gamma_k=\mu+\frac{\mu_t}{\sigma_k} \tag{2.12}$$

$$\Gamma_\omega=\mu+\frac{\mu_t}{\sigma_\omega} \tag{2.13}$$

式中，σ_k 和 σ_ω 分别为 k 和 ω 的湍流 Prandtl 数，其中湍流黏度项 μ_t 为

$$\mu_t=\alpha^* \frac{\rho k}{\omega} \tag{2.14}$$

式中，α^* 抑制了湍流黏度系数造成的低雷诺数修正。

SSTk-ω 湍流模型的湍动能 k 和湍流扩散率 ω 的输运方程为

$$\frac{\partial}{\partial t}(\rho k)+\frac{\partial}{\partial x_i}(\rho k u_i)=\frac{\partial}{\partial x_j}\left(\Gamma_k \frac{\partial k}{\partial x_j}\right)+G_k-Y_k+S_k \tag{2.15}$$

$$\frac{\partial}{\partial t}(\rho \omega)+\frac{\partial}{\partial x_i}(\rho \omega u_i)=\frac{\partial}{\partial x_j}\left(\Gamma_\omega \frac{\partial \omega}{\partial x_j}\right)+G_\omega-Y_\omega+S_\omega+D_\omega \tag{2.16}$$

SST k-ω 和 Standard k-ω 模型之间的主要区别在于ω 方程中等式右侧多出一个交叉扩散项 D_ω，其可由下式获得

$$D_\omega = 2(1 - F_1)\rho \frac{1}{\omega\sigma_{\omega,2}} \frac{\partial k}{\partial x_j} \frac{\partial \omega}{\partial x_j} \tag{2.17}$$

同时，在 SST k-ω 模型中湍流黏度 μ_t 的表达式为

$$\mu_t = \frac{\rho k}{\omega} \frac{1}{\max\left[\frac{1}{\alpha^*}, \frac{SF_2}{a_1\omega}\right]} \tag{2.18}$$

$$F_1 = \tanh(\Phi_1^4) \tag{2.19}$$

$$\Phi_1 = \min\left[\max\left(\frac{\sqrt{k}}{0.09\omega y}, \frac{500\mu}{\rho y^2\omega}\right), \frac{4\rho k}{\sigma_{\omega,2} D_\omega^+ y^2}\right] \tag{2.20}$$

$$D_\omega^+ = \max\left[2\rho \frac{1}{\sigma_{\omega,2}} \frac{1}{\omega} \frac{\partial k}{\partial x_j} \frac{\partial \omega}{\partial x_j}, 10^{-10}\right] \tag{2.21}$$

$$F_2 = \tanh(\Phi_2^2) \tag{2.22}$$

$$\Phi_2^2 = \max\left[2\frac{\sqrt{k}}{0.09\omega y}, \frac{500\mu}{\rho y^2\omega}\right] \tag{2.23}$$

式中，y 表示到下一曲面的距离；D_ω^+ 表示交叉扩散项的正部分；$\sigma_{\omega,2} = 1.168$。

SST k-ω 湍流模型是 Standard k-ω 模型的变形，它使用混合函数将 Standard k-ε 和 k-ω 模型结合起来，包含了转捩和剪切选项。由于在湍流黏度中考虑了剪切应力的输运，因而能够准确模拟分离流动和漩涡流动效应，也能够准确预测近壁面的流动，相比对 Standard k-ω 模型更加适用于高压力梯度流、翼型绕流、超音速流动等更为广泛的流动模拟。故本篇灯泡式水轮机瞬态过渡过程的模拟计算中采用 SST k-ω 湍流模型，该模型也表现出较好的流场模拟效果。

对于近壁区域的流动，在很薄的壁面边界层中，黏性力占主导地位，只有在壁面边界层中使用很密的网格并且采用低雷诺数湍流模型是模拟此处流动最可靠的方法，但是这样会导致很大的计算量，特别是在模拟三维流动中，同时在壁面法向上网格布置若是不够，高纵横比的网格单元会导致计算精度的失准和发散，所以使用壁面函数来解决此问题。商用软件中，壁面函数理论是基于数率准则发展而来的，即认为近壁处的切向速度与壁面剪切应力 τ_ω 如下呈对数关系[226]：

$$u^+ = \frac{U_t}{u_\tau} = \frac{1}{\kappa}\ln(y^+) + C \tag{2.24}$$

$$y^+ = \frac{\rho \Delta y u_\tau}{\mu} \tag{2.25}$$

$$u_\tau = \left(\frac{\tau_\omega}{\rho}\right)^{0.5} \tag{2.26}$$

式中，u^+ 为近壁流体速度；u_τ 为壁面摩擦速度；τ_ω 为壁面切应力；U_t 为表征距离壁面法向距离 Δy 处的切向速度；C 为常数；y^+ 为表征网格节点沿壁面法向到壁面的无量纲距离；κ 为 Karman 常数。

2.2.3 数值离散和求解方法

通过上述介绍的流体力学控制方程和湍流模型是无法直接进行 CFD 求解计算的，需要通过某些方式将控制方程在模型的网格节点上进行空间离散，并通过适当的手段将微分方程代数化，转化为计算区域上各个节点的控制方程组，然后通过计算机求解这些方程组从而获得相应微分方程的解。

常用的离散方法主要分为三类[215]：有限差分法（Finite Difference Method，FDM）、有限元法（Finite Element Method，FEM）和有限体积法（Finite Volume Method，FVM）。

在数值求解中，有限差分法（FDM）是最经典、产生和发展相对最早的，也是当下较为成熟的。它的基本思想是用差商来代替微分方程的导数，从而推导出含有离散点的有限个未知数的差分方程组。这种离散方法较多用于求解双曲型和抛物型问题，对于边界简单、相对规则的物理问题更为合适。

有限元法（FEM）的基本思想是将连续求解域划分为一系列互不重叠的空间子域，在各子域中建立差值函数，然后利用极值原理将问题的控制方程转化为所有单个子域上的有限元方程，最后求解该方程组来获得各个节点上的待求函数值。该离散方法特别适用于固体分析软件。

有限体积法（FVM）也叫控制体积法[227]，它的基本思想是将一个连续求解域划分为多个互不重复的控制体积，将待解方程对每个控制体积进行积分，完成待解量对每个控制体积的积分后，根据守恒原理求解所得到的方程组。FVM 方法可以看作是 FDM 和 FEM 的中间物，其基本思想较易理解，具有计算效率高、网格间通量守恒性好等优点，广泛应用于 CFD 软件当中，近些年发展迅速。

在 CFD 中，常见的基于 FVM 的离散方法包括：一阶迎风格式、二阶迎风格式、QUICK 格式、指数率格式等。这些空间离散格式有高阶和低阶之分，考虑到本篇所划分的网格中包含四面体网格，因此计算时采用了高阶格式中绝对稳定的二阶迎风格式[228]，它保留了泰勒级数展开中的前两项，故此格式下的对流项上各物理量受两个上游节点的影响，具有二阶精度。控制方程中的对流项即采用二阶迎风格式进行离散，而对于扩散项则采用中心差分格式的离散方法。

对于求解瞬态问题，时间域上的离散格式分为显式时间积分、全隐式时间积分和隐式积分方案。显式积分方案占用计算机内存较小且编程也较简单，具有一阶截差精度，对时间步长大小有限制；全隐式积分方案是无条件稳定的，时间步长的大小对数值解的震荡不会产生任何影响，但其在时间域上也只具有一阶截差精度，也需要很小的时间步长；隐式积分方案介于上述两种方案之间，故不做介绍。

通过离散后的控制方程组在计算节点上具有数量庞大的方程组，数值解法是指优化方程组中未知量求解顺序的方法。常规的流场数值解法如图 2.2 所示。

在水力机械数值模拟中应用最为广泛的是 SIMPLE 算法[229]，该算法属于图 2.2 所

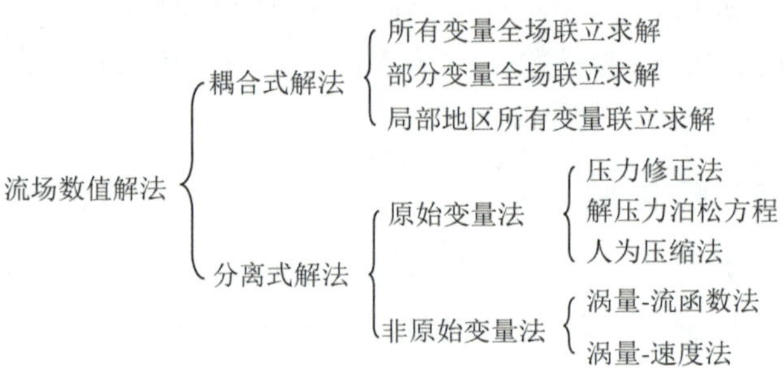

图 2.2 流场数值解法分类图

示分类中的压力修正法，它是英文 Semi-Implicit Method for Pressure-Linked Equations 的缩写，译为求解压力耦合方程组的半隐式方法，主要用于不可压缩流场的求解。该算法的基本思想是对于给定压力场区求解离散化的 N-S 方程，从而获得速度场。但是由于压力场不是精确给定的，故必须通过压力修正的方法才能使速度场满足连续型方程。修正压力场的原则是修正后的压力场所对应求解出的速度场须要满足这一迭代步骤上的连续性方程，然后再根据修正后的压力场来获取新的速度场，最后检查获得的速度场是否收敛，如若不收敛，则继续用修正后的压力场求解新的速度场，直至结果收敛。可见，SIMPLE 算法的核心就是一个“猜测—修正”的过程。本篇计算水轮机内部流场速度和压力耦合采用的是 SIMPLE 算法的其中一个改进算法——SIMPLEC 算法。

SIMPLEC 是英文 SIMPLE Consistent 的缩写[230]，译为协调一致的 SIMPLE 算法。它与 SIMPLE 算法的主要区别是没有直接略去速度修正方程中的 $\sum a_{nb}u'_{nb}$ 项，因此得到的压力修正值是相对合理的，对加快流场迭代过程也是有效的。

2.3 边界条件

对于任何 CFD 问题的求解，仅通过求解内部求解域的微分方程组很难获取问题的定解条件，因此需要在区域端点给定边界条件。所谓边界条件[231]，是指在求解区域边界上所求解的变量或其导数随时间和地点的变化规律。添加了边界条件的 CFD 问题求解实质上就是将边界上的数据进行外推扩散至求解域内部的过程，因此提供符合实际且适当的边界条件是十分重要的，常用的边界包括控制流速、流量，给定压力的边界以及一些壁面边界等。

由于本篇计算采用的湍流模型为 SST k-ω 模型，因此还需指定边界上的 k 值和 ω 值，一般按照下式估算：

$$k=\frac{3}{2}(u_{avg}I)^2 \tag{2.27}$$

$$\omega=\frac{k^{0.5}}{C_{\mu}^{0.25}l} \tag{2.28}$$

式中，$I=0.16(\mathrm{Re}_{D_H})^{-\frac{1}{8}}$，$\mathrm{Re}_{D_H}=\dfrac{\rho u_{avg}D_H}{\mu}$，$u_{avg}$ 是水流平均速度；$l=0.07D_H$，D_H 为过

流面水力半径；C_μ 是常数，其值约为 0.09。

压力进出口边界通常用于定义流体进出口的压力以及其他标量参数。压力边界给定值有总压和静压之分，对于不可压缩流动，它们的关系如下：

$$p_0 = p_s + \frac{1}{2}\rho u_{avg}^2 \tag{2.29}$$

式中，p_0 表示总压力；p_s 表示静压力。

本篇计算模型考虑了上下游水池，水池高程差为计算水头，因此计算区域的边界条件由固体边壁、进水池进口断面和出水池出口断面组成。为了更加真实地模拟进出口边界，上下游水池进出口设置为压力沿水深变化。

2.4 动网格技术

2.4.1 动网格理论

在对物理问题进行数值计算之前，首先应当采用离散化网格对计算区域进行处理，网格是 CFD 模型的几何表达形式，也是模拟与分析的载体，网格的划分方式和大小对 CFD 计算精度、计算效率以及收敛性有重要的影响。目前，CFD 商用软件中，按照相邻网格间关系主要分为两大类：结构化网格和非结构化网格。结构化网格的网格节点空间分布有序，节点关系明确，数据结构简单，在处理几何形状较为简单的几何模型时可优先选择此类型网格，其生成的网格形状通常为四边形或六面体网格；非结构化网格的节点排列无序，节点位置无法有序命名，主要生成三角形和四面体网格，在生成贴体网格时更为合适，相比于结构化网格虽然网格数量有所增加，但在网格生成过程中无须人为干预且在边界复杂的模型中具有良好的适应性，广泛应用于工程计算中[232]。

动网格技术可以实现几何结构在数值模拟中的网格变化，可用于模拟流场中由于流体域边界运动或变形而导致流场形状随时间变化的问题。在灯泡贯流式水轮机模型过渡过程计算过程中，不仅转轮转速会发生变化，而且活动导叶和桨叶也受控处于动态变化过程中，因此动网格技术是决定三维过渡过程数值模拟能否成功的关键因素之一。

本节主要对基于 ANSYS Fluent 平台上的动网格技术相关理论进行概述[233]。在 Fluent 中，动网格模型主要面临两个问题：一是体网格的再生，二是边界运动或变形的指定。

动网格模型的核心是用来计算边界网格节点的调节，在 Fluent 软件中主要用 3 种算法：一是铺层(Layering)，该算法会根据计算域的收缩或者扩张来相应地完成网格的合并和生成，特别适用于四边形、六面体等结构化网格，对于边界线性运动适用性较好；二是弹性光顺(Spring Smoothing)，该算法能够使计算域中的网格像弹簧一样的被压缩或拉伸，且保持节点连接属性不变，不存在节点的生成或消除，常用于三角形和四面体网格中，单独使用时仅限于边界运动或变形幅度较小的情况，当运动幅度或变形较大时容易导致网格畸形、质量变差；三是局部重构(Local Remeshing)，该算法仅适用于三角形或四面体网格，特别是在大位移或变形问题中，当计算域边界发生变形，网格逐渐被拉伸，网格尺寸和扭曲率大于用户预设的扭曲率和尺寸要求时，网格会自动局部重构以满足计算要求，一般情况下与弹性光顺联合使用。在本篇计算中，由于导叶和桨叶运动都属于大变形问题，为了适应复杂的模型几何外形，本篇将弹性光顺与局部重构联合使用，实现调节机构运动的控制。

Fluent 中对于边界运动形式主要分为以下几种。静止(Stationary)，即边界无任何动作；变形(Deforming)，即改变边界形状；刚体运动(Rigid Body Motion)，即只有运动不涉及变形；用户自定义(User-defined)，即用户给定运动规律来控制网格动作，具体运动的指定需要借助 C 语言编写的用户自定义函数(User Defined Function, UDF)来实现。

UDF[234]是用 C 语言编写的子程序，可动态链接到 Fluent 中，对其进行二次开发，用户通过 UDF 可以对 Fluent 软件特定功能进行拓展。因此，求解器 Fluent 的基本功能是提供大众化操作，而 UDF 则是丰富了该求解器的计算类型，提升了解决物理问题的兼容能力。UDF 的编写有一定的普适性也具有自身的特殊性。所谓普适性是指 UDF 的编写语言大部分满足 C 语言的语法使用规范，并且 Fluent 求解器也提供了众多基于 C 语言的预设宏和函数；而特殊性在于 UDF 的各项功能必须通过 DEFINE 宏来实现，并且 C 语言文件中必须含有“udf. h”语句，其作用本质是通过调用预置在 Fluent 求解器内部的半规范程序来实现用户需求。

Fluent 设置有内部接口用来实现 UDF 宏的运行，用户可根据实际情况自行选择编译类型。根据软件执行编译代码时对程序的翻译方式不同，UDF 可以分为解释型和编译型。解释型 UDF 不需要额外的编译器，利用求解器 Fluent 自身就能解释源代码，从而被 C 预处理器解释成为独立于计算机体系外的机器代码。以解释方式运行 UDF 可以不加修改的在不同操作系统及不同版本求解器中运行，即可以实现跨平台、跨架构、跨操作系统以及跨版本运行。但是其局限性在于其所调用的注释器不能够被 C 程序完全支持，因而会降低代码的执行效率。编译型 UDF 则是可以全面地使用 C 语言的所有功能，它是将 C 语言编写的 UDF 与求解器自带的代码库相关联，在指定目录下生成 UDF 对象库，但当计算文件、软件以及计算机系统发生变化时则需要重新构建 UDF 对象库。编译型 UDF 执行过程中不需要转码，因而相比解释型 UDF 可以大大缩短计算时间。考虑到编译型 UDF 具有一定的计算效率优势，本篇选择此编译类型完成 UDF 与求解器 Fluent 的耦合。

2.4.2 网格运动 ALE 方程

针对本篇计算中的网格旋转运动，采用任意拉格朗日-欧拉(Arbitrary Lagrange-Euler, ALE)[235]方法给定网格运动速度。该方法基于一种参考坐标系，计算域内网格节点可以以任意速度运动(不一定具有物理意义)，通过某种原则指定合适的节点运动速度，使在运动边界附近相当于拉格朗日法，参考网格随时间步长不断的重整变形，省去了网格重新生成所需的大量运算，还可以精确地描述运动边界。在 ALE 方法的控制方程中仍存在对流项，但可以通过定义合适的网格节点运动速度，在流场内部减少流体与网格之间的对流效应，同时保证网格单元不发生太大的变形。ALE 描述下的控制方程如下：

$$\nabla\cdot \boldsymbol{u}=0 \tag{2.30}$$

$$\frac{\partial \boldsymbol{u}}{\partial t}+(\boldsymbol{u}-\boldsymbol{u}_g)(\boldsymbol{u}\cdot\nabla)=\boldsymbol{f}-\frac{1}{\rho}\nabla p+\nu\nabla^2\boldsymbol{u} \tag{2.31}$$

式中，$\boldsymbol{u}$ 为流体速度；$\boldsymbol{u}_g$ 为网格运动速度。

此外，采用运动网格进行数值计算时，由于界面发生运动引起的控制体的体积变化与界面运动速度要满足一定的关系式，即几何守恒定律[236]，并把它与质量守恒、动量守恒及能量守恒相提并论，列为数值计算中必须要同时满足的 4 个守恒定律。

对于边界移动的任意控制体积 V 上的一般标量 ϕ 的积分守恒方程如下：

$$\frac{\mathrm{d}}{\mathrm{d}t}\int_V \rho\phi \mathrm{d}V + \int_{\partial V}\rho\phi(\boldsymbol{u}-\boldsymbol{u}_g)\cdot \mathrm{d}\boldsymbol{A} = \int_{\partial V}\Gamma \nabla\phi \cdot \mathrm{d}\boldsymbol{A} + \int_V S_\phi \mathrm{d}V \tag{2.32}$$

式中，V 为空间中大小和形状都随时间变化的控制体积；∂V 为描述控制体积的运动边界；Γ 为扩散系数；S_ϕ 为标量 ϕ 的源项。

式(2.32)的时间导数项用一阶向后差分公式可写为

$$\frac{\mathrm{d}}{\mathrm{d}t}\int_V \rho\phi \mathrm{d}V = \frac{(\rho\phi V)^{n+1}-(\rho\phi V)^n}{\Delta t} \tag{2.33}$$

式中，上标 n 和 $n+1$ 代表当前和下一层时间。第 $n+1$ 个时间层上控制体积 V^{n+1} 由下式计算可得

$$V^{n+1} = V^n + \frac{\mathrm{d}V}{\mathrm{d}t}\Delta t \tag{2.34}$$

式中，$\frac{\mathrm{d}V}{\mathrm{d}t}$ 是控制体积对时间的导数。为了满足网格的守恒律，控制体积的时间导数项可由下式进行计算：

$$\frac{\mathrm{d}V}{\mathrm{d}t} = \int_{\partial V}\boldsymbol{u}_g \cdot \mathrm{d}\boldsymbol{A} = \sum_j^{n_f}\boldsymbol{u}_{g,j} \cdot \boldsymbol{A}_j \tag{2.35}$$

式中，n_f 为控制体积上的面数量；$\boldsymbol{A}_j$ 为第 j 面的面积向量。每个控制体积的面上点积 $\boldsymbol{u}_{g,j} \cdot \boldsymbol{A}_j$ 可由下式计算：

$$\boldsymbol{u}_{g,j} \cdot \boldsymbol{A}_j = \frac{\delta V_j}{\Delta t} \tag{2.36}$$

式中，δV_j 是控制体上的面 j 在时间步长 Δt 内扫出来的体积，Δt 是时间步长。

ALE 描述的重要特征是可以根据需要给定网格运动速度。在水轮机非稳态过程的数值模拟中，本篇根据转轮旋转平衡方程计算给定转轮区网格的旋转速度，活动导叶和桨叶上的面网格运动速度则是按照相应的关闭规律来给定。

2.5 三维过渡过程控制理论

2.5.1 水轮机过渡过程算法实现

本篇的数值模拟工作是在 ANSYS Fluent 17.0 软件平台上完成的，根据甩负荷过渡过程特点对软件进行二次开发和调试，控制动态过程水轮机转速变化以及甩负荷过程中

导叶及桨叶角度动态变化过程。具体计算步骤如下。

(1) 首先对模型机组进行稳态工况定常计算,然后进行一段时间的稳态工况非定常计算,以获得用于非稳态计算前的初始工况流场,即作为水轮机甩负荷过程计算的初始值。

(2) 开始甩负荷过程计算的第一个时间 Δt 之初,计算并记录稳态工况流场所产生的水力矩和摩擦力矩、角速度 ω、流量 Q 以及测点压力 p。

(3) 通过用户自定义函数 UDF 的宏,读取当前时间步长上桨叶所受合力矩,根据转轮旋转平衡方程式得到转轮区网格新的运动速度 ω。

(4) 根据计算结果调用相关函数,确定导叶和桨叶的旋转角速度,导叶和桨叶角速度须分解为 x、y、z 轴向分角速度,依据分角速度进行桨叶和导叶动作。

(5) 在甩负荷过程数值模拟中,根据新的角速度值 ω,更新转轮区网格的几何位置,根据调节规律更新导叶与转轮区的网格信息。

(6) 桨叶和导叶调节完成后,检查动网格重构后网格质量是否达到计算要求,如满足要求则在本时间步长内调用非结构化网格下的 SIMPLEC 算法迭代计算至收敛。

(7) 本时间步长计算完成后,输出并保存流场中出口流量 Q、转速 n、水力矩 M、轴向力 F 以及相关测点静压 p 等瞬态物理参数,同时保存一定时间间隔的流场信息。

(8) 判断时间 t 是否大于指定时间 $t_{\max}$,若否,则重复步骤(3)至(7);若是,则计算结束。

过渡过程中水轮机转动力矩平衡方程为

$$M - M_g = J\,\frac{\mathrm{d}\omega}{\mathrm{d}t} \tag{2.37}$$

式中,M 为水轮机水力矩;M_g 为负载力矩,机组甩全部负荷过程中,该负载力矩为零;J 为机组转动惯量;ω 为旋转角速度。根据式(2.37)可得下一时刻旋转角速度 ω_{i+1}:

$$\omega_{i+1} = \omega_i + \frac{M - M_g}{J} \times \Delta t \tag{2.38}$$

2.5.2 水轮机导叶和桨叶控制方法

本篇所建立的贯流式水轮机导叶和桨叶均为空间曲面,实现导叶和桨叶角度变化时需要给定每个导叶和桨叶的旋转轴以及沿坐标轴角速度分量,再由用户自定义函数 UDF 中 C 语言编程给定各方向旋转角速度,即可获得每个导叶和桨叶的绕轴角速度,从而实现空间旋转。

水轮机所有导叶旋转轴汇于一个中心点,如图 2.3 所示,导叶体沿机组主轴无旋转,只存在导叶绕自身旋转轴的运行,每个导叶绕旋转轴的速度可分解为 x、y、z 这 3 个方向上的分角速度,如图 2.4 所示。

导叶关闭旋转角速度为 ω_{GV},导叶倾角即导叶旋转轴与主轴 x 的夹角为固定值 $\beta = 60°$,以图 2.4 所示导叶为例,该导叶绕 x 轴关闭的角速度分量为 $\omega_{GVx} = \omega_{GV} \cdot \cos\beta$,则在 yz 平面其分角速度为 $\omega_{GVyz} = \omega_{GV} \cdot \sin\beta$,该导叶与 y 轴夹角在导叶模型建立时已知为 η,故该导叶在 y 方向和 z 方向的分量分别为 $\omega_y = \omega_{GVyz} \cdot \cos\beta$ 和 $\omega_{GVyz} \cdot \sin\beta$,不难得出每个

导叶关闭旋转角速度分量如下：

$$\omega_{GVx}=\omega_{GV}\cdot\cos\beta \tag{2.39}$$

$$\omega_{GVy}=\omega_{GVyz}\cdot\sin\beta=\omega_{GV}\cdot\sin\beta\cdot\cos\eta \tag{2.40}$$

$$\omega_{GVz}=\omega_{GVyz}\cdot\sin\beta=\omega_{GV}\cdot\sin\beta\cdot\sin\eta \tag{2.41}$$

同理，其他导叶旋转轴在空间坐标系内的位置是固定的，即每个导叶旋转轴与坐标轴夹角可知，以此给定每个导叶的 3 个方向分速度即可设定导叶关闭规律。

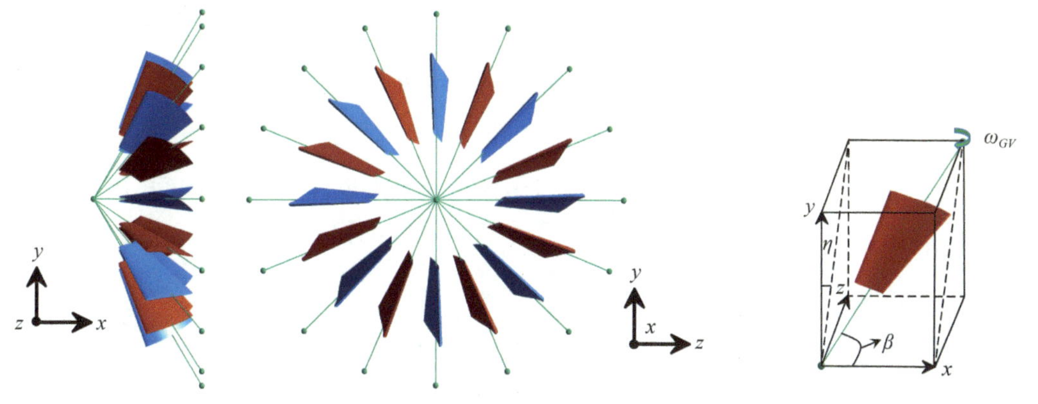

图 2.3　导叶与旋转轴示意图　　**图 2.4　导叶转速空间分解**

转轮桨叶的旋转是三维空间旋转问题，如果只是桨叶绕自身旋转轴旋转，那么桨叶的旋转控制与导叶相同，但是桨叶固定在轮毂上，随着转轮绕主轴一起旋转，因此桨叶的动作由绕主轴公转和自转复合组成。对本篇研究的贯流式水轮机来说，桨叶数为 4，编号为 0～3，所有桨叶旋转轴汇于坐标原点，如图 2.5 所示。为了实现转轮桨叶的复合运动，将其关闭旋转角速度设为公转与自转的和，即 $\omega_{Bsys}=\omega_B+\omega'_B$。转轮绕主轴旋转角速度大小为 ω，桨叶关闭旋转角速度大小为 ω_B，整个转轮主轴为 x 轴正向，则桨叶公转角速度在 x、y、z 方向的分量分别为 $\omega_{Bx}=\omega$、$\omega_{By}=0$ 和 $\omega_{Bz}=0$，同时也说明桨叶旋转轴与主轴 x 的夹角为 $\theta=90°$，故桨叶绕 x 轴自转关闭的角速度分量为 $\omega'_{Bx}=\omega_B\cdot\cos\theta=0$，则在 yz 平面自转角速度为 $\omega'_{Byz}=\omega_B\cdot\sin\theta=\omega_B$。

为了获得桨叶自转在 yz 平面上分别沿 y 方向和 z 方向的分量角速度，以图 2.6 所示叶片 0 为例，定义了静止坐标系(x,y)与跟随转轮旋转的旋转坐标系(ψ,ξ)，转轮桨叶

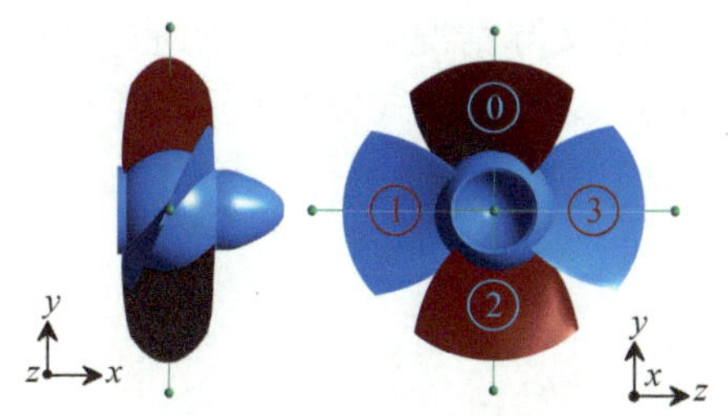

图 2.5　桨叶与旋转轴示意图

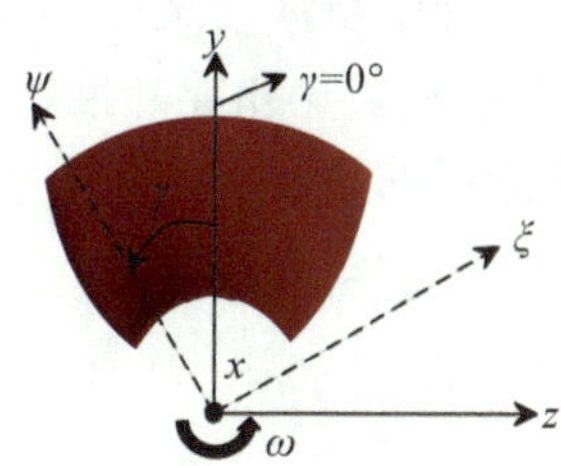

图 2.6　桨叶转速空间分解

即其旋转轴在某时刻的位置决定于旋转坐标系的正y'轴与静止坐标系的正 y 轴逆时针方向的转动角度γ。对桨叶 0 来说，其与 y 轴夹角在转轮建模之时已知为$\sigma=0°$，故叶片 0 自转角速度在 y 方向和 z 方向的分量分别为

$$\omega'_{By}=\omega'_{Byz}\cdot\cos(\sigma+\gamma)=\omega_B\cdot\sin\theta\cdot\cos(\sigma+\gamma) \tag{2.42}$$

$$\omega'_{By}=\omega'_{Byz}\cdot\cos(\sigma+\gamma)=\omega_B\cdot\sin\theta\cdot\sin(\sigma+\gamma) \tag{2.43}$$

从图 2.5 可知，4 个桨叶等距分布，每两个桨叶旋转轴在 yz 平面间夹角相同为δ，若以叶片 0 为起点，则逆时针方向每个叶片的旋转角速度分量如下：

$$\omega_{Bsys\text{-}x}=\omega \tag{2.44}$$

$$\omega_{Bsys\text{-}y}=\omega_B\cdot\sin\theta\cdot\cos(\sigma+m\delta+\gamma) \tag{2.45}$$

$$\omega_{Bsys\text{-}z}=\omega_B\cdot\sin\theta\cdot\sin(\sigma+m\delta+\gamma) \tag{2.46}$$

式中，m 表示叶片编号，依次为 0，1，2，3。对多数水轮机来说，叶片数不同、叶片初始摆放位置不同，故以上形式为通用分解形式，对于本篇所计算的模型来说，可简化为：

$$\omega_{Bsys\text{-}x}=\omega \tag{2.47}$$

$$\omega_{Bsys\text{-}y}=\omega_B\cdot\cos(m\delta+\gamma) \tag{2.48}$$

$$\omega_{Bsys\text{-}z}=\omega_B\cdot\sin(m\delta+\gamma) \tag{2.49}$$

其中，$\gamma=\sum_{i=0}^{t}\omega_i\cdot\Delta t$，$\omega_i$ 为 i 时刻转轮绕主轴旋转角速度。

2.6 小结

本章主要对本篇研究的三维湍流过渡过程数值计算中所涉及的基本理论和计算方法做了简要概述。主要包括计算流体力学 CFD 相关理论方法、动网格技术以及水力机械过渡过程控制理论。

结合灯泡贯流式水轮机特点，本章先介绍了 CFD 商用软件的基本理论，包括流体基本控制方程及其时均化处理方式、封闭雷诺时均方程的湍流模型、控制方程的数值离散和求解方法以及边界条件设定等内容；然后对本篇研究的甩负荷过渡过程中涉及的动网格技术进行了阐述，由于过渡过程中力矩处于动态变化中，故本章从非惯性坐标系角度出发，结合转轮旋转平衡方程，构建了水轮机三维过渡过程数值模拟的程序算法；针对水轮机甩负荷过程中所涉及桨叶与导叶的双重调节实际情况，最后本章通过坐标系转换方法，建立了水轮机桨叶和导叶控制规律的空间速度分解方式，解决了桨叶自转与公转复合运动规律指定的难题。

第 3 章 贯流式水轮机动态过程模型试验

3.1 水轮机模型试验相似准则

根据物理过程模拟的普遍要求，必须模拟现象的本身以及它的边界条件和初始条件。如果要保证通过模型试验来预测原型真机性能的正确性，需要按照正确的相似准则。但是在进行模型试验时，由于条件受限（如工质同样是水，在同一重力场中，边界上的压强都是大气压强等），同时满足所有的相似准则相等是不可能的，因此只需根据模型试验的目的，保持主要的因素、忽略次要的因素进行模型试验是相对合适的。采用数学模型及单值条件分析方法来研究相似准则数是最普遍的方法。

在通常的水力机械模型试验过程中[237]，首先要满足几何相似，即水轮机转轮几何相似，从进水口到尾水管出口的整个压力管道也要保证几何相似，除此之外，装置主轴的布置方式应当一致。水轮机稳态模型试验需满足：

$$n_{11}=\frac{nD_1}{\sqrt{H}}=const \tag{3.1}$$

式中，n_{11} 为水力机械的单位转速；n 为机组的转速；D_1 为水轮机转轮直径；H 为水头。

该相似准则数的物理意义为转轮在旋转时，因旋转而使水流质点具有的能量大小与总比能 H_{sp} 之比，从力的观点来说，可以认为这个数是离心力与总的力之比值。

在不考虑水的黏性的情况下，水流在转轮中的运动方程为

$$\nabla\left(gz+\frac{p}{\rho}+\frac{(w^2-c^2)}{2}\right)+\frac{\partial\vec{w}}{\partial t}+\frac{d\vec{\omega}\times\vec{r}}{\mathrm{d}t}=0 \tag{3.2}$$

式中，g 为重力加速度；z 为位置高；$\vec{w}$ 为水流相对速度；c 为水流的圆周速度；$\vec{\omega}$ 为水流的角速度；$\vec{r}$ 为质点的位置矢量。由此可推出 4 个相似准则数：

(1) $\frac{p}{H}=E_u$，由于在空穴发生前，水力机械工况只与任意两点的压强差 Δp 有关，而和绝对压强 p 无关，因此在欧拉数 E_u 中，我们以 Δp 代替 p，在这种情况下欧拉数就是一个非定型准则数。

(2) $\frac{u^2}{H}=$常数，式中，u 为水流的绝对速度，这是一个非定型准则数，其实质为单位

流量 Q_{11}。只要其他定型准则数相等，同时边界条件相似，它就自然成立。

(3) $\frac{nD_1}{\sqrt{H}}=Sh$，式中，n 为水轮机转速；斯特劳哈尔数 Sh 是一个定型准则数，即单位转速 n_{11}。

(4) $nt=$常数，是由上述方程式中后二项不稳定运行所形成。水轮机在稳定工况下运行，就不存在该准则，若水轮机在动态过程中，如甩负荷过程中，则必须保证原模型该准则数相等，方能使原模型动态过程相似。

除此之外，还有两个准则数需要说明：

(1) 水的黏性的考虑属于雷诺数 Re 相等，即 $Re=\frac{uL}{\nu}$。其中，L 为线性尺寸；ν 为运动黏性系数。在研究水轮机水力效率时，雷诺数相似准则是很重要的，因为黏滞力直接影响水流流态和水头损失，如果研究对象都在紊流阻力平方模区，即 $Re\geqslant 2\times 10^6$，则在模拟流动时不需要考虑 Re 数相等的条件，至于边界粗糙度对效率的影响，可用效率修正来弥补，所以该准则归结为需要一定的模型试验水头，保证转轮内的水流处于紊流自模区。在动态过程中，有时水力机械会进入低转速、小流量区域工况，此时 Re 数就较小，且运行不稳定，会引起较大的试验误差[238,239]。

(2) 当研究存在自由水面的水力装置时，如研究转轮内的水体脱流，那么自由面的边界形状及相邻的固体边界形状都要保持几何相似，此时就需要另外添加相似条件 $\frac{H}{D_1}=Fr$ 或 $\frac{u^2}{gD_1}=Fr$。例如，轴流式机组在水轮机顶盖处常装有真空破坏阀，以备在甩负荷时向转轮室补气，减小抬机力，此时转轮室内形成自由水面，所以研究轴流机组抬机力时，下游的淹没深应按弗罗德数 Fr 相等来模拟，而贯流式机组一般没有真空破坏阀装置，所以不必保持 Fr 相等的条件。

众所周知，即使是等价的数学方程，不同的边界条件和初始条件将给出不同的解答，所以原模型机边界条件和初始条件的模拟是必要的。

综上所述，水轮机模型试验时，首先要保证边界条件即整个流道几何相似，包括导叶和桨叶的开度应在相应位置上。在静态试验中，在流道几何相似的条件下，只需保证 n_{11} 相等，原模型工况就相似；在动态试验时，还需保证初始条件及 $nt=$常数的准则，其中初始条件相似，即为保证甩前工况相似。$nt=$常数，式中 n 原则上可取任意时刻的对应转速，但过渡过程中转速是未知的，故可取过渡过程前或后稳态工况的转速 n_0，在稳态工况时，n_0 正比于 $\frac{\sqrt{H_0}}{D_1}$，所以有 $\left(\frac{\sqrt{H_0}}{D_1}\right)\cdot t=$常数，根据这一准则，可确定过渡过程中各种时间的比例尺，如导叶关闭时间应满足：

$$T_{SM}=\frac{D_{1M}}{D_{1P}}\cdot\sqrt{\frac{H_{0P}}{H_{0M}}}\cdot T_{SP}=\frac{n_{0P}}{n_{0M}}\cdot T_{SP} \tag{3.3}$$

压力脉动的频率 f 也可按模型试验结果求得

$$f_P=\frac{n_{0P}}{n_{0M}}f_M \tag{3.4}$$

式中，T_S 为导叶关闭时间；下标 M、P 分别表示模型、原型的参数，下标 0 表示稳态参数。

除了上述相似准则外，在研究包括压力引水管道、机组转动部分在内的水力机械过渡过程中还需引入其他的相似准则，这可分别由水击和机械旋转运动基本方程出发建立相应的相似准则。

压力管道内弹性水击偏微分方程组：

$$\begin{cases}\dfrac{1}{g}\dfrac{\partial v}{\partial t}=\dfrac{\partial H}{\partial l}\\[2ex]\dfrac{{c_b}^2}{g}\dfrac{\partial v}{\partial l}=\dfrac{\partial H}{\partial t}\end{cases}\tag{3.5}$$

式中，c_b 为波速；H 为水压力；l 为距离。由此可推出两个相似准则数：

(a) $n_0 T_S$ =常数，此相似准则与水力机械相似准则相同。

(b) $\dfrac{V}{c_b}=M_a$，M_a 为马赫数。

若保持原模型马赫数相等，在其他相似准则保持相等的情况下，水击产生的相对压力升高相等，即 ξ 值相等。

对于机械转动部分有以下方程式：

$$J\frac{\mathrm{d}\omega}{\mathrm{d}t}=M-M_g\tag{3.6}$$

式中，J 为机组转动惯量，$J=GD_1^2/4g$（GD_1^2 为飞轮力矩）；M 为水轮机动力矩；M_g 为负载力矩，亦可能推出两个相似准则数：(a) nt =常数；(b) $\dfrac{(GD_1^2)_M}{(GD_1^2)_P}=\left(\dfrac{D_{1M}}{D_{1P}}\right)^5$。

若原模型机组转动部分的 GD_1^2 能保持上述关系，则在其他相似准则数保持相等的情况下，机组甩负荷时，转速的相对升高值 β 应相等。

综上所述，此次贯流式水力机组动态模型试验时遵循了下列相似准则：

(1) 边界条件相似，从机组进水口至尾水管出口整个流道基本上相似，其中包括了在相似工况点导叶、桨叶开度也保持相同。

(2) 初始条件相似，即保证过渡过程前稳定工况相似，即导叶、桨叶开度相同及 n_{11} 相等。

(3) 机械转动部分的惯性模拟，需满足

$$\frac{(GD_1^2)_M}{(GD_1^2)_P}=\left(\frac{D_{1M}}{D_{1P}}\right)^5\tag{3.7}$$

(4) 保持 nt =常数的准则，并按此准则确定导叶/桨叶的调节时间及调节规律，如导叶分段关闭点的时间等。

在满足上述关系后，原型、模型机组的过渡过程将是相似的，工作参数之间存在下列关系式。

在静态相似工况下：

$$\begin{cases}\dfrac{H_M}{H_P}=\left(\dfrac{n_M D_{1M}}{n_P D_{1M}}\right)^2\\ \dfrac{Q_M}{Q_P}=\left(\dfrac{n_M}{n_P}\right)\left(\dfrac{D_{1M}}{D_{1P}}\right)^3\\ \dfrac{N_M}{N_P}=\left(\dfrac{n_M}{n_P}\right)^3\left(\dfrac{D_{1M}}{D_{1P}}\right)^5\\ \dfrac{M_M}{M_P}=\left(\dfrac{n_M}{n_P}\right)^2\left(\dfrac{D_{1M}}{D_{1P}}\right)^5\\ \dfrac{F_M}{F_P}=\left(\dfrac{n_M}{n_P}\right)^2\left(\dfrac{D_{1M}}{D_{1P}}\right)^4\end{cases} \tag{3.8}$$

式中，Q 为流量；N 为功率；M 为扭矩；F 为轴向水推力。

在相似的动态过程中：

$$\begin{cases}\xi=\left(\dfrac{\Delta H}{H_0}\right)_M=\left(\dfrac{\Delta H}{H_0}\right)_P\\ \beta=\left(\dfrac{\Delta n}{n_0}\right)_M=\left(\dfrac{\Delta n}{n_0}\right)_P\\ \left(\dfrac{\Delta F}{F_0}\right)_M=\left(\dfrac{\Delta F}{F_0}\right)_P\end{cases} \tag{3.9}$$

但原型效率通常比模型效率高，在过渡过程前，工况的导叶开度、桨叶角度以及 n_{11} 相同的条件下，原型的实际力矩将比根据模型力矩换算来的数值大一些，故转速变化应按效率适当修正。如过渡过程前，稳定工况的原型效率为 η_{0P}，模型效率为 η_{0M}，近似地认为，在过渡过程中力矩是呈直线变化的，且任意一点的原型效率为 $\eta_P=\eta_M\cdot\eta_{0p}/\eta_{0M}$，则可得到 $K_\eta=\eta_{0p}/\eta_{0M}$，即有

$$\left(\frac{\Delta n}{n_0}\right)_P=K\left(\frac{\Delta n}{n_0}\right)_M \tag{3.10}$$

3.2 水轮机模型试验装置及测量设备

3.2.1 模型试验装置及控制操作系统

试验研究工作是在河海大学水力机械动态试验台完成的[240]。试验中，灯泡贯流式模型水轮机一些基本参数如下：模型转轮标称直径为 0.25 m；活动导叶数为 16，导叶锥角为 60°，桨叶数为 4，模型机组飞轮力矩为 2.88 N·m^2；设计工况水头为 1.0 m，转速为 712 r/min，流量为 170 l/s。图 3.1 为模型试验装置系统图，循环水由循环水泵从顶水池将水打入上水池，经模型机组流入下水池，然后进入量水堰回底水池。上下游水池均有溢流板来调节水位，以满足试验水头和稳定上下游水位的要求。图 3.2 为模型试验装置示意图，它由直流测功电机 2、电磁离合器 3、扭矩仪 4、模型转轮 7、导叶操作机构 9～11 和桨叶操作机构 14～16 等组成。

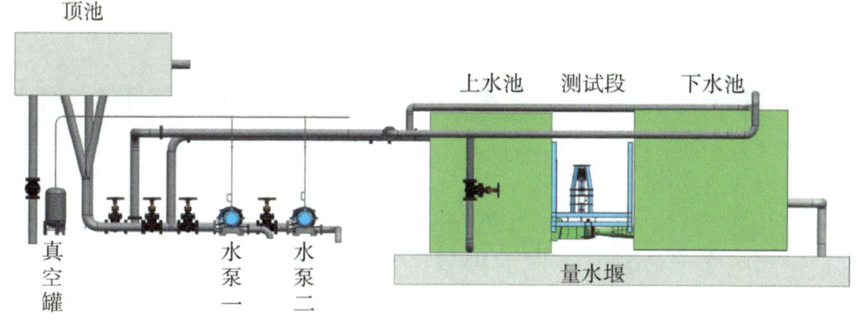

(a) 主视图

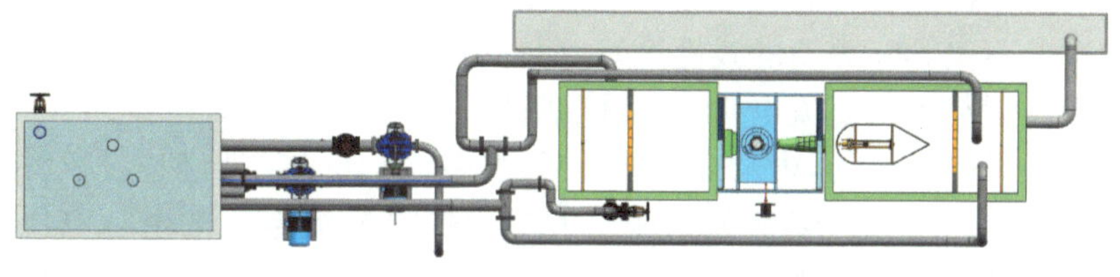

(b) 俯视图

图 3.1 模型试验装置系统示意图

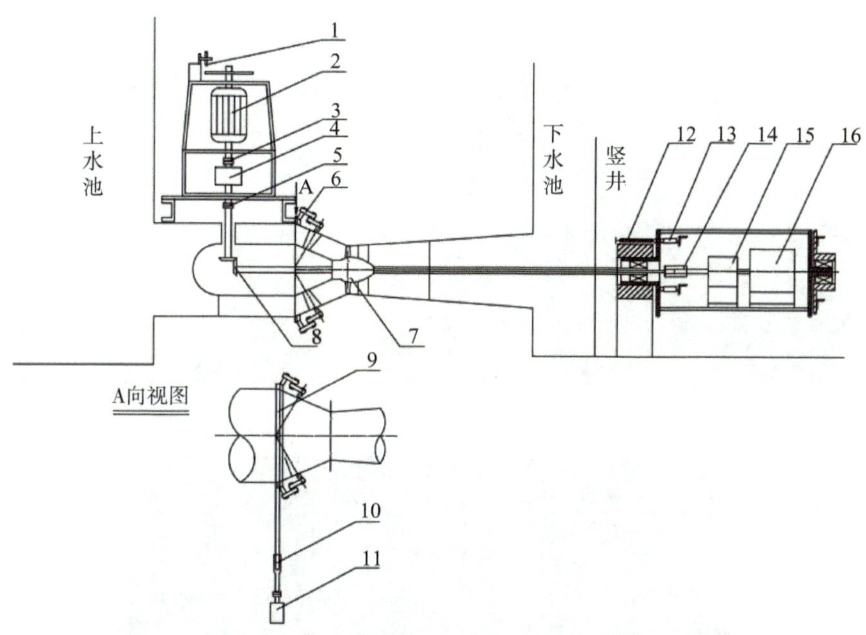

1—光速测点装置；2—测功电机；3—电磁离合器；4—扭矩仪；5—联轴结；6—连杆机构；7—转轮；8—伞齿轮；9—控制环；10—螺母-丝杆；11—步进电机；12—预压弹簧；13—压力传感器；14—螺母-丝杆；15—摆线针轮减速器；16—直流电机

图 3.2 模型试验装置示意图

工况点的控制：根据试验水头，在一定的导叶和桨叶开度下，改变直流测功电机的电枢电压，就可以方便地改变模型机组的转速以达到改变工况的目的，即根据模拟初始条件需要确保模型机在某一相似工况点运行。而由直流测功电机发出的电能通过可控硅三相全桥整流逆变装置输入电网。直流测功电机运行平稳，机组发出的有功功率通过在测功臂上加砝码称出，测功电机的动感为±10克。

导叶控制装置通过步进电机经联轴器带动螺母旋转，进而推拉杆的丝杆就会前后移动，带动控制环，通过连杆机构6达到操作导叶关闭或开启的运动。步进电机12每脉冲能转动2.4°，脉冲发生器通过按导叶关闭规律编制的程序控制微机CPU向DIO-64板(数字量输入输出端口，Digital Input/Output，DIO)上的8254芯片发生不同的时钟脉冲，从而使其输出的矩形波具有不同的频率。该脉冲由脉冲分配器分成五相，脉冲经功率放大后送到步进电机，控制导叶的运行。通过程序改变脉冲的频率，即可改变导叶的关闭速度，导叶最快关闭的时间 T_s 可以达0.6 s。

上述导叶操作控制装置的特点是调整参数方便，工作可靠，能保证各种导叶关闭规律的正确实现。不仅导叶关闭的线性度好，而且分段关闭时分段点明确。

桨叶操作控制装置由直流电机16经摆线针轮减速器15带动丝杆14旋转，使与桨叶操作轴相连的螺母前后移动，由桨叶操作轴带动桨叶操作十字架经连杆机构操作桨叶旋转，达到关闭或开启的目的，桨叶关闭速度的整定依靠整流电机的电枢电压达到。试验表明，桨叶关闭线性度好，关闭时间可以在2～40 s之间调整。整个桨叶操作装置全部悬挂在一个圆盘上，该圆盘与一用于测轴向力的辅助轴相连，这样做是为了使桨叶操作力在内部平衡，不致影响过渡过程中轴向力的测量。图3.3所示为水力机械动态试验台各部分实物图。

(a) 泵房

(b) 泵房控制柜

(c) 试验台机组段

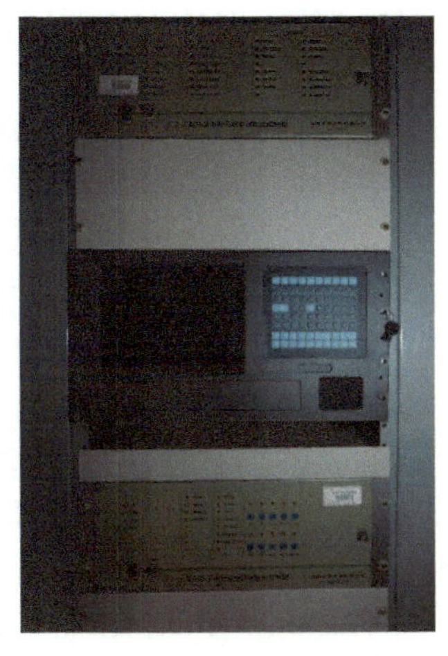

(d) 数据采集设备

(e) 机组控制柜

图 3.3　水力机械动态试验台各部分实物图

3.2.2　各参数的测量

机组动态转轮扭矩及转速测量，采用高精度 JCZ 型智能转矩转速传感器测量水轮机水力矩。静态校核情况下，力矩测量精度为±0.1%，转速的测量精度为±0.1%，频率响应为 10 kHz。转速信号经滤波后输入微机记录存储，并由光电测速装置进行率定。转矩信号采用直流测功电机称重的方法进行率定，动态试验时转矩信号经处理直接输入微机。

导叶、桨叶行程测量。动态试验时用多圈螺旋电位器来反映导叶、桨叶的开度，总阻公差±1%满量程(Full Scale, FS)。动态试验之前，分别以导叶和桨叶的开度对电位器的电位进行标定；试验时，将电位的变化直接输入微机采集。

水压力。动态试验时，在相应的测点处安装常规高精度响应速度快的 PX 系列压力传感器，测量精度为±0.1% FS。压力传感器直接用静水头从−1～+2 m 进行率定。

轴向力。静动态试验时均采用电阻应变拉压式传感器，型号为 BLR-1 型，如图 3.2 所示，由转轮泄水锥处引出一辅助轴，在辅助轴末端用双套轴承设置一圆盘，然后在圆盘同一半径处均布 3 只拉压力传感器，支承圆盘的轴向位置，而在圆盘背面用 3 只可调试大弹簧对拉压力传感器进行预压，预压力大于可能出现的最大负轴向力，这样使拉压力传感器在整个动态试验中一直处于受压状态，从而提高了测量精度。在试验前为了克服静摩擦力的影响，直接用挂砝码动态标定的方式对传感器进行标定。传感器的输出信号经动态应变仪再输入微机，由于制造和安装的问题，轴向力测定的精度稍差，在静态试验时，灵敏度±9.8 N。动态试验时，由于增加了一套桨叶操作机构，灵敏度为±14.7 N，此时误差达±4%。

3.2.3　微机测控装置

微机测控装置由可编程逻辑控制器(Programmable Logic Controller, PLC)来完成自动控制、数据自动采集、记录、数据处理及数据图表输出等工作。微机测控装置的软件采用“菜单”设计技术与程序计算的模块化，因此，动态模型试验时，在调整好甩前工况并使之稳定后，只要发出一个指令，一切工作均由微机测控装置自动完成。

3.3 水轮机模型试验结果与分析

3.3.1 稳态特性

在河海大学水力机械动态试验台先后完成了某一贯流式水轮机的稳态试验，以及动态过程中的甩负荷试验。稳态试验成果有桨叶角度分别为 20°、10°、5°、0°、−5°、−15°，对应的导叶开度 α 为 0°、10°、20°、30°、40°、50°、60°、70°、80°下的定桨特性曲线，通过改变转速，实现模型试验从水轮机工况开始，经飞逸工况、制动工况一直进行到反水泵工况，从而测定出贯流式水轮机稳态运行特性曲线。图 3.4～图 3.6 所示分别为桨叶角度为 −5°～10°工况下水轮机定桨流量特性、力矩特性及轴向力特性。

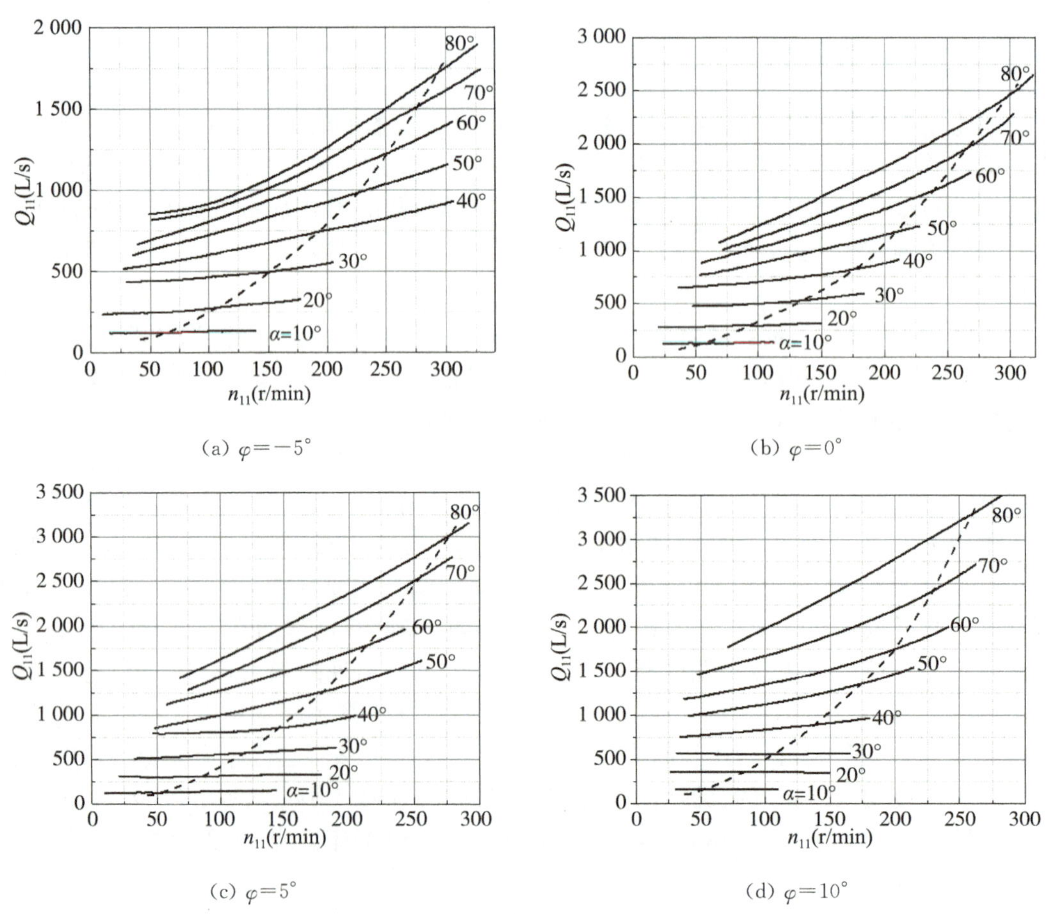

(a) $\varphi=-5°$　(b) $\varphi=0°$

(c) $\varphi=5°$　(d) $\varphi=10°$

图 3.4 贯流式水轮机定桨流量特性

模型试验从水轮机工况开始，经飞逸工况、制动工况一直到反水泵工况，从而获得了 Q 为正时的特性曲线，该曲线表达了水轮机的流量随其转速变化的特性。从图 3.4 可以看出，当导叶开度不变时，单位流量 Q_{11} 随着单位转速 n_{11} 的增加而增加，每一条等导叶开度曲线随桨叶角度 φ 的增加 Q_{11} 范围增大。特别地，在小导叶开度下，单位流量 Q_{11} 随着单位转速 n_{11} 的增加而基本不变，对应曲线几乎呈平直状态，且桨叶角度 φ 越大，这种影响越大。

力矩曲线的变化规律与一般的轴流式机组的变化规律相类似，即当 φ 为常数时，单位力矩 M_{11} 随着 n_{11} 的减小和 α 的增加而增加，但 φ 很小而导叶开度很大时，M_{11} 随开度的增大变化不大，因为此时流量的变化主要取决于桨叶的角度。M_{11} 为零的点为飞逸工况点，单位飞逸转速随桨叶与导叶的开度变化而变化：当 α 为常数时，单位飞逸转速随导叶开度的增加而增加；当 α 为常数时，若单位流量主要取决于 α 时，则单位飞逸转速随 φ 角的减小而增加。本试验所得的最大单位飞逸转速为 305 r/min，发生在 φ 为 0°，α 为 63.5°时。M_{11} 为负的区域对应制动工况与反水泵工况。模型试验时，$n>600$ r/min 得到 α 为 0°的力矩曲线，此时，转轮里的雷诺数 $Re \geqslant 2\times10^6$，保证转轮里的流动状态处于自模拟区，以提高试验精度，由此求得 $M_{11}=-K_m(n_{11})^2$ 中的 K_m 值。因为 φ 为常数时，α 为 0°的所有工况点均为相似工况点，由此可得，$M_{11}=-K_m(n_{11})^2$ 的特性曲线在本次试验中 K_m 值随着 φ 角的增加而均匀增加(图 3.5)。

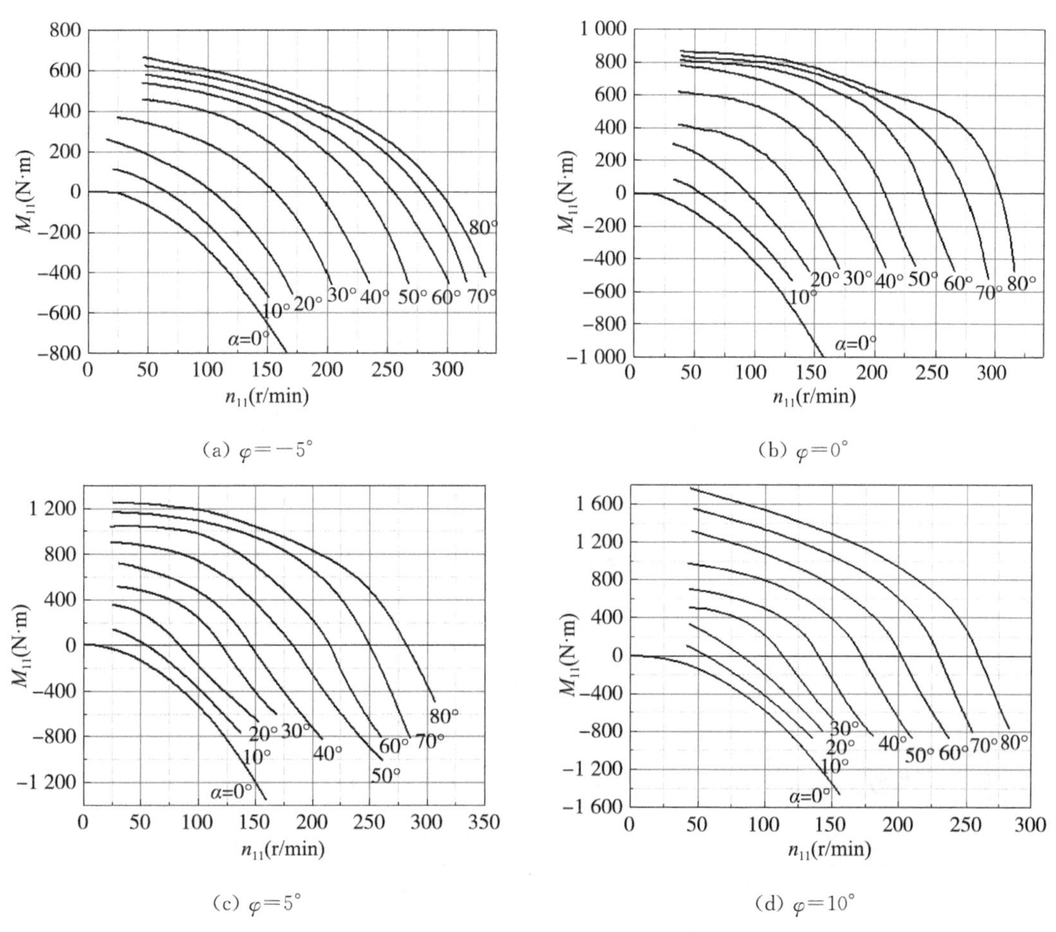

(a) $\varphi=-5°$　(b) $\varphi=0°$

(c) $\varphi=5°$　(d) $\varphi=10°$

图 3.5　贯流式水轮机定桨力矩特性

轴向力特性曲线，当导叶开度不变时，单位轴向力 F_{11} 随着单位转速 n_{11} 的增加而减小及随着 φ 角的减小而增加，当 φ 不变时，一般而言，F_{11} 随着导叶开度的增加而增加。在飞逸工况下，即 $M_{11}=0$ 时，F_{11} 的大小随着桨叶角度的增大而减小。就一般而言，$M_{11}=0$ 及 $F_{11}=0$ 之间为制动工况，$F_{11}<0$ 为反水泵工况。在反水泵工况区 F_{11} 随导叶开度的减小与转速的升高，负轴向力增大，导叶全闭时负轴向力最大，这符合轴流式水力机械的特性(图 3.6)。

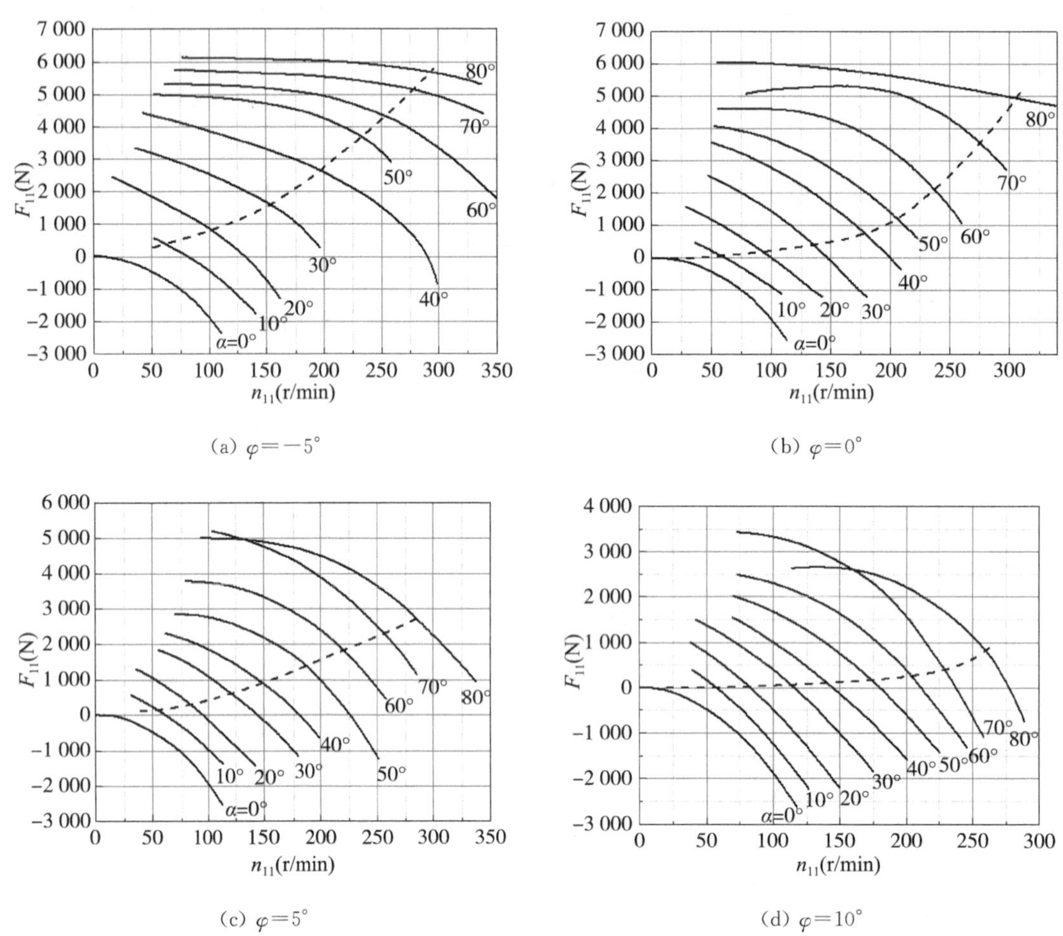

(a) $\varphi=-5°$　(b) $\varphi=0°$　(c) $\varphi=5°$　(d) $\varphi=10°$

图 3.6　贯流式水轮机定桨轴向力特性

图 3.7 为零导叶开度时不同桨叶角度下的单位轴向力曲线。在 $\alpha=0°$时，由图可知 $F_{11}=f(n_{11})$ 是一组通过坐标原点的抛物线，即

$$F_{11}=-K_f(n_{11})^2 \tag{3.11}$$

式中，K_f 为系数。表 3.1 所列为不同桨叶角度 φ 下的 K_f 值。

表 3.1　不同桨叶角度下 K_f 值

φ(°)	−15	−5	0	5	10	20
K_f	0.142	0.193	0.193	0.194	0.198	0.279

根据相似准则，由 $F_{11}=-K_f(n_{11})^2$ 和 $n_{11}=\dfrac{nD_1}{\sqrt{H}}$ 可得

$$F=-K_f n^2 D_1^4 \tag{3.12}$$

即当导叶全关时，机组所受的负轴向力的大小与机组转速的平方成正比。

稳态特性试验成果表明：(1)在导叶开度不变的情况下，随着桨叶角度的增大，单位力矩与单位转速的关系曲线斜率增大，即较小的单位转速变化会引起较大的单位力矩变化。(2)当导叶开度不变时，单位轴向水推力随着单位转速的增加而减小且随着桨叶角度的减小而增加，而相同的转速，单位轴向水推力随导叶开度的减小而减小。(3)当叶片角度为常数时，单位力矩随着单位转速的减小和导叶开度的增加而增加；当桨叶角度不变时，导叶开度越大，则单位流量随单位转速增加而增加，在小导叶开度，单位转速对单位流量的影响很小。

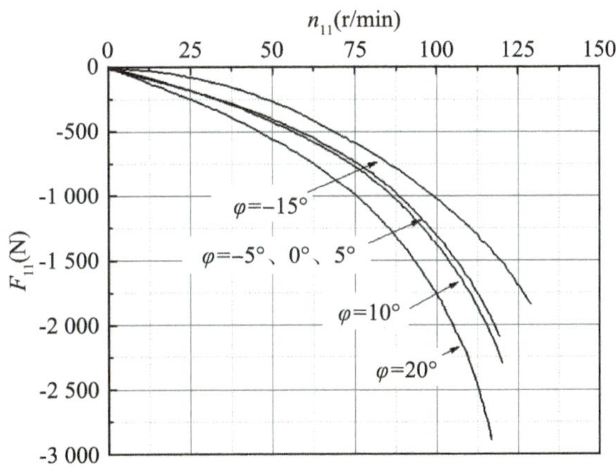

图 3.7 零导叶开度时的单位轴向力特性曲线

3.3.2 动态特性

甩负荷是水电厂经常发生的过渡过程，且又是众多过渡过程对机组安全影响较大的一种，为了研究各参数变化规律，我们用模型装置进行动态模拟试验。由前已知，只要模型装置与试验方法遵循过渡过程模拟准则的要求，就能保证原模型有相似的过渡过程。

本试验是研究水力机组在给定不同水头下，甩不同负荷时的转速变化过程，力矩变化过程，导前、导后、尾水管进口处水压变化过程，轴向力变化过程等。从上面过渡过程的模拟准则又可知，只要在原模型几何相似、甩前工况相似、GD_1^2 相似的情况下，水轮机甩负荷过程中的转速变化、压力变化、轴向力等变化规律决定于导叶与桨叶的关闭规律，因此寻求最佳关闭规律，不仅要使甩负荷过程中各参数的变化值满足调节保证的要求，而且要使过渡过程最佳。

众所周知，对于甩负荷过渡过程来说可不考虑能量指标，主要要求水轮机尽可能在短时间内完成从一种工况到另一种工况的转换。由此产生的动力作用对机组与电站的影响最小，以确保其安全。这就意味着在甩负荷过程中，导叶与桨叶不必一定要遵守协联关系。基于此点，我们在试验中，若使桨叶关闭规律保持不变，仅改变导叶关闭规律，

由此所获得的过渡过程只受导叶关闭规律变化的影响；当导叶关闭规律不变，而仅改变桨叶关闭规律，所获得的过渡过程就只受桨叶关闭规律变化的影响。过渡过程试验所获得的成果分别叙述如下。图 3.8 为导叶、桨叶关闭规律的有关参数示意图，其中图 3.8(a)为导叶关闭规律曲线，图 3.8(b)为桨叶关闭规律曲线。其中，T_{s1} 为导叶以第一段关闭速度由全开至全关所需时间；T_{s2} 为导叶以第二段关闭速度由全开至全关所需时间；Y_d 为分段点导叶开度角；T_d 为导叶第一段关闭时间；T_s 为导叶不动时间；T_w 为桨叶不动时间；T_z 为桨叶关闭时间。

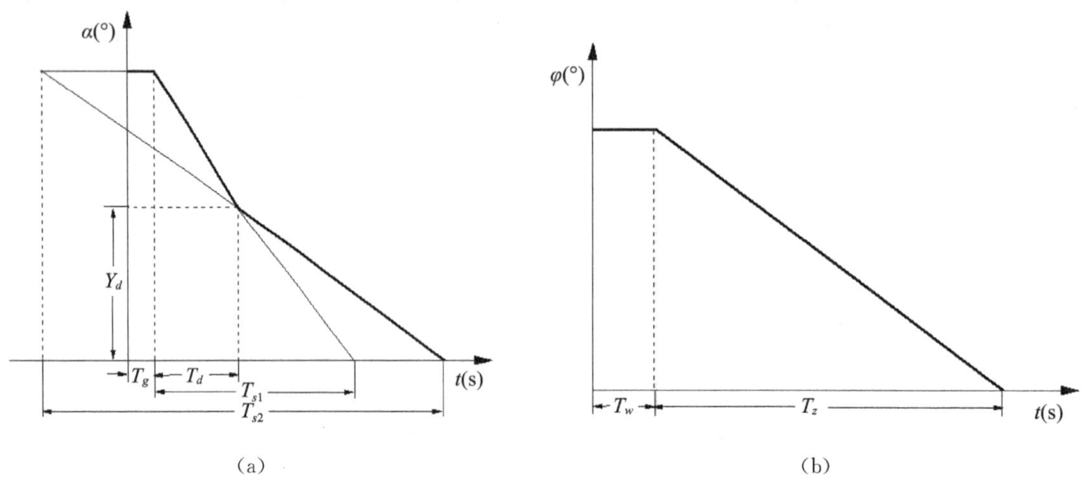

图 3.8 导叶、桨叶关闭规律的有关参数示意图

(1) 设计水头、甩相同负荷、导叶关闭规律相同，采用不同桨叶关闭规律的过渡过程试验研究。

① 导叶均采用直线关闭，其关闭时间为 5 s，采用不同桨叶关闭时间所获得的试验成果见表 3.2。

表 3.2 导叶直线关闭，不同桨叶关闭时间试验结果

方案	T_z(s)	n_{max}(%)	p_{max}(%)	F_{max}(%)
1	18.6	47.9	27.6	−58.5
2	34.9	46.6	26.3	−55.1
3	50	44.3	25.6	−54.2

从表 3.2 可见，相同的导叶直线关闭规律下，甩相同负荷时采用不同的桨叶关闭规律对转速上升、压力上升、最大反向水推力均有影响。随着桨叶关闭时间的增加，其最大值均有所下降，因此导叶直线关闭时，加长桨叶关闭时间对机组过渡过程是有利的，尤其对降低最大转速上升值，最大反向水推力的作用更为明显。因此，加长桨叶关闭的时间可作为电站降速、降低最大反向水推力的措施之一。

② 设计水头、甩相同负荷、导叶采用相同的二段关闭规律，桨叶采用不同规律所获得的过渡过程试验成果见表 3.3。

表 3.3 导叶二段关闭,不同桨叶关闭规律试验结果

方案	T_z(s)	n_{max}(%)	p_{max}(%)	F_{max}(%)
1	27.7	39	17.3	−43.1
2	不关	38.9	17.2	−39.3

由表 3.3 可见,桨叶关闭时间越长,最大反向水推力值明显减小,这点结论与上述导叶直线关闭相同。综合上述的试验成果可看出,对桨叶参与调节的过渡过程,桨叶关闭时间越长对降低最大反向水推力值越有利。

(2) 设计水头、甩相同的负荷、桨叶关闭规律相同时,采用不同导叶关闭规律时的过渡过程试验研究成果见表 3.4。

表 3.4 相同桨叶关闭规律,不同导叶关闭规律试验结果

方案	T_z(s)	Y_d(°)	T_{s1}(s)	T_{s2}(s)	n_{max}(%)	p_{max}(%)	F_{max}(%)
1	24.7	27.7	5	20	39.2	27.6	−52.7
2	24.7	34.7	8	32	42.6	16.5	−44.9
3	24.7	—	8	—	41	21.9	−56.2

由表 3.4 可见,在相同桨叶关闭规律时,导叶采用不同的关闭规律,其最大转速上升值、最大压力上升值、最大反向水推力的变化均较大。故导叶关闭规律对过渡过程品质的影响较大。

综合上述的试验研究成果表明,导叶关闭规律、桨叶关闭规律对贯流式机组过渡过程的品质均有影响,要使过渡过程品质较佳,必须要用优化办法来寻求最佳的导叶关闭规律与桨叶关闭规律。寻优的方法很多,本试验是采用适用于多因素、多水平的正交试验法进行的。

(3) 寻求设计水头,甩全负荷时导叶、桨叶的最佳关闭规律的试验研究。

本试验要研究 5 个因素对过渡过程的影响,为了避免出现不合理的方案,这 5 个因素分成二层,第一层为导叶第一段关闭时间 T_{s1}(导叶以第一段关闭速度由全开至全闭所需时间)。第二层研究 3 个因素,分别为桨叶关闭时间 T_z、分段点的位置 Y_d、导叶第二段关闭时间 T_{s2}(导叶以第二段关闭速度由全开至全闭所需时间)。选用 5 因子 4 水平的正交试验表 $L_{16}(4^5)$。表 3.5 和表 3.6 所示为寻求最佳关闭规律的试验方案。

表 3.5 导叶第一段关闭时间为 5 s 时 $L_{16}(4^5)$ 正交表

序号	1	2	3	4	5	6	7	8	9	10	11	12	13	14	15	16
T_z(s)	20	20	20	20	30	30	30	30	40	40	40	40	50	50	50	50
Y_d(°)	48.5	43.6	34.7	27.7	48.5	43.6	34.7	27.7	48.5	43.6	34.7	27.7	48.5	43.6	34.7	27.7
T_{s2}(s)	10	15	20	25	15	10	25	20	20	25	10	15	25	20	15	10

评判优化的目标函数(val)为转速上升最大值、压力上升最大值,根据贯流式机组 GD_1^2 小、流道短的特点,选用转速的权重系数为 1,水压力权重系数为 0.5,其正交试验成果见表 3.7~表 3.10。

综合正交试验的结果，选用的最佳关闭规律导叶为 $T_{s1}=5$ s，$Y_d=34.7°$，$T_{s2}=25$ s；桨叶直线关闭时间 $T_z=40$ s。

表 3.6　导叶第一段关闭时间为 8 s 时 $L_{16}(4^5)$ 正交表

序号	1	2	3	4	5	6	7	8	9	10	11	12	13	14	15	16
T_z(s)	20	20	20	20	30	30	30	30	40	40	40	40	50	50	50	50
Y_d(°)	48.5	43.6	34.7	27.7	48.5	43.6	34.7	27.7	48.5	43.6	34.7	27.7	48.5	43.6	34.7	27.7
T_{s2}(s)	8	16	24	32	16	8	32	24	24	32	8	16	32	24	16	8

表 3.7　T_{s1} 为 5 s 时的正交试验成果表

序号	1	2	3	4	5	6	7	8	9	10	11	12	13	14	15	16
β	0.444	0.400	0.376	0.408	0.400	0.397	0.371	0.392	0.382	0.373	0.389	0.390	0.390	0.386	0.374	0.360
ζ	0.235	0.185	0.219	0.236	0.232	0.245	0.211	0.276	0.116	0.140	0.208	0.264	0.169	0.193	0.200	0.287
val	0.582	0.493	0.486	0.526	0.516	0.520	0.477	0.530	0.440	0.443	0.493	0.522	0.475	0.480	0.474	0.504

表 3.8　T_{s1} 为 5 s 时的正交试验成果筛选表

水平数	T_z(s)	Y_d(°)	T_{s2}(s)	备注			
1	2.087	2.013	2.099	最佳关闭规律			
2	2.043	1.939	2.005	导叶	$T_{s1}=5$ s	$Y_d=34.7°$	$T_{s2}=25$ s
3	1.907	1.930	1.939	桨叶	$T_z=40$ s		
4	1.943	2.080	1.921				

表 3.9　T_{s1} 为 8 s 时的正交试验成果表

序号	1	2	3	4	5	6	7	8	9	10	11	12	13	14	15	16
β	0.475	0.448	0.424	0.449	0.423	0.427	0.427	0.390	0.390	0.400	0.417	0.399	0.375	0.419	0.413	0.426
ζ	0.173	0.167	0.147	0.159	0.141	0.219	0.165	0.168	0.151	0.125	0.160	0.228	0.256	0.129	0.172	0.215
val	0.562	0.532	0.497	0.529	0.494	0.537	0.512	0.474	0.466	0.463	0.497	0.513	0.503	0.484	0.499	0.534

表 3.10　T_{s1} 为 8 s 时的正交试验成果筛选表

水平数	T_z(s)	Y_d(°)	T_{s2}(s)	备注			
1	2.120	2.025	2.130	最佳关闭规律			
2	2.017	2.065	2.038	导叶	$T_{s1}=8$ s	$Y_d=34.7°$	$T_{s2}=25$ s
3	1.933	2.000	1.915	桨叶	$T_z=40$ s		
4	2.020	2.050	2.017				

（4）按上述关闭规律进行各种水头，用 100%、75%、50%负荷时的过渡过程试验，试验成果见表 3.11。

表 3.11 不同工况甩负荷试验成果表

序号	H	甩负荷	α_0	φ_0	n_{max}	p_{max}	F_{max}	图号
	m	%	°	°	%	%	%	
1	1.00	100	69.3	15.28	34.0	28.0	−51.40	图 3.9
2	1.00	75	60.5	5.50	27.4	15.7	−53.80	图 3.10
3	1.00	50	51.7	−3.51	24.7	6.7	−29.30	图 3.11
4	1.50	100	47.8	0.73	42.8	9.5	−59.30	图 3.12
5	0.65	100	69.3	5.83	20.9	18.1	−33.50	图 3.13
6	0.40	100	69.3	−2.61	14.5	30.0	−31.40	图 3.14

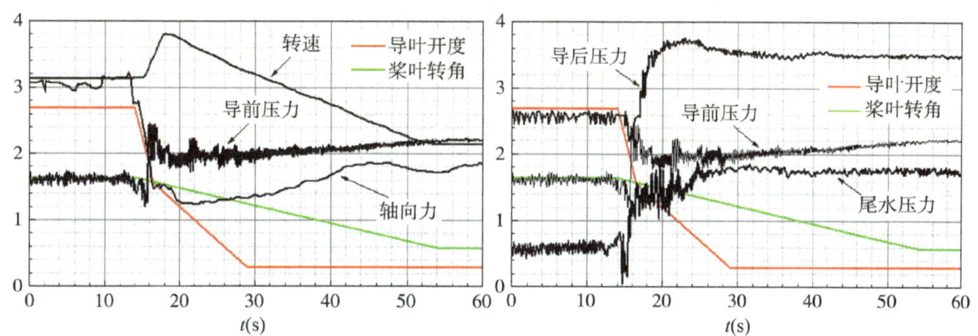

图 3.9 1.0 m 水头甩 100%负荷参数变化试验结果

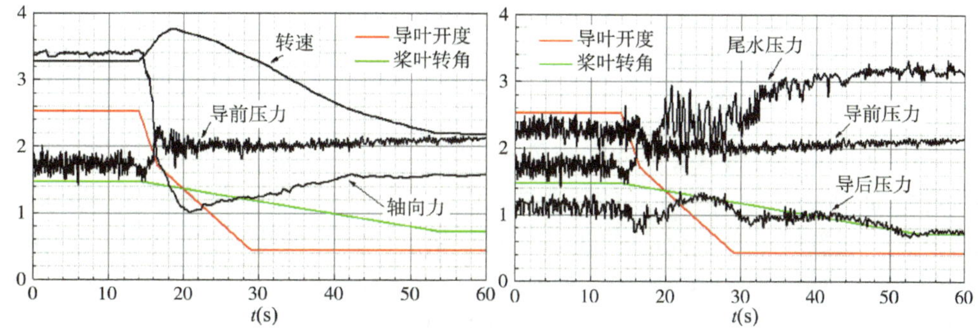

图 3.10 1.0 m 水头甩 75%负荷参数变化试验结果

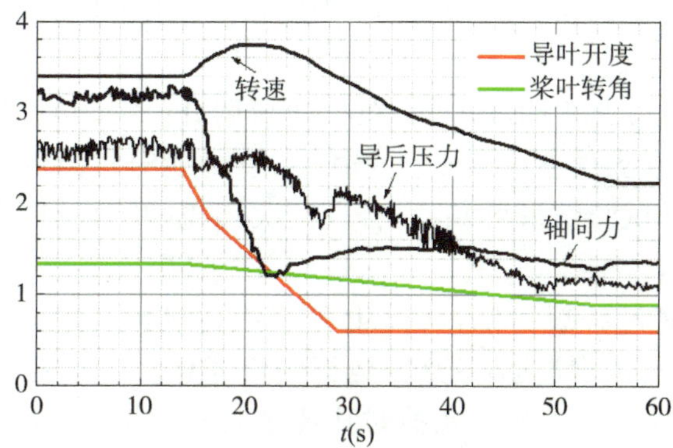

图 3.11 1.0 m 水头甩 50%负荷参数变化试验结果

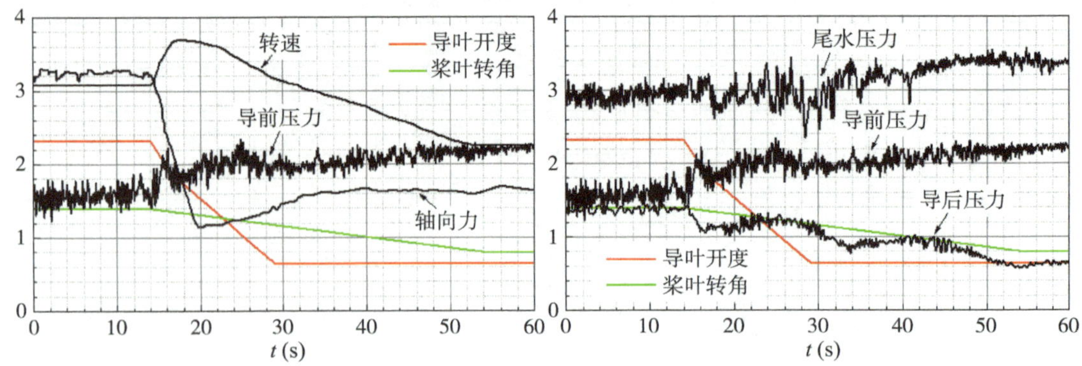

图 3.12 1.2 m 水头甩 100%负荷参数变化试验结果

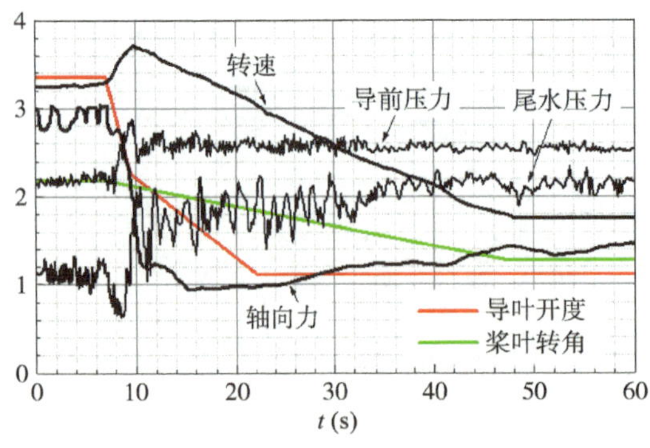

图 3.13 0.8 m 水头甩 100%负荷参数变化试验结果

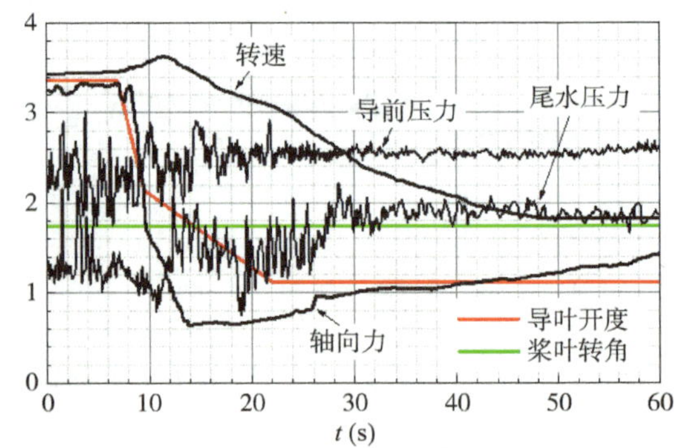

图 3.14 0.5 m 水头甩 100%负荷参数变化试验结果

从图中所有试验的压力变化曲线可看出：在导叶与桨叶不动时间内，由于转速上升造成流量增加，因此在导前与导后的压力过程线上有一明显的压力下降，而尾水管压力过程线上有一明显的压力上升，这是由贯流式机组的流量特性决定的。从静态流量特性曲线可知，在导叶与桨叶开度不变时，其单位流量随单位转速上升而增加，因此会在压力流道中产生水击。另外，从图 3.9～图 3.14 的试验的压力变化过程线可以看出，导后的压力变化值远大于导前的，此时导叶开度大，导前与导后压力变化相似，它们与尾水管的压力变化是相反的。因此，在导叶开度大时桨叶将成为水击压力的分界面，这是贯流式机组特有的现象。

从试验的轴向力过渡过程曲线可知，在导叶采用分段关闭时，只要分段点位置取得适当，其反向水推力的最大值也可出现在分段点，这说明分段点的位置可对反向水推力的最大值进行控制。从试验结果可知，在合理的关闭规律下，反向水推力在过渡过程中未超过正向水推力的最大值。

从试验所获得转速过程线可知，转速上升很快达极值，这是由于贯流式机组 GD_1^2 小，因此在工程中会容易出现过速，这点在运行中要注意。试验表明，按设计水头选择导叶最佳关闭规律，用于最大水头甩全负荷时其转速上升值大于设计水头甩全负荷的转速上升值，此外，导叶关闭规律中的分段点位置应按不同水头采用不同的整定值，这样才能在不同水头下均获得较好的过渡过程。试验亦表明，桨叶关闭规律对贯流式水轮机甩负荷过渡过程的影响较大，桨叶关闭时间越短，过渡过程品质越差，为了确保机组的安全，在甩负荷时要防止桨叶关闭过快。

3.4 小结

模型试验消耗功率较小，便于观察和测量，初始工况与运动元件易于调节，一般不易发生事故，因此本章从经济、灵活与安全角度考虑，开展了模型贯流式水轮机动态过程试验研究。水轮机模型动态试验与稳态试验相比，具有它的复杂性和特殊性，需要依托自动化程度较高的试验台，以及准确、快速反应的执行机构和数据采集系统。

本章首先描述了水轮机模型试验的相似准则，进而介绍了水轮机动态试验台的装置设备与测量系统，在完成大量工况的基础上，模型稳态试验揭示了单位力矩与单位水推力随水轮机调节元件及机组转速变化的规律；而通过模型动态试验，则获得了机组力矩、轴向水推力、转速以及测点压力等外特性参数数值大小及其瞬变规律。

从水轮机模型试验静态特性结果来看，贯流式水轮机力矩曲线变化规律与一般轴流式机组的变化规律相似，当叶片角度为常数时，单位力矩随着单位转速的减小和导叶开度的增加而增加；当桨叶角度不变时，导叶开度越大，则单位流量随单位转速增加而增加，在导叶开度小时，单位转速对单位流量的影响很小；从轴向力特性曲线来看，当导叶开度不变时，单位轴向力随着单位转速的增加而减小且随着桨叶角度的减小而增加。

从水轮机模型试验动态特性结果来看，导叶关闭规律和桨叶关闭规律对贯流式机组过渡过程品质均有影响。当导叶直线关闭时，加长桨叶关闭时间对降低最大转速上升值和最大反向水推力的作用明显；当导叶采用两段关闭时，桨叶关闭时间越长可降低最大反向水推力值；桨叶采用相同关闭规律，导叶先快后慢的分段式关闭规律比直线关闭规律对降低最大反向水推力作用更为明显，导叶关闭分段点选择对最大转速上升值有一定影响。因此，要使过渡过程品质最佳，则需要使用优化办法来寻求最佳关闭规律。从过渡过程压力过程线可以看出，在导叶开度大时，导前压力与导后压力变化规律是相似的，与尾水压力变化相反，导后压力变化值远大于导前压力；从轴向力过程曲线可以看出，导叶关闭分段点位置取得适当可以控制最大反向水推力；从转速变化过程线可以看出，贯流式机组的转动惯量较小，转速上升迅速，很快达到极值，实际运行中要注意防止机组过速。这些试验成果为机组的设计与运行提供了参考依据。

第 4 章
贯流式水轮机过渡过程数值模拟

4.1 概述

水轮机在正常发电运行时，如因线路故障引起油开关跳闸，机组突然卸去负荷，调速机构将导水机构关闭到零开度或空载开度。机组甩负荷、导水机构迅速关闭是水轮机组运行经常会发生的一种非稳态过程，它直接影响水电站的经济性与运行可靠性。一般来说，贯流机组在甩负荷后水轮机效率及水力矩都会下降，只要水力矩是正值，机组便得到加速，但机组转速达到最大值后，水力矩便为零。甩负荷过渡过程中，机组转速上升和系统水压上升过高可能引起事故，此外水轮机内部流场演变规律也应进行考察。然而，受 UDF 编程与动网格技术难度的影响，过去关于水轮机过渡过程的三维数值模拟多是基于导叶单独参与调节而桨叶未动的计算。基于此，本章将首次开展桨叶与导叶双重调节下模型灯泡贯流式水轮机的过渡过程三维数值模拟，根据研究对象的初始工况对其进行甩负荷过渡过程的计算与分析。

4.2 物理模型及参数

由于本篇过渡过程试验是以模型机为研究对象的，为了对比模型试验与数值模拟的差异性，避免相似换算带来的误差，以某灯泡贯流式水轮机模型装置为研究对象，建立了包含进出水流道、活动导叶、叶轮以及进出水池的全过流系统计算模型，其具体结构示意图如图 4.1 所示。

根据第三章模型试验，水轮机设计工况水头 $H_0=1$ m，转速为 712 r/min，模型机组飞轮力矩 GD_1^2 为 2.88 N・m²。该贯流式机组设计工况下对应导叶开度角为 $\alpha_0=69.3°$，桨叶角度为 $\varphi_0=15.3°$，活动导叶数为 16，桨叶数为 4。

本算例中，导叶采用两段式关闭，从初始开度关闭至零，其关闭速度如下：

$$\omega_{GV}=\begin{cases}0.241\,903 & 0.5\ \text{s}<t\leqslant 3.0\ \text{s}\\ 0.048\,381 & 3.0\ \text{s}<t\leqslant 15.5\ \text{s}\end{cases} \tag{4.1}$$

桨叶采用直线关闭，关闭角度为 10.5°，其关闭速度如下：

$$\omega_B=0.010\,908\,308 \quad 0.5\ \text{s}<t\leqslant 16\ \text{s} \tag{4.2}$$

式中，ω_{GV} 代表导叶关闭角速度；ω_B 代表桨叶关闭角速度。

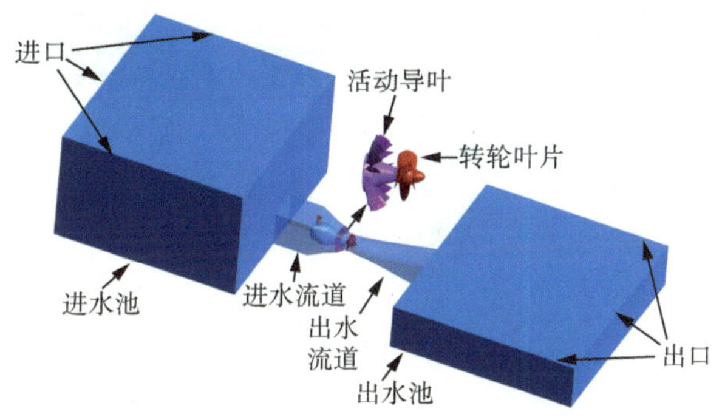

图 4.1 灯泡贯流式水轮机全过流系统结构示意图

4.3 数值计算设定

4.3.1 网格技术

在数值模拟中，网格质量的好坏将会影响计算的精度及效率，同样直接关系到计算结果的正确性与可靠性。灯泡机组各个部件的复杂程度不一，在进行网格划分时要布局合理、疏密得当，既要保证各部件流场计算的准确性，又要合理控制网格数量以提高计算效率。在过渡过程计算中，具有双调节功能的贯流式水轮机调节机构按照各自的规律关闭，由于桨叶和导叶的位置时刻在变化，因此计算域的形状也是时刻变化的，故这两部分采用拓扑结构较自由的非结构化四面体网格划分，而其余静止部分则采用六面体结构化网格划分，整个过流系统网格示意图如图 4.2 所示。为了模拟关闭变化过程，利用用户自定义程序 UDF 函数实现网格的动态变化，使网格的坐标变换与流场场量的时间步长迭代同时进行，同时利用网格重构技术，解决由于网格随时间产生变形形成负体积网格的问题。对于转轮部分，由于转轮体中的网格是旋转的，且会发生变形和重构[241]，本篇采用变速滑移网格技术完成转轮区与毗邻区动静交界面的信息传递，实现甩负荷过程中

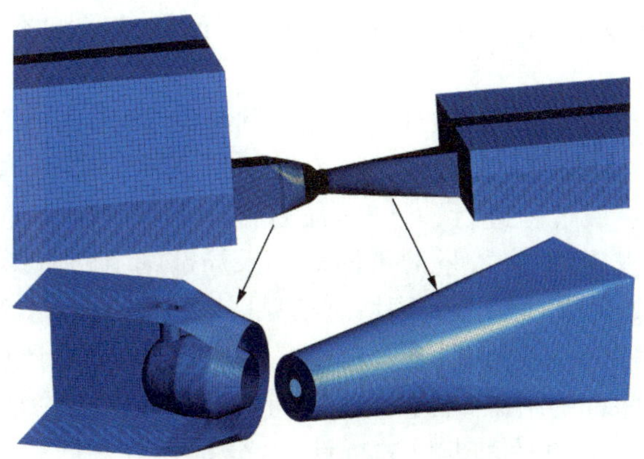

图 4.2 灯泡贯流式水轮机全过流系统网格示意图

桨叶公转和自转结合的复合运动。图 4.3 所示为导叶和桨叶关闭过程网格变化图。

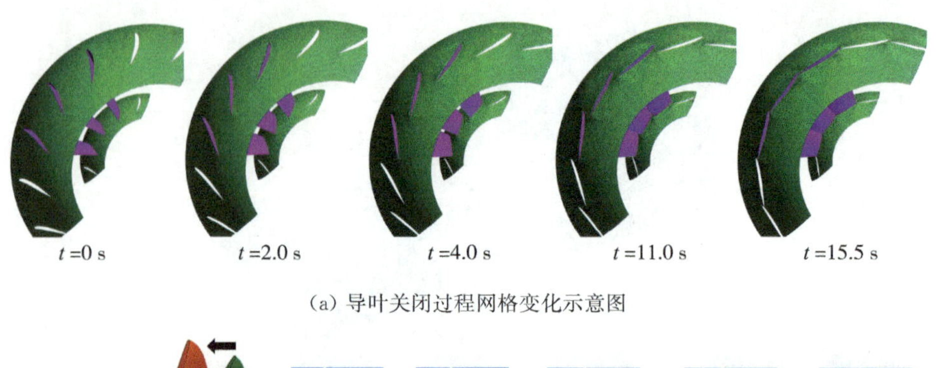

(a) 导叶关闭过程网格变化示意图

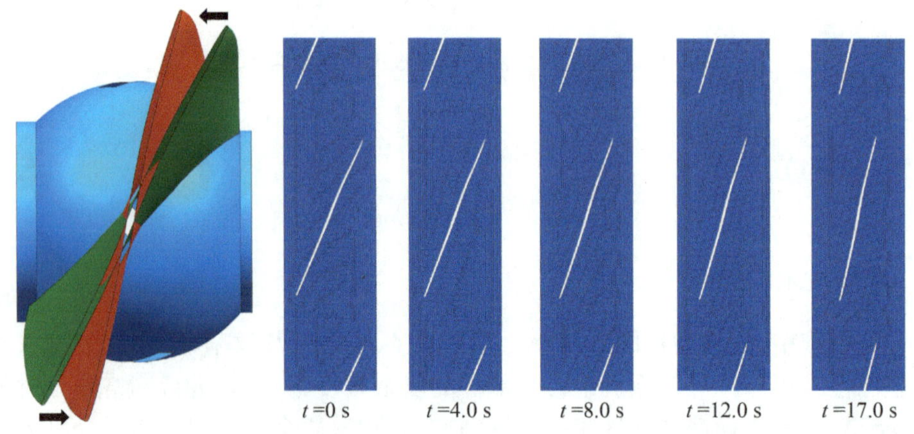

(b) 桨叶关闭过程网格变化示意图

图 4.3 灯泡贯流式水轮机导叶及桨叶关闭过程网格示意图

4.3.2 计算无关性验证

影响非稳态数值计算结果的因素除了第二章所提到的边界条件和湍流模型之外，网格和时间步长对计算结果也有重要影响。同样条件下，网格数越多，且时间步长越小，数值模拟的精度就会越高。然而，受计算时间和计算机等硬件资源的限制，网格数量和时间步长不可能取任意小值。一般来说，只要将网格数和时间步长对计算结果的影响控制在一个很小的范围内，也就是说对所研究问题的影响不大，它们的取值就可以被接受。

为了减小网格数量对计算结果的影响，保证网格的合理性，本章针对算例模型制定了 3 种网格划分方案，其网格总数分别为 450 万、510 万和 600 万，然后在相同条件下对贯流式水轮机甩负荷过渡过程进行预计算，最后将计算所得到转速变化曲线进行对比，如图 4.4 所示。结果发现，网格数量的不同对结果局部细节略有影响，但总体趋势基本相同，并且当网格总数超过 510 万后，网格对结果影响极小。因此，综合考虑计算时间成本和计算结果精度，最终确定整个贯流式水轮机装置全过流系统计算域网格取 510 万。

基于网格无关性验证的结论，本章又对时间步长大小对结算结果的影响做了探究。如图 4.5 所示，共采用 4 种时间步长进行计算，分别为 0.005 s、0.002 5 s、0.001 s 和 0.000 5 s。通过对比甩负荷过程中转速变化曲线以及尾水管进口压力变化曲线，可以发现，随着时间步长的减小，曲线之间的差异性越来越小，说明时间步长对计算精度的影响也在逐渐减小，计算的结果也逐渐逼近“真实值”。为了能够更好地捕捉到贯流式水轮机甩负荷过渡过程中的参数和流场变化细节，本章最终选定在时间步长为 0.000 5 s 的计算结果上进行深入分析。

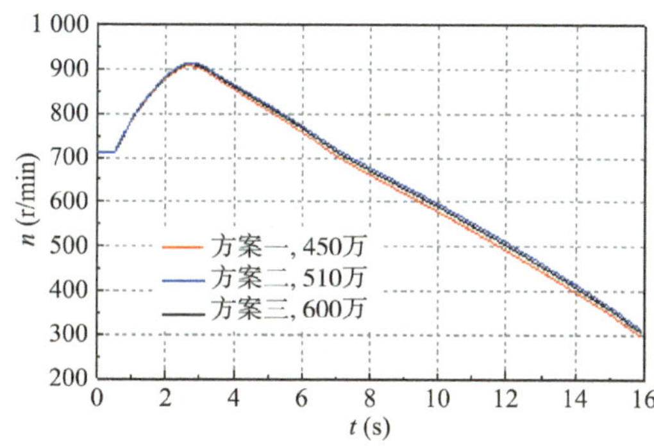

图 4.4　甩负荷过程不同网格数量计算结果对比

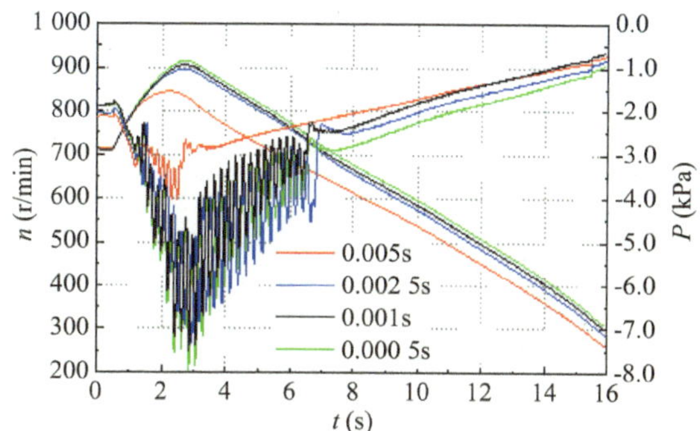

图 4.5　不同时间步长计算结果对比

4.3.3　数值格式及边界条件

本章计算基于 ANSYS Fluent 17.0 平台进行，控制方程为 N-S 方程和连续性方程，选用 SST k-ω 湍流模型对控制方程进行封闭，采用有限体积法离散方程组，方程组中压力项采用二阶中心差分格式，对流项、湍动能以及耗散率采用二阶迎风格式，固体壁面为无滑移边界，各计算区域间采用 interface 进行信息传递。稳态计算时，转轮区域采用多重参考坐标系(MRF)方法模拟；非稳态计算时，采用滑移网格(Sliding Mesh)方法模拟。求解过程中，采用 SIMPLEC 算法对流场方程进行联立求解，时间和空间的差值精度均为二阶精度，计算时每个时间步长最大迭代步数为 30 步，收敛残差目标为 10-4。

考虑到灯泡贯流式水轮机运行水头较低，重力场对内部流态影响较大，因此为了更真实地给定进出水池的边界条件，数值计算中考虑重力项，并通过 UDF 将进出口设置成压力沿水深变化，以此更真实地模拟进出口边界。进出口边界的静压分布如图 4.6 所示。

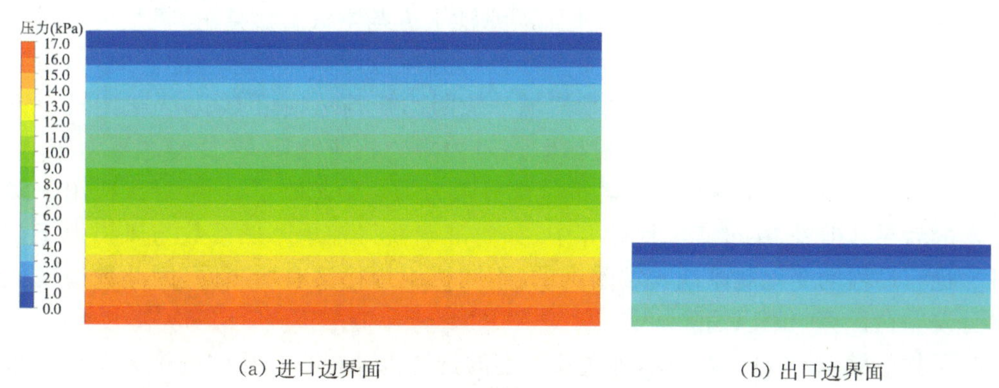

(a) 进口边界面　　(b) 出口边界面

图 4.6　1 m 水头下进出口边界面静压分布

4.4 甩负荷过渡过程主要计算成果

4.4.1 计算验证

本篇计算参数均采用相对值 x_r 表示，其定义如下：

$$x_r = \frac{x}{x_0} \times 100\% \tag{4.3}$$

式中，x 为过渡过程中的参数瞬态值；x_0 为过渡过程中的初始时刻值。其中，导前压力曲线瞬态值为实测压力与时均化压力差值，分母 x_0 为 $\rho g H_0$。

为了验证数值模拟计算在不同初始工况下的准确性，图 4.7 给出了机组转速、轴向力以及导前压力计算值与试验值的对比曲线。

从图中可以看出，各曲线整体变化趋势大致相同，在细节处存在不同程度的差别。其中，转速最大值的模拟结果为 133.9%，相应试验值为 136.8%，两者仅相差 2.9%，转速曲线均是上升至最大值后开始下降，模型试验到达最大转速的时间相对于数值模拟滞后；从轴向力曲线来看，两者变化趋势相似，模型试验达到最大负轴向力的时间较数值模拟滞后，两者最大负轴向力值接近，在甩负荷最后阶段，两者吻合相对较好；模型试验测得导前压力变化曲线波动较大，相对来说数值模拟所得曲线变化较为平缓。整个甩负荷阶段，各参数变化规律一致，曲线的差异性主要是因为甩负荷过程中机组内部流态越来越复杂，非线性参数波动较为剧烈，水轮机处于极不稳定状态，流场复杂多变。本算例暂未考虑上下游水池，而模型试验台是开放性试验台，上下游水池上方与空气直接接触，机组运行时液面波动也会对参数测量造成一定影响，而这部分影响在该计算中暂未考虑。此外，由于本篇在计算阻力矩时，没有考虑机组轴承机械摩擦阻力矩与风损阻力矩，当机组转速下降较多时，由于摩擦系数数值的增加，机械摩擦阻力矩会相应地增大，使得总阻力矩增大，从而能加快机组转速下降速度。倘若把这部分阻力力矩给忽略了，则会导致机组下降速度减慢的后果。但是，在过渡过程计算中，如何准确获得轴承摩擦系数与风损力矩在短暂的非稳态过程的变化规律是非常困难的，不同机组规律又有所不同，因此数值模拟的这部分误差在计算中难以消除。

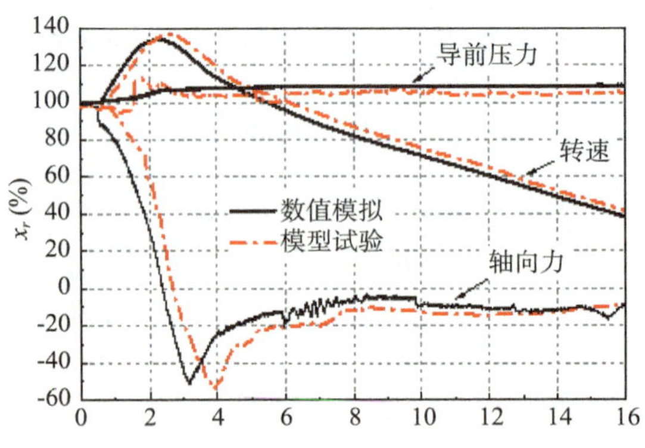

图 4.7 数值模拟与模型试验结果对比

除了数值模拟本身的局限性，即湍流模型的选择以及模拟过程中网格大变形带来的网格质量有所降低给结果带来的误差外，试验数据采集频率相对数值模拟较低，压力测点设置位置不是完全一致，且本篇模拟忽略了水体密度变化等，这些原因都会造成数值模拟结果与模型试验结果的误差。从 3 个参数的整体对比曲线来看，数值模拟结果与试验结果较为接近，可见本篇的贯流式水轮机甩负荷过程 CFD 计算结果与模型试验结果较为接近，具有一定的可信度，能够如实反映甩负荷过程中水轮机特征参数变化情况。

4.4.2 外特性参数变化规律

图 4.8 所示为计算所得贯流式水轮机甩负荷过渡过程部分工作参数相对值随时间变化规律。如图 4.8(a)所示，在甩负荷发生之前的 0.5 s 内，水轮机转轮所受水力矩与电磁力矩相平衡，故机组转速维持不变，此时导水机构并未动作，流量没有发生变化。当水轮机进入甩负荷过程时，机组突然卸去负荷，转轮在水力矩作用下转速迅速上升，从而导致流量增大，而导水机构的关闭抑制流量上升，故流量增速缓慢并在 1.3 s 左右达到峰值。流量在第一阶段的变化主要受转速和导水机构关闭影响，在流量变化的第二阶段，导叶的迅速关闭使得转速上升对流量的影响逐渐抵消，导水机构关闭开始主导流量变化，且流量变化趋势与导叶关闭规律吻合，均在 3 s 出现拐点，说明上游侧导叶开度对流量有决定性影响，直至导叶关闭到最小可能开度 $t=15.5$ s 时刻，流量减为初始工况的 2%以下。由于导叶的关闭，水力矩逐渐减小为零，转速上升至最大值，升速时间为 2.3 s 左右，机组最大转速上升率为 33.9%；接着，力矩与轴向力先后改变方向，转速在此过程中逐步下降。在 $t=15.5$ s 时，甩负荷过程基本结束，此时转轮转速约为 0.38 倍的初始转速。

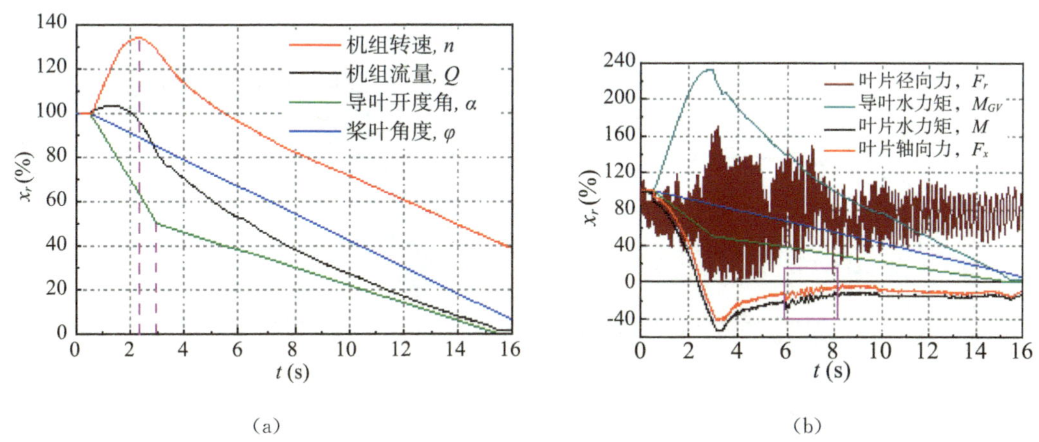

图 4.8 贯流式水轮机甩负荷过渡过程外特性参数变化规律

如图 4.8(b)所示，甩负荷过程中轴向力与水力矩变化趋势相似，在转速达到最大值后，水力矩与轴向力先后过零点，标志着水轮机进入制动过程，而轴向力与水力矩过零点时间不同是因为轴向力的作用面除了叶片还有轮毂与泄水锥。在导叶关闭分段点附近，力矩和轴向力达到最大反向值，然后数值开始回升，在甩负荷最后阶段，水力矩和轴向力逐渐往零点方向靠近。在此过程中，最大负轴向力约为初始工况的 0.43 倍，过大的反向轴向力会破坏水轮机结构稳定性。叶片径向力的变化在整个甩负荷初期极为剧烈，这可能是由于该过程中转轮进口不均匀入流导致叶片受力不平衡造成的。导叶水力矩与转轮水力矩变化规律相反，导叶的关闭使得导叶所受水力矩迅速上升后又快速下降。在此过程中，导叶开度与流量的变化引发导叶水力矩变化，并对转轮进口入流条件产生较大影响。

4.4.3 监测点压力脉动特性

为了更好获取贯流式水轮机内部各处压力脉动信息，在导叶上游、导叶与转轮之间、转轮出口以及尾水管内设置了若干监测点，如图 4.9 所示，以尾水管内断面为例，在该断面上，为考虑重力影响，在同一半径的上、中、下 3 个位置分别设置监测点。图 4.10 所示为甩负荷过程中不同监测面测点压力脉动时域图。

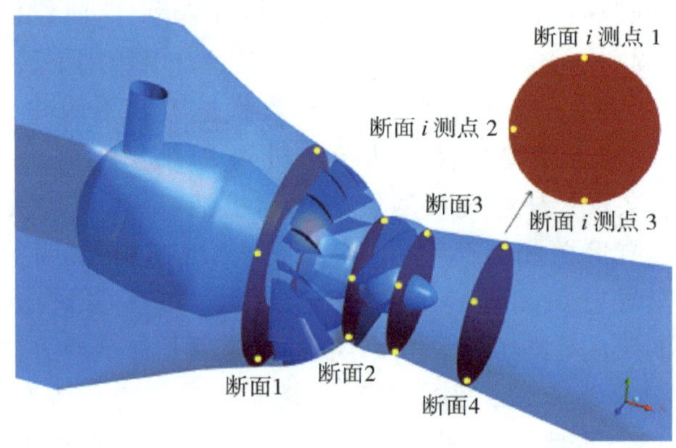

图 4.9 贯流式水轮机流道内部监测点位置示意图

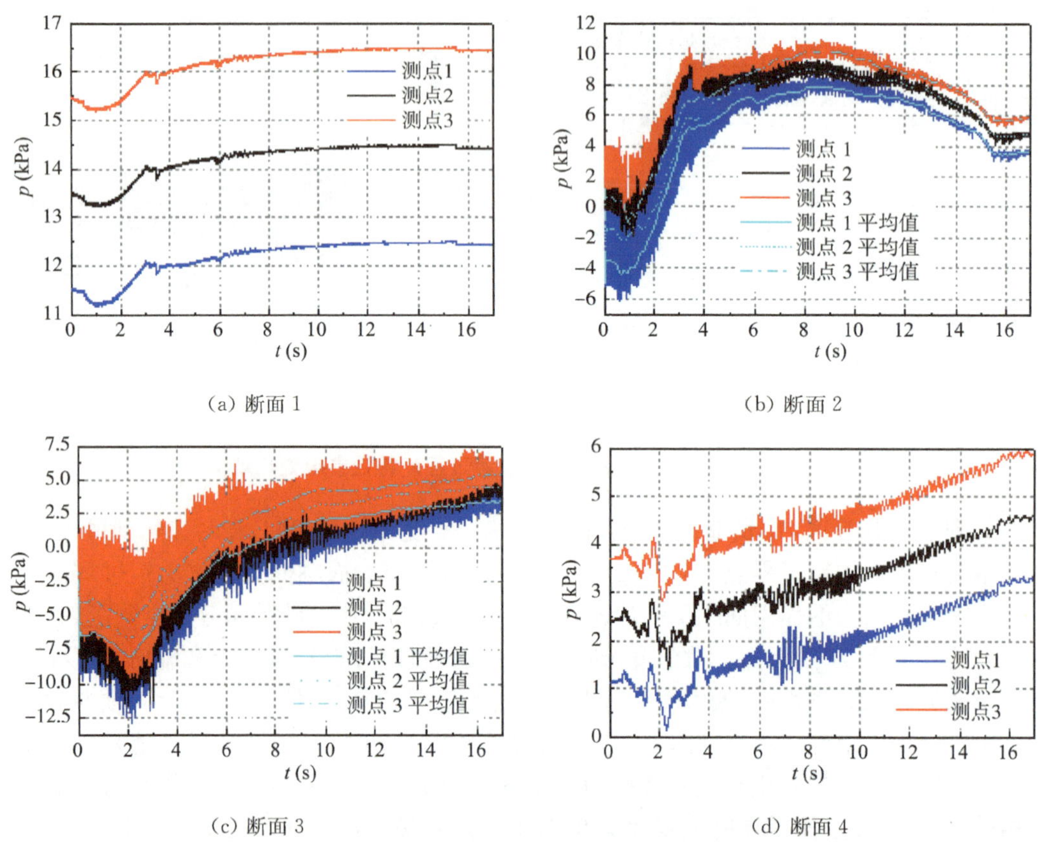

图 4.10 甩负荷过程中水轮机不同断面上各测点压力脉动时域图

贯流式机组甩负荷过程中内部压力变化剧烈，由此产生的振动和噪声明显，严重时将会对机组安全产生很大威胁。对于压力波动较为剧烈的断面 2 和断面 3 测点压力，本篇采用带加权平均的 Adjacent-Averaging 方法获得其平均值，窗口函数选择为 1 000，进而得到其平均值变化曲线。

由图 4.10 可见，由于转轮前后监测面受叶片旋转影响较大，水击现象明显，因而断面 2 和断面 3 压力脉动幅值很大；而导叶前端和尾水管远离转轮，波动变化小，因此压力曲线相对较为平稳。由于考虑重力项参数，同一断面不同时刻测点 3 压力值最大，测点 2 次之，测点 1 压力最小，且各测点平均压差近似于测点高程不同产生的水体静压差，结合图 4.6 可以看出，甩负荷最后阶段，导叶前断面 1 的压力最终逐渐趋于上游压力，导叶后断面 2 和转轮后断面 3 压力最终逐渐趋于下游压力。

在甩负荷初期，机组流量增加使得流道内水流速度加快，从而致使流道内各点压力呈现不同程度下降趋势。可以看到，导叶与转轮之间的压力比导叶前端小，转轮出口压力比尾水管内截面压力小，在此过程中，导叶关闭而流量增加造成导叶损失增大，转轮前端断面 2 压力下降，而转轮后端断面 3 受到叶轮旋转引起的转轮强推扰动，压力瞬时上升继而下降。当导叶继续关闭，流量进一步减小，断面 1 与断面 2 上测点压力在 1 s 之后开始回升。可以看出，在导叶第一段快速关闭阶段，导前与导后压力波动幅值较大，而在第二段慢关阶段压力波动幅值逐渐降低，说明适当以较慢速度关闭导叶可以缓解压力大幅波动。

在整个甩负荷过程中，导叶前断面 1 测点压力波动幅值小于 1.2 kPa，而靠近转轮的断面压力波动整体较大，且压力下降导致的负压范围增大，将会引起水轮机内部高度的真空。其中，断面 2 位于导叶和转轮之间，随着转速和流速的增加，压力脉动幅值也逐渐加大，最大压力波动幅值达到 12 kPa，为计算水头的 1.22 倍，这是由于转轮转速越快，导叶和桨叶同时关闭引起转轮与导叶之间的联动干涉越剧烈，压力脉动幅值越大。转轮出口断面 3 最大压力波动幅值为 10 kPa，是计算水头的 1.07 倍，其压力受转轮扰动作用明显，负水锤影响时间较长，并在尾水涡及动静干涉作用的共同影响下，压力回升滞后。对于尾水管内断面 4，其压力在甩负荷初始时刻有略微上升，后呈波动趋势下降，在转速上升到最大值附近时达到最小，随后开始回升，大约在 10 s 后，压力波动幅值变小，趋于稳定。

相比对正常运行时压力脉动的计算，水轮机甩负荷过程压力脉动的计算具有特殊性，本篇对计算所获得的瞬态压力值 p_i 先运用带加权平均的 Adjacent-Averaging 方法获得其平均压力值 p_{ave}，窗口函数选择 200，然后根据式(4.4)求出压力脉动值 p^*，为了便于分析，引入无量纲压力脉动信号 C_p，其定义如式(4.5)所示。

$$p^* = p_i - p_{\text{ave}} \tag{4.4}$$

$$C_p = p^* / \rho g H_0 \tag{4.5}$$

为了分析水轮机甩负荷过程中压力脉动的频域特性，对流道内 4 个断面测点 1 处的无量纲压力脉动信号进行短时傅里叶变换(STFT)，其基本思想是将压力信号加窗，再将加窗的信号进行傅里叶变换。经过加窗处理的信号结果变换为时刻 t 附近的微小时间段上的局部谱，窗函数可以根据时间 t 的变化在整个时间轴上平移，即利用窗函数可以使任

意时刻 t 附近的频谱实现时间局域化，从而构成信号的二维时频谱，本篇分析采用的窗函数为汉宁(Hanning)窗口。图 4.11 所示为各测点处的无量纲压力脉动信号的 STFT 结果，其中无量纲幅值图主要反映的是压力脉动值相对于初始值的大小。由于甩负荷过程中机组的转速变化范围为 $n_0 \sim 1.339n_0$(712～953 r/min)，相对应的频率范围为 $f_0 \sim 1.339f_0$(11.87～15.89 Hz)，考虑叶片数为 4，则叶片通过频率 f_n 为 4 倍转频。

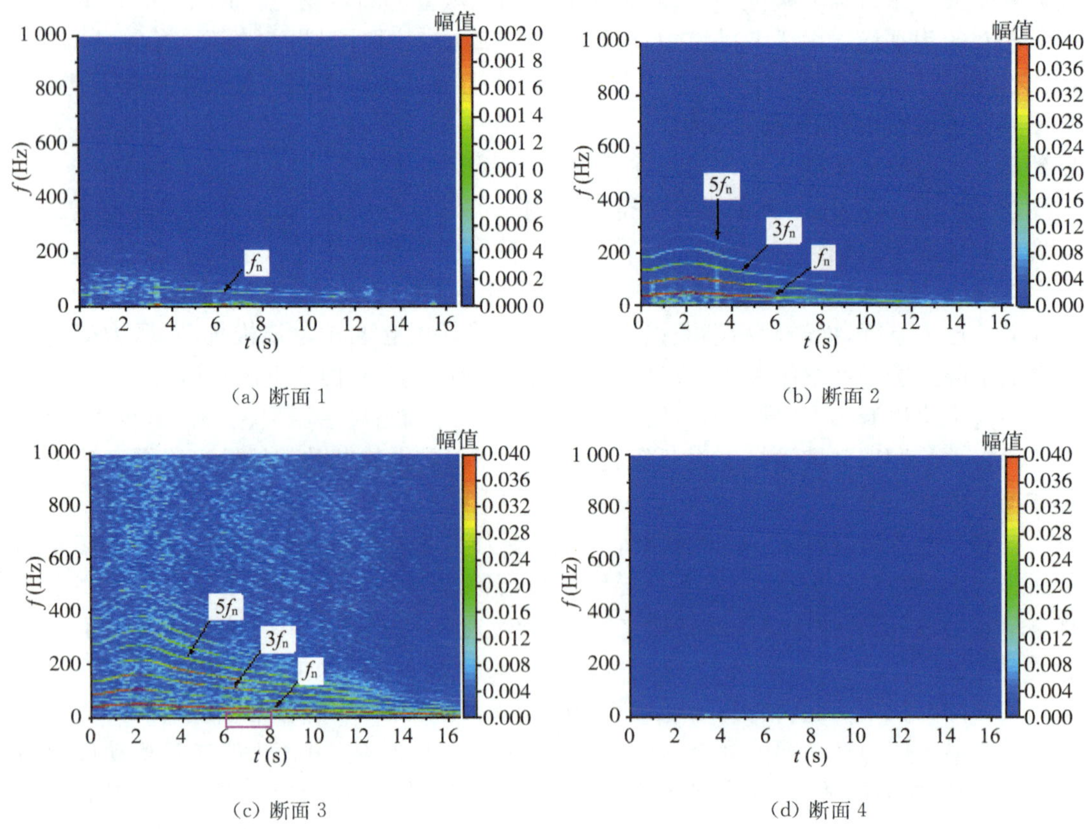

图 4.11　甩负荷过程中水轮机各断面测点 1 压力脉动无量纲幅值图

如图 4.11(a)所示，初始时刻，导叶前端断面 1 压力波动的频率主要为 47.5 Hz，为 $4f_0$，即叶片通过频率 f_n。在导叶关闭第一阶段，断面 1 压力由多个低频信号主导，由于导叶关闭速度较快，该阶段导前压力低频脉动较为明显，进入导叶关闭第二阶段，低频分量幅值和频率逐渐降低，随后断面 1 压力仍以叶片通过频率 f_n 为主，可见导叶关闭规律对导前压力波动有着重要影响。甩负荷过程中，随着转轮转速和流量的增大，机组内部流道易形成复杂的流动结构，且由于转轮旋转扰动，转轮与导叶之间联动干涉及转轮与尾水管之间动静干涉作用增强，转轮前后压力脉动变化显著。从图 4.11(b)和图 4.11(c)可以看出，随着甩负荷过程的进行，转轮前后压力脉动频率随着时间先增大后减小，与流量和转速变化规律一致。导叶与转轮之间断面 2 压力脉动以高频为特征，且随着甩负荷进行转速的上升，各分量幅值逐渐上升。受导叶关闭与转轮转动之间联动干涉影响，断面 2 压力脉动主频以叶片通过频率及其二次 $2f_n$、三次 $3f_n$ 及四次谐波 $4f_n$ 分量为主，此外还可以得出叶片通过频率的五次和六次谐波低幅值分量，在导叶关闭第一阶段还可以明显观察到一些幅值较高的低频脉动信号，这些多是由于转轮进口流态恶化所形成，且这些低频脉动分量贯穿整个过程。转轮后方断面 3 压力脉动规律与断面 2 较为相似，以高频为特征，主频为叶片通过频率及其谐波频率，显然这是由于转轮转动引起，在这个甩负荷过程中，转轮后方流动结构在动静干涉作用下，出现个别幅值较大的低频脉动分量和幅值较小的高频脉动分量，同时相比于转轮进口断面 2，转轮叶片通过频率及其谐波频率分量作用增强。对于远离转轮的尾水管内断面 4，其压力脉动频率变化较微弱，2.3 s 时出现频率为 10%～25%f_n 的低频脉动分量，且幅值逐渐上升，在 t=6.8～9.7 s 时间段内幅值达到最大，如图 4.11(d)所示。

由以上可知，贯流式水轮机甩负荷过程中转速的变化会通过与导叶关闭相关的导叶与桨叶之间联动干涉及转轮出口处动静干涉作用而引起流场压力的高频脉动，且越靠近转轮处，压力脉动幅值越大。

4.4.4 内部流场特性

根据外特性分析得知甩负荷过程中水轮机动态特性与机组内部特征流场压力脉动高度相关，而对于各种频率成分来源并不明确，且机组外特性变化是内部流场演变的集中体现。为了进一步探析贯流机组甩负荷过程的瞬态特性，有必要对其内部流场演变规律做详细分析。

图 4.12 和图 4.14 所示为甩负荷过程中导叶区域流场变化。其中，图 4.13 所示为图 4.14 中导叶流场断面位置示意图。可以看出，甩负荷过程中，受重力场作用影响，导叶表

图 4.12 贯流式水轮机甩负荷过渡过程导叶压力分布(左:上游视角;右:下游视角)

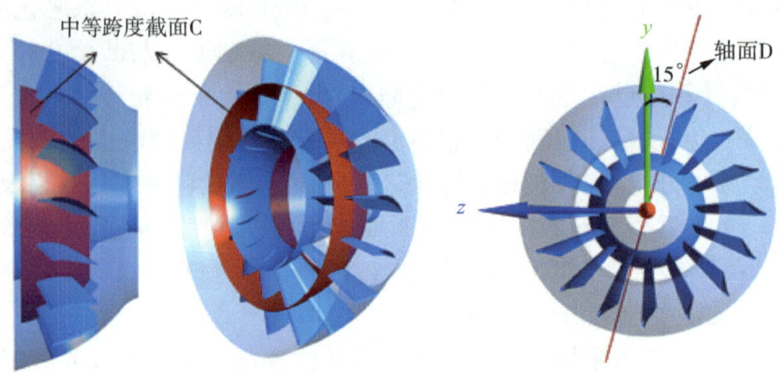

图 4.13 导叶区流场断面位置示意图

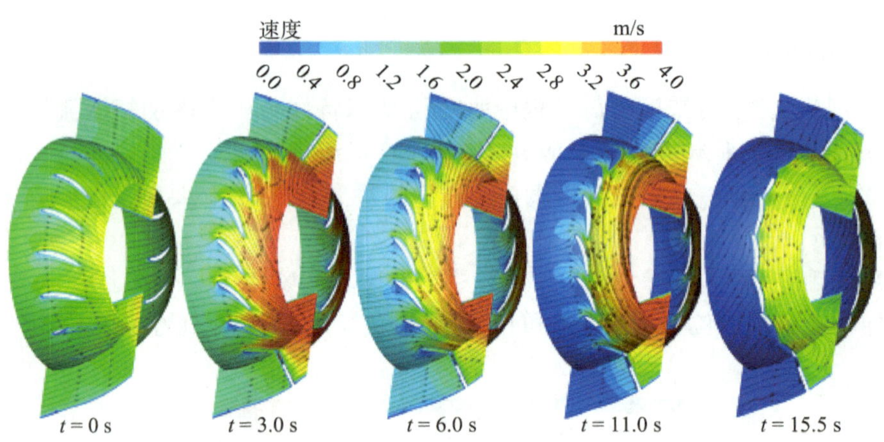

图 4.14 甩负荷过程中导叶区中等跨度截面 C 与轴面 D 的流速与流线分布

面压力呈现上低下高的趋势。甩负荷前($t=0$ s),导叶间流态顺畅无脱流,导叶进口到出口流速分布均匀。甩负荷开始后的导叶关闭第一阶段(图 4.12b),流量变化趋势受转速上升主导逐渐增大,导叶的快速关闭使得导叶进口流动结构发生改变,水流冲击导叶上游面,在水流撞击区域形成局部低速区,这种冲击作用对单个导叶压力分布影响较大,导叶表面压力总体呈现增大趋势,正向水击波的影响在此阶段明显,也是造成导叶前压力出现多个低频脉动分量的重要原因。随着导叶的进一步关闭(图 4.12c、d),流量开始减小,导叶进口流速不断减小,导叶正面的低速区范围不断扩大,当导叶关闭至最小可能开度时(图 4.12d 所示),导叶进口流速降低至最小,进入导叶水流被切断,在导叶区轴面 D 上出现不稳定湍流涡,导叶下游侧形成环流。此时在水锤作用与重力场作用叠加影响下,导叶上游侧形成近似水体静压分布规律,静压梯度明显,而下游侧受导叶小开度出流及转轮高速旋转的影响,导叶根部出现局部低压区,而在重力场影响下,上部导叶低压区更为明显。

图 4.15 和图 4.16 所示分别为甩负荷过程中不同时刻叶片表面压力分布。图 4.17 所示为转轮区流线演变规律。由图 4.15 和图 4.16 可知,$t=0$ s 即甩负荷发生前稳态工况下叶片表面静压分布均匀,当水轮机突甩负荷后,转轮转速的迅速升高导致转轮

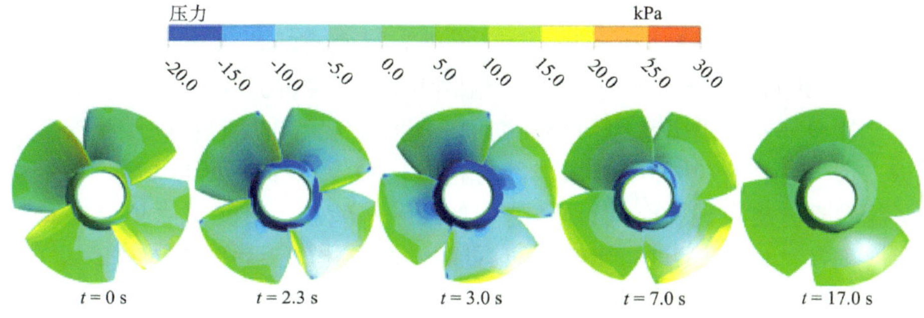

图 4.15　甩负荷过程中叶片压力面压力分布

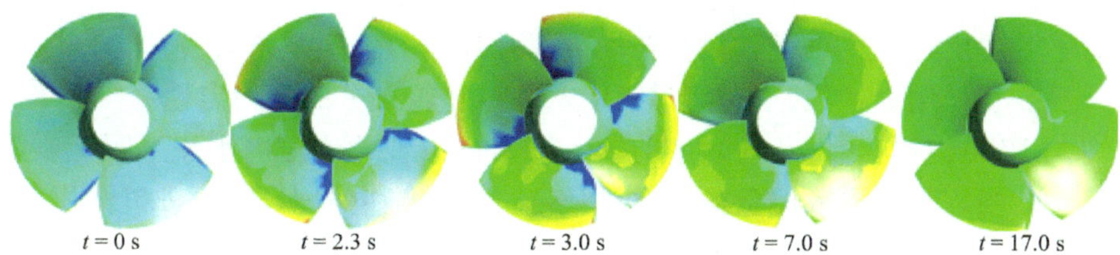

图 4.16　甩负荷过程中叶片吸力面压力分布

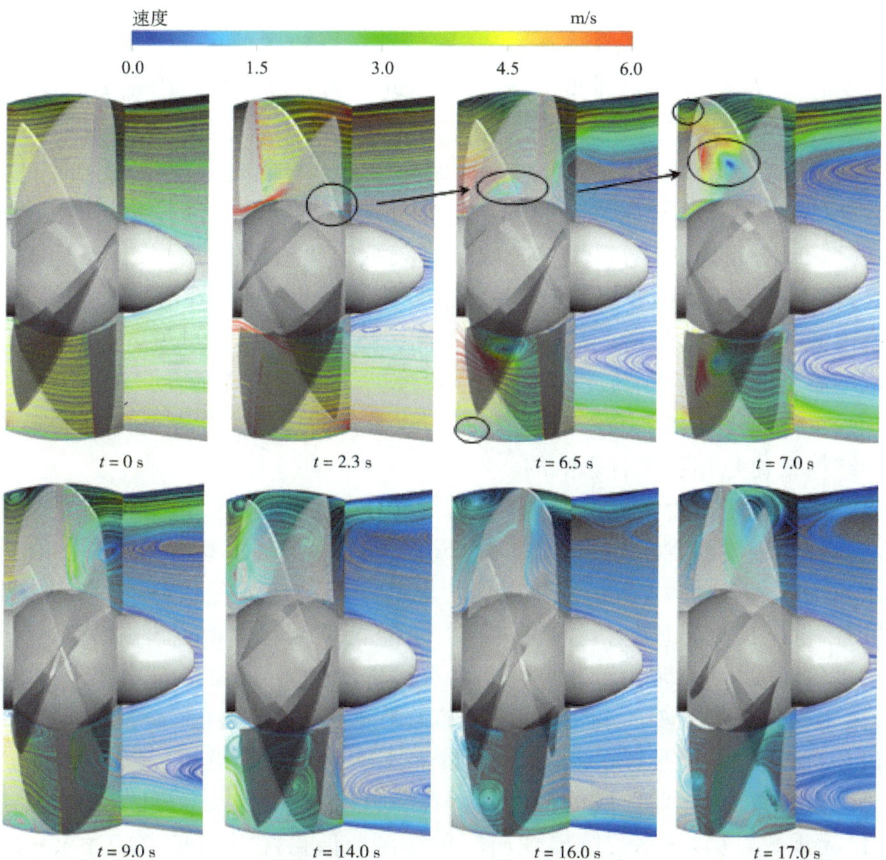

图 4.17　甩负荷过程中转轮纵截面流线变化

进口处圆周速度增大，进而使得叶片进口冲角减小，在叶片吸力面进水边外缘发生局部撞击，相应压力面发生脱流形成负压，然而叶片关闭致使叶片进口安放角减小，冲角增大，这两种影响共同作用下使得这种局部低压和高压区仅占据叶片表面极小部分。由于本算例中叶片根部靠近进出水边两侧存在间隙，水流流经叶片时在间隙处受到挤压，局部产生撞击损失，因而在叶片压力面根部与轮毂接触位置存在负压区域，叶片吸力面进水侧靠近轮毂部分也出现局部低压区，这些低压区从转速上升至最大值($t=2.3$ s)到导叶分段点时刻($t=3.0$ s)又进一步扩展，有可能诱发空化。当导叶进入第二段关闭过程，水轮机已进入制动工况，转轮转速降低，圆周速度减小且叶片安放角也在减小，两者共同作用使得水流冲角增大，转轮叶片表面负压区逐渐减小，直到导叶关闭过程结束，叶片表面负压消失。可见，甩负荷过程中，桨叶持续关闭可以改善叶片表面水流撞击及脱流现象。同时不难看出，由于重力场影响，转轮下部叶片压力大于上部叶片压力，叶片在旋转过程中承受交变作用力，增加了过渡过程中水轮机转轮部分的不稳定性。

从图 4.17 可以看出，甩负荷发生前($t=0$ s)，机组转轮流道内水流平顺无旋涡、回流等不良流态。当水轮机进入甩负荷后，机组转速升高，流量增大，转轮进口圆周速度大幅增加，当 $t=2.3$ s 机组转速上升至最大，叶片后方主流区域轮缘处水流速度较大，水流在离心力作用下被挤向轮缘，轮毂处流速相对较低，转轮出口靠近轮毂位置初生一个较小的回流区，而叶片根部进水侧由于间隙存在，出现局部高流速区。随着甩负荷进行，叶片转速开始下降，叶道间有明显的湍流涡，叶片后方靠近轮毂侧的回流区逐渐迁移至转轮室轮毂侧中心位置($t=6.5$ s)，同时转轮下方靠近叶缘处位置开始出现旋涡，叶片进水侧水流在轮缘处发生偏折。当 $t=7.0$ s 时转轮室核心低速回流区逐渐沿径向向外缘转移，该回流区撞击叶片表面产生局部高流速区，使叶片力矩与轴向力在 6～8 s 时间段内发生不稳定波动(图 4.8b)，进而转轮室内不稳定流动结构在动静干涉作用下，使转轮出口出现低频高幅脉动分量，同时增强了各阶次的高频脉动幅值(图 4.11c)。导叶进入最后关闭阶段后，转速已降至较低，转轮出口动能下降旋流强度降低，在导叶关闭完成后，进入转轮水流被截断，转轮内流场紊乱，完全被不同尺度旋涡占据。可见，甩负荷过程中转速变化通过动静干涉作用影响转轮内流动结构引发压力场的高频脉动，而压力场的变化又可通过叶片水力矩等参数影响机组转速变化，故甩负荷过程中机组转速和力矩与压力场以及流动结构变化是相互耦合影响的。

贯流式水轮机尾水管结构虽简单，但它与转轮室直接相连，故其流态是影响水轮机安全稳定运行的重要因素。图 4.18 显示了甩负荷过程中尾水管内流线及压力变化。

如图 4.18 所示，$t=0$ s 机组发生甩负荷之前处于稳定运行状态，尾水管内流线平顺无旋涡、回流等不良流态，尾水管内整体静压分布下部大于上部，流速沿着径向方向分布均匀。当甩负荷发生后，转轮转速与流量越来越高，尾水管进口环量增大，尾水管内有漩涡产生，在 1.5 s 时形成向下游传播的多个核心旋涡区，当转速在 2.3 s 升至最大值时，尾水管进口环量较大，涡核半径也逐渐增大，旋涡不断向管壁靠近，容易引起振动。导叶关闭到达分段点位置时，之前形成的多个旋涡区已逐渐扩散汇入主流区，尾水管内流线极为紊乱，已无规律可循，尾水管壁出现局部负压区。值得注意的是，在 $t=4.0$ s 时刻，转轮出口的主流逐渐向尾水管边壁方向移动，中心部分的水流在轴向产生回流现象，同时重力场作用下的尾水管周向压力分布平衡，水流产生偏心运动，在尾水管出口段形成不规则、逆时针螺旋流线；当导叶关闭完成后，尾水管内水流只受转轮空转影响，流线呈现剧烈螺旋状，随着时间推进，尾水管内轴面流速与截面圆周速度的匹配关系使得螺旋状流线螺距逐渐减小，如图 4.18(f)、(g)。

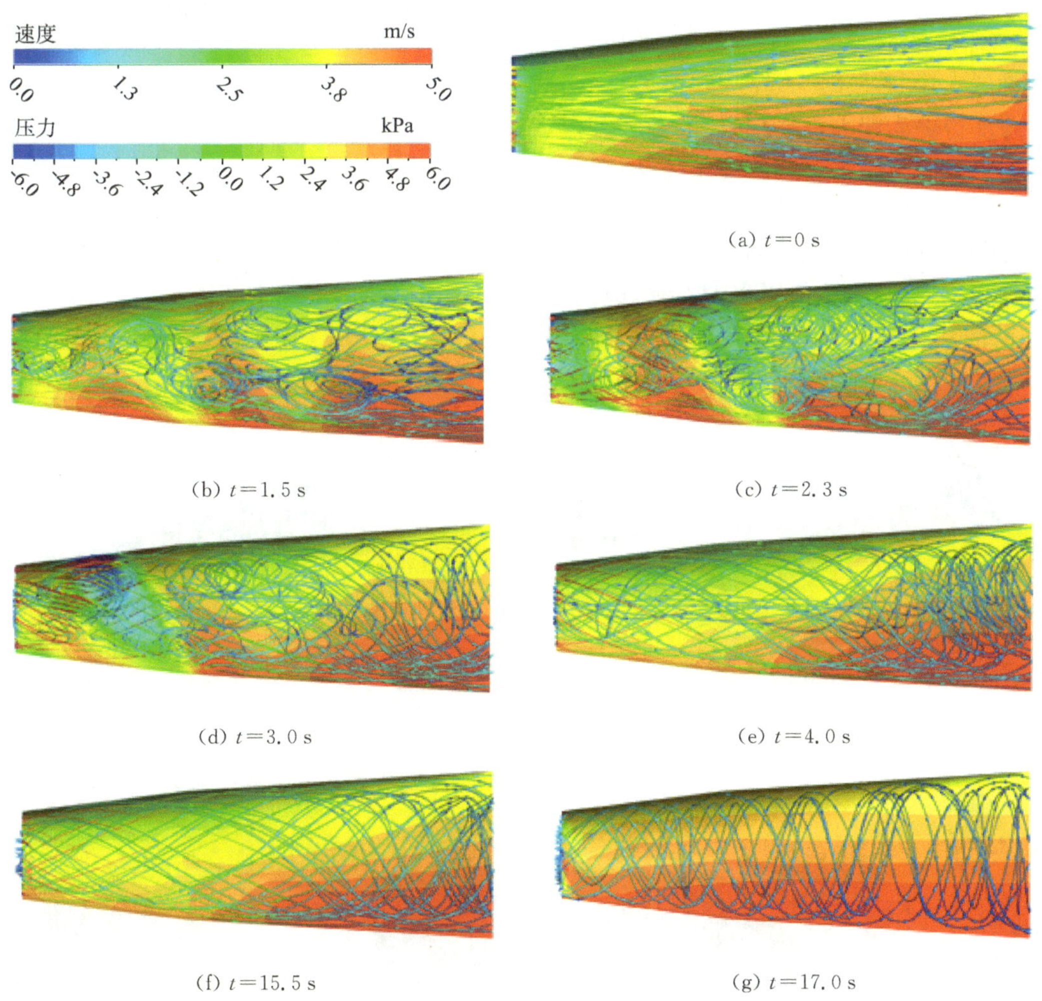

(a) $t=0$ s

(b) $t=1.5$ s

(c) $t=2.3$ s

(d) $t=3.0$ s

(e) $t=4.0$ s

(f) $t=15.5$ s

(g) $t=17.0$ s

图 4.18 甩负荷过程中尾水管内流线及压力变化

根据流体动力学理论，Q 准则[242,243]是一种能够较为全面反映流场内旋涡结构分布及发展演变过程的方法，其定义为速度梯度张量的第二不变量：

$$Q=\frac{1}{2}(\Omega_{ij}\Omega_{ij}-S_{ij}S_{ij}) \tag{4.6}$$

$$\Omega_{ij}=(u_{ij}-u_{ji})/2,\quad S_{ij}=(u_{ij}+u_{ji})/2 \tag{4.7}$$

其中，Ω_{ij} 是速度梯度张量的反对称部分，在物理上表示流体微团的旋转角速度张量；S_{ij} 是速度梯度张量的对称部分，物理上表示流体微团的应变变化率张量。

本篇采用 Q 准则提取水轮机尾水管区域在甩负荷过程中各关键时刻的涡核分布，其中 Level 值选择为 0.03。图 4.19 展示了甩负荷过程中尾水管内涡带演变过程。可以看出，机组还未进入甩负荷过程前，尾水管内流态较好，无低压涡带出现。当甩负荷过程开始后，阻力矩突然消失，转轮转速迅速升高，转轮出口处的水流圆周速度不断增大，尾水管进口处压力有所降低，1.5 s 时在尾水管内形成一条与转轮旋转方向相反的低压偏心涡带，该涡带形成于转轮出口底部和中心之间区域，并且螺旋向下游传播。管内旋流越来越剧烈，当转速升至最大，该条低压偏心涡带变粗，涡带形态不具有螺旋周期对称性，此刻尾水管断面 4 测点压力降至最小值(图 4.10d)。当到达导叶关闭分段点时刻，涡带形态变得更为粗大，沿流向长度变短，当涡带行进至由重力场影响形成的低压区，而后半段涡带行进至尾水管底部高压区，压力受到抵消，涡带被重力场所形成的压力分布截断，尾水管进口处涡带体积减小，断裂涡带的形成导致尾水管测点压力在此刻形成一个极大值(图 4.10d)，压力脉动在此时间段产生较大波动，说明此刻形成的断裂涡带足以主导尾水管内压力分布，致使尾水管内流态复杂，水力不稳定性加剧。

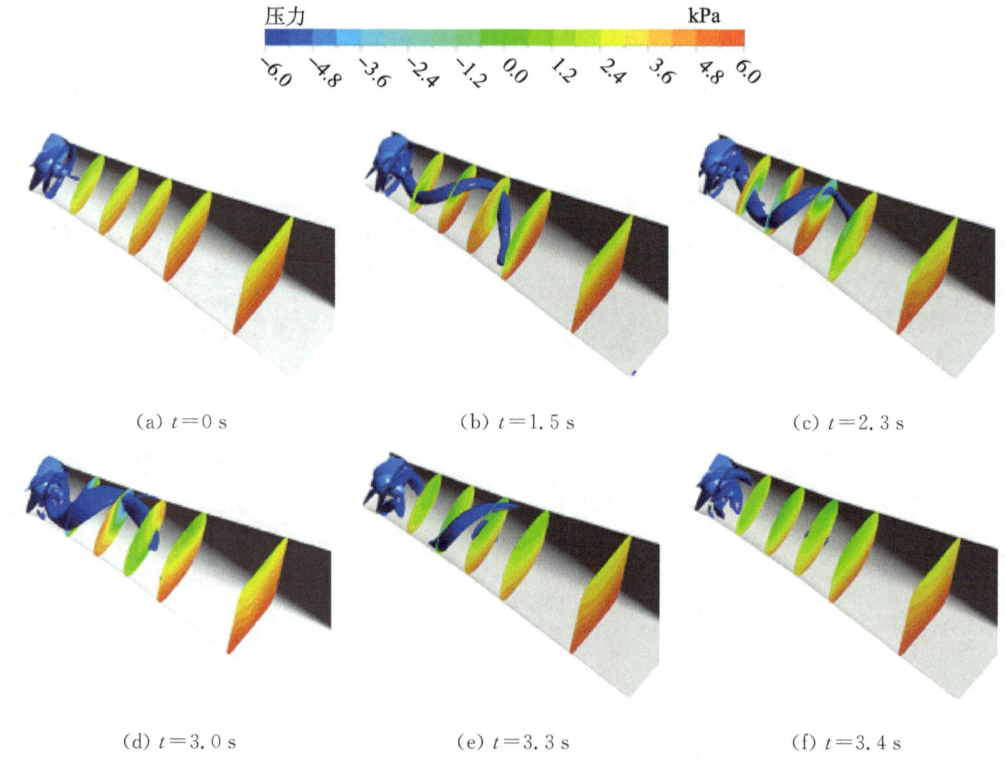

(a) $t=0$ s (b) $t=1.5$ s (c) $t=2.3$ s

(d) $t=3.0$ s (e) $t=3.3$ s (f) $t=3.4$ s

图 4.19 甩负荷过程中尾水管内涡带变化

4.5 飞逸过渡过程主要计算成果

4.5.1 外特性参数变化规律

当水轮机组甩掉负荷，而调速器失灵，导水机构不关闭时，机组在水力矩的作用下迅速升速，直至达到该水头与导叶开度下的飞逸转速。在飞逸状态下，靠近水轮机转轮轮毂的翼栅处于泵工作状态，动力冲角为负值。此时，转轮上作用的正、负力矩相平衡，构成了飞逸工作状态。当水轮机组处于飞逸状态时，会发生一系列由惯性附加动力引起的不稳定现象，水轮机的水力不稳定现象所产生的动载荷能导致振动，对机组造成极大威胁。为保证水电站运行稳定和设备安全，应对其过渡过程进行深入分析。

为了监测贯流式水轮机内部压力变化情况，流道内部压力监测点设置如图 4.20 所示。

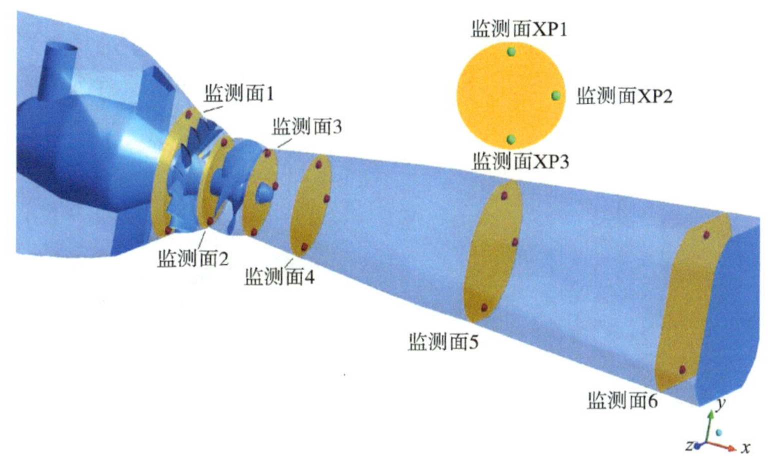

图 4.20 贯流式水轮机流道内监测点设置

在数值计算中，水轮机组在 1 s 时刻突然甩负荷，当调速器失灵，导水机构不能关闭时，机组在水力矩作用下迅速升速，直至达到该水头与导叶开度下的飞逸转速。转轮转速 n、机组应用流量 Q、转动部件轴向水推力 T 和转轮力矩 M 随时间变化过程如图 4.21 和图 4.22 所示。

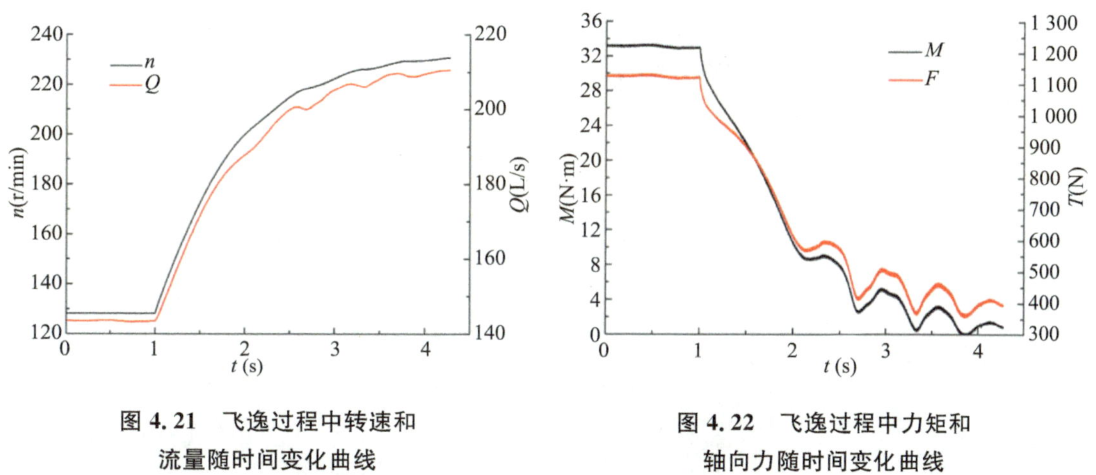

图 4.21 飞逸过程中转速和流量随时间变化曲线

图 4.22 飞逸过程中力矩和轴向力随时间变化曲线

飞逸初始时刻，动力矩远大于阻力矩，使转速快速上升，力矩也呈现快速下降趋势。在飞逸过程中，由于转速快速上升，水轮机的流量也增加，并逐渐平稳。当转速足够大时，转轮所受水流阻力矩作用明显，力矩下降趋势减弱，转速上升速率下降，随着力矩的减小，增加幅度逐渐趋缓。由于转速的上升，叶片进出口的冲角急剧变化，转轮受到的水力矩急剧下降，直到与阻力矩平衡，此时转速上升至最大。由于转速的上升，叶片进口水流冲角急剧变化，叶片上受到的水推力波动较大。在力矩下降过程中，力矩有小幅波动，当飞逸过程经过 1 s 时，转速升高 56%之后，力矩数值呈现波动性的减小，且波动幅值越来越大，表明在达到一定的飞逸转速后流场的不稳定性增加。

4.5.2 监测点压力脉动特性

贯流式机组在飞逸过渡过程中尾水管内的压力脉动可能引起机组强烈的振动，对水轮机组的安全稳定运行造成威胁。图 4.23 所示为不同监测面上 3 个监测点的压力随时间变化曲线。

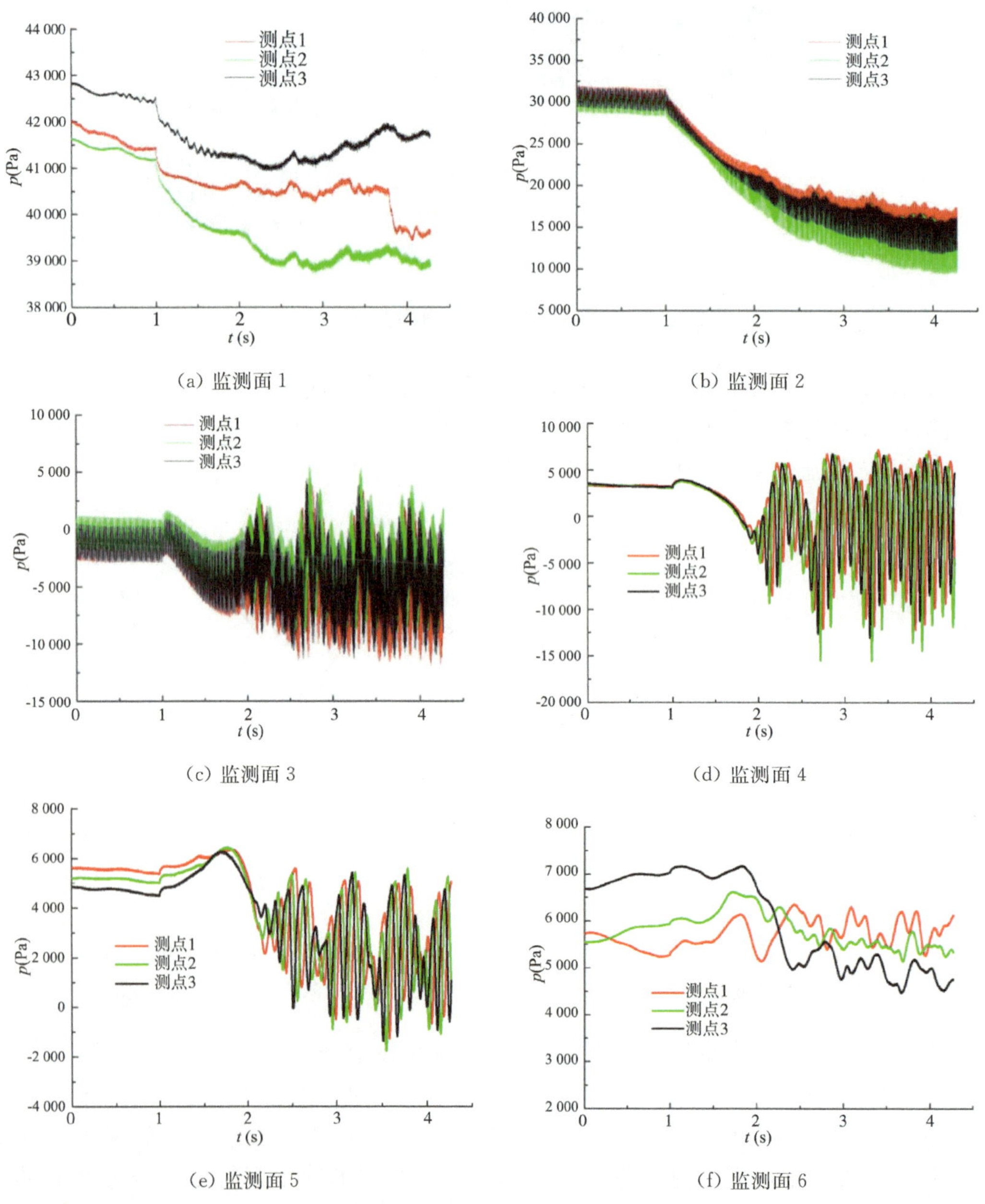

(a) 监测面 1　(b) 监测面 2

(c) 监测面 3　(d) 监测面 4

(e) 监测面 5　(f) 监测面 6

图 4.23　不同监测面上 3 个测点压力随时间变化曲线

图 4.23 表明,随着转速升高与流量增大,流道内流速也随之增加,转轮前后各测点的静压值都有不同程度的波动。监测面 1 和 2 展示了导叶前和导叶与转轮之间 3 个测点的压力变化过程。由于流道内流速的增加,致使各点的压力呈不同程度下降,导叶前监测面 1 的 3 个测点压力随着时间脉动幅值下降,在飞逸经过 1 s 之后,压力变化剧烈,但幅值变化逐渐减小,在飞逸过程的后期,测点变化不规律,原因是此时机组转速逐渐到达飞逸转速,机组的振动加剧。导叶与转轮之间的 3 个测点压力随着转速和流速的增加,压力脉动幅值逐渐增大,转轮和导叶之间的最大压力脉动幅值达到 1 m 多,由于转轮转速越快,转轮与导叶之间的动静干涉越剧烈,压力脉动幅值越大。尾水管内监测面 4 上的 3 个测点压力变化较为剧烈。靠近转轮的监测面 3 的各测电压力在飞逸初始时刻压力有略微的上升,后续呈波动的下降趋势,脉动幅值逐渐增大,脉动幅值小于 0.7 m。尾水管内监测面 4 和 5 的变化趋势较为相似,这两个监测面上的测点压力在 2 s 左右时,压力出现大幅度的波动变化,各测点变化呈现一定的相位差。而这两个监测面的测点压力在 2 s 左右时出现大幅度的变化主要是由于尾水管内产生的低压涡带主导了尾水管内的压力分布,使得重力和转轮对尾水管压力分布影响不明显,测点压力脉动主要呈现高频脉动,最终使得尾水管内水流流态复杂、水力不稳定性加剧。尾水管末端的监测面 6 远离水轮机转轮,不受尾水管内涡带影响,其压力变化主要受尾水管出口的水池流态影响。尾水管末端的出水截面发生突变,此时末端监测面的测点变化不规律,但变化幅值很小,说明尾水管尾端压力脉动不明显。

4.5.3 内部流场特性

流场内特性是水轮机外特性参数变化的决定因素,取水轮机流道中转轮表面以及尾水管进口和水平截面,进一步分析飞逸过程流场演变规律。图 4.24～图 4.27 所示为贯流式水轮机经历飞逸过渡过程中机组内部流场演变过程。

在水轮机飞逸过程中,随着转轮速度的升高,转轮叶片进口的圆周速度增加,水流进口角逐渐减小,导致叶片的吸力面进水侧靠近叶缘处发生水流撞击,压力面进水侧叶缘出现脱流。

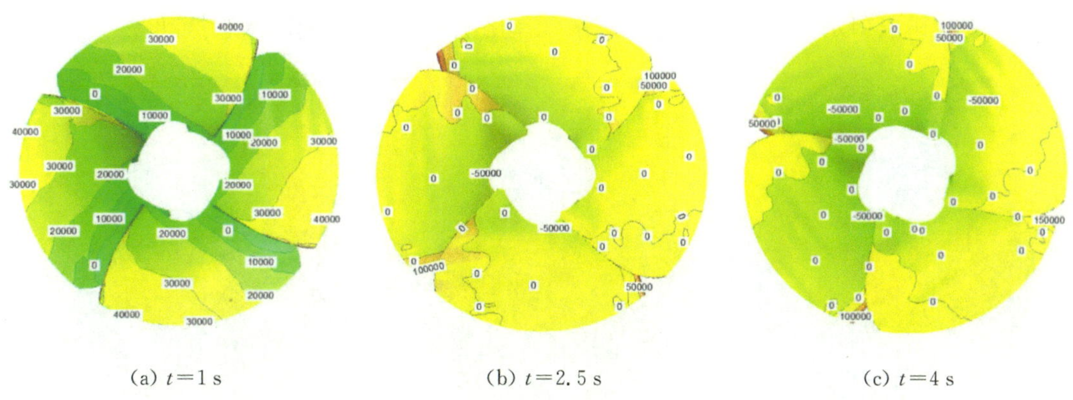

(a) $t=1$ s (b) $t=2.5$ s (c) $t=4$ s

图 4.24 飞逸过程中叶片压力面压力分布变化过程

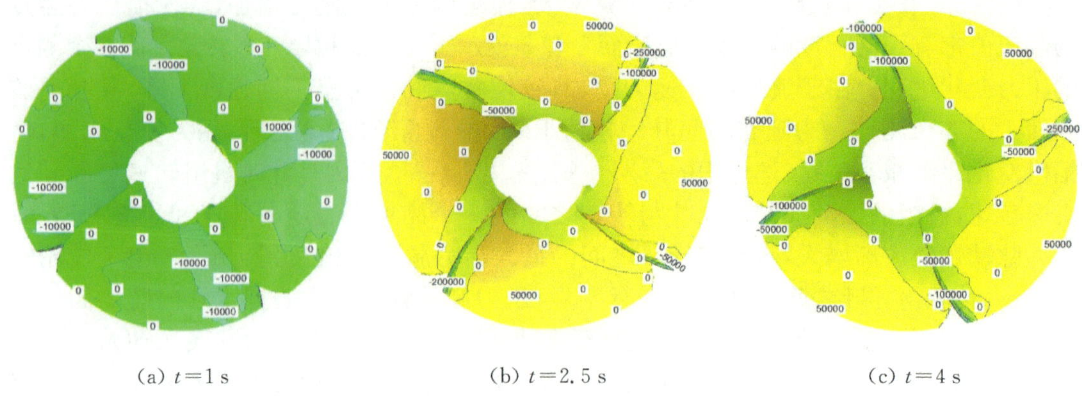

(a) $t=1$ s　　(b) $t=2.5$ s　　(c) $t=4$ s

图 4.25　飞逸过程中叶片吸力面压力分布变化过程

初始工况时，转轮流场的静压分布如图 4.24(a)和图 4.25(a)所示；随着转速的升高，叶片进口圆周速度增加，水流进口角逐渐减小，在叶片吸力面进水侧靠近叶缘处开始出现负压，并且呈扩大趋势，如图 4.24(b)和图 4.25(b)所示；当水轮机飞逸到最高转速时，如图 4.24(c)和图 4.25(c)所示，局部地方的负压达到了-2.5×10^5 Pa 左右。在飞逸过程中，转速的升高加剧了吸力面进水侧水流的撞击和吸力面进水侧叶缘的脱流，撞击形成的高压区和脱流产生的低压区域有所增加。由于计算增加了重力场的影响，因此叶片整体压力在飞逸过程中分布并不均匀，增加了转轮过渡过程中的不稳定性。

图 4.26 所示为水轮机飞逸过程中转轮出口或者尾水管进口的静压分布云图。从图中可以看出，随着飞逸过程的进行，转速逐渐增高，尾水管进口截面中心处的压力也越来越低，由初始工况的 2 000 Pa 降到最终的-12 000 Pa；边壁压力降幅相对较小，由于离心力等原因，边壁局部地方压力还略有上升，但瞬间沿周向的压力分布不均匀性加大，从-800 Pa 到 800 Pa。在飞逸过渡过程开始的初始稳态工况，尾水管进口的水流受转轮影响较大，近似呈现 4 个低压区域，这与叶片数量有关，此时截面整体压力分布为下部压力大于上部，这是由于重力场的影响，说明尾水管此处所受的交变作用力明显。在飞逸过程中直至转速达到最大值，尾水管中心截面低压涡带区域受圆周速度影响，出现偏心作用力。水轮机出口水流进入尾水管对尾水管作用明显，容易引起尾水管振动。

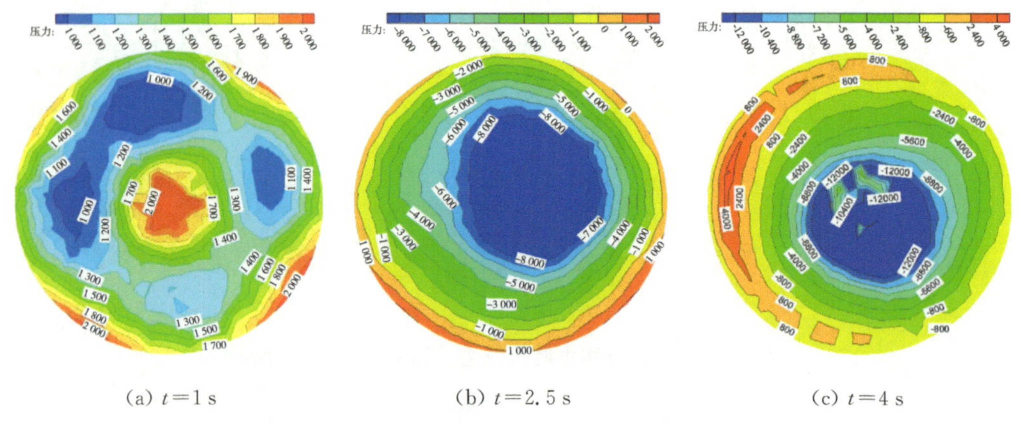

(a) $t=1$ s　　(b) $t=2.5$ s　　(c) $t=4$ s

图 4.26　飞逸过程中尾水管进口压力分布变化过程

图 4.27 所示为水轮机飞逸过程中尾水管内流线分布。随着转速的升高，尾水管进口截面中心处的压力越来越低，由初始工况的 2 000 Pa 降到最终的−12 000 Pa；边壁压力降幅相对较小，由于离心力等原因，边壁局部地方压力还略有上升，但瞬间沿周向的压力分布不均匀性加大，从−800 Pa 到 800 Pa。在飞逸过渡过程开始的初始稳态工况，尾水管进口的水流受转轮影响较大，近似呈现 4 个低压区域，这与叶片数量有关，此时截面整体压力分布为下部压力大于上部，这是由于重力场的影响，说明尾水管此处所受的交变作用力明显。在飞逸过程中，直至转速达到最大值，尾水管中心截面低压涡带区域受圆周速度影响，出现偏心作用力。水轮机出口水流进入尾水管对尾水管作用明显，容易引起尾水管振动。

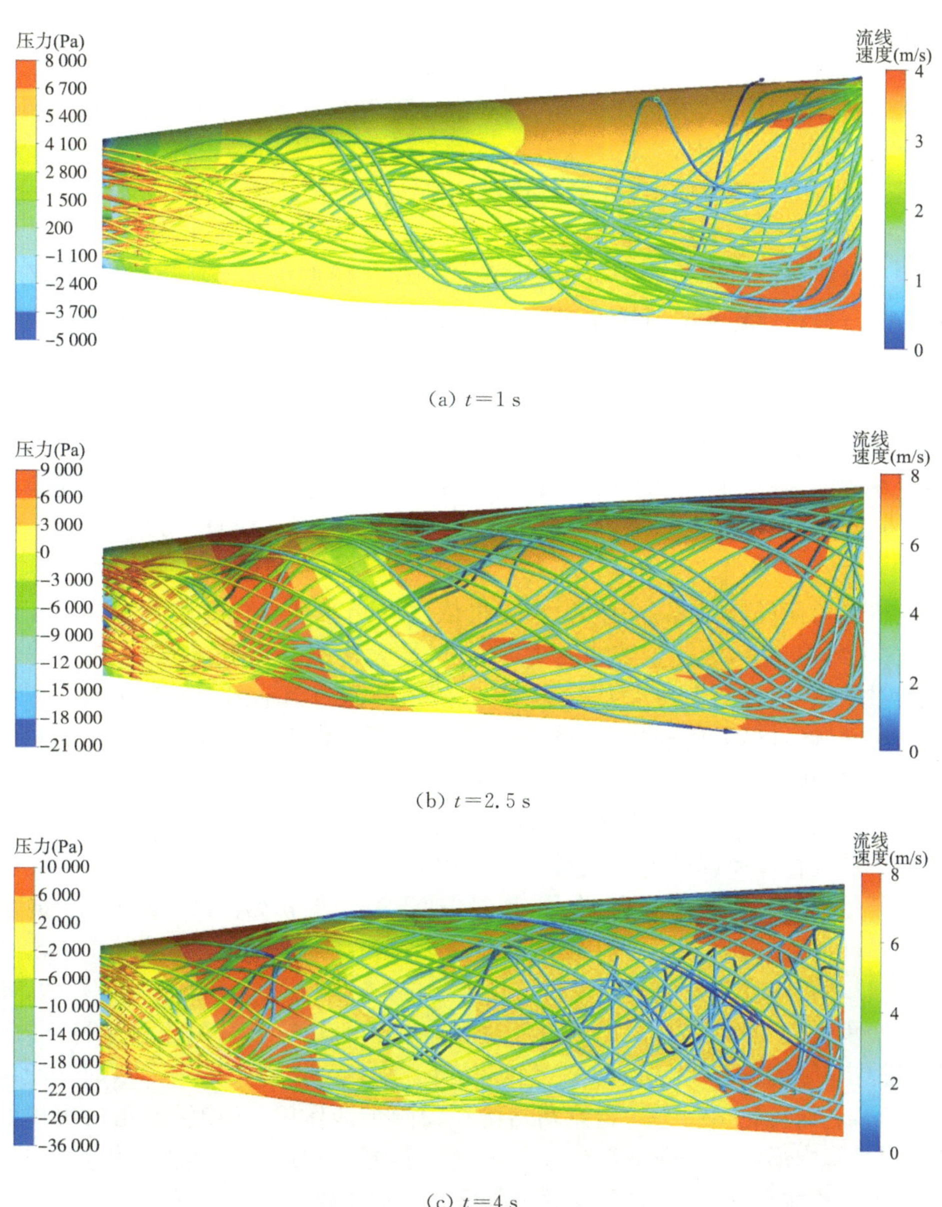

(a) $t=1$ s

(b) $t=2.5$ s

(c) $t=4$ s

图 4.27　飞逸过程中尾水管内流线分布

从图 4.27 可以看出，机组在飞逸过程开始的初始时刻，机组运行较为稳定，尾水管并未出现明显的低压区，流态平顺。飞逸过程中随着水轮机转速越来越高，使得转轮出流的水流的圆周分速度也越来越大，转轮出口的主流逐渐向尾水管管壁方向移动，转轮后的压力越来越低，致使尾水管中心区域的负压也越来越大。当真空度达到一定的数值后，中心部分的水流在轴向就会产生回流现象，同时由于重力场的作用，使得尾水管周向的压力不平衡，又将导致水流的偏心运动，最终形成十分不规则的顺时针螺旋涡带。图 4.27 中的流线显示，旋流越来越剧烈，流线从平顺变得扭曲混乱，表示其内部流态越来越复杂，流动的不稳定性加剧。

4.6 小结

本章主要围绕贯流式水轮机甩全负荷过渡过程工况及飞逸过渡过程开展研究工作，利用商业软件 Fluent 及其 UDF 二次开发技术，对灯泡贯流式水轮机全过流系统甩负荷过渡过程进行了三维数值模拟，分析了外特性参数的变化规律与内部流场演变规律，具体包括：

采用三维湍流数值模拟方法对转桨贯流式水轮机模型甩全负荷过程进行了研究，利用力矩平衡方程获得转轮实时转速，基于动网格技术实现采用双重调节机构调节导叶与桨叶的运动，解决了桨叶自转与随转轮公转的复合运动规律精确指定的难题，首次实现桨叶参与调节的转桨式水轮机甩负荷过渡过程研究。本章采用的 SST $k-\omega$ 湍流模型结合动网格的过渡过程数值模拟方法可以较为真实地反映贯流式水轮机甩负荷过程外特性参数变化规律、测点压力脉动瞬变规律以及内部流场随时间的演变过程，其中机组转速、轴向力及导前压力变化曲线的模拟值与试验值吻合较好，验证了该方法的适用性与准确性。

水轮机甩负荷外特性结果表明：水轮机依次经历水轮机工况和制动工况，转速在 2.3 s 左右达到最大值，为初始转速的 1.339 倍，最大转速上升不超过 40%；水力矩与轴向力先后过零点，而轴向力与水力矩过零点时间不同是因为轴向力的作用面除了叶片还有轮毂与泄水锥，且最大负轴向力为初始工况的 43%。机组内各处压力脉动主频为叶频及其谐波分量，转速的变化会通过导叶与桨叶之间联动干涉及转轮出口处动静干涉作用引起流场压力的高频脉动，且越靠近转轮脉动幅值越大。

水轮机系统各过流部件内部流态演变规律表明：由于导叶区是入流部分，其内部流场相对于其他部分而言较为稳定，在导叶关闭速度较快的初始阶段，受上游正向水击波冲击作用，导叶前压力出现多个低频脉动分量；导叶-桨叶联动关闭恶化了转轮入流条件，叶片进口冲角的变化是引起转轮内流场不稳定的重要原因，由于重力场影响，叶片在旋转过程中承受交变作用力，增加了过渡过程中水轮机转轮部分的不稳定性，转轮流道内回流区撞击叶片表面产生局部高流速区，使叶片力矩与轴向力在 6～8 s 时间段内发生不稳定波动，进而转轮室内不稳定流动结构在动静干涉作用下，使转轮出口出现低频脉动分量；尾水管内形成一条向下游传播与转轮旋转方向相反的低压偏心涡带，当涡带行进至由重力场影响形成的低压区，其后半段行进至尾水管底部高压区，压力受到抵消，涡带被重力场所形成的压力分布截断，涡带的断裂导致复杂的流动结构，引发尾水管内压力变化，水力稳定性急剧恶化。

从飞逸过渡过程计算结果来看，尾水管的流场在飞逸过渡过程中的变化最为明显，随着机组转速的升高，水流的圆周分速度也逐渐增大，在尾水管内形成各种复杂的非定常流动状态，这将诱发大幅度的低频压力脉动，致使机组产生剧烈的振动。同时，转轮叶片受强烈的水流撞击和脱流，使得在重力场作用下叶片和尾水管都将承受交变应力，增加了飞逸过渡过程中的不稳定性。

因此，任何一个水电站的设计都要经过过渡过程的计算，其结果作为评价工程方案是否可行的基本条件之一。

第 5 章
自由液面对贯流式水轮机瞬态水力特性影响研究

5.1 概述

液体自由表面普遍存在于水利工程中，贯流式水轮机因运行水头低，故常见于潮汐电站。双库开发方式，即电站设在两库之间的开发方式是潮汐电站广泛采用的一种形式，自然界的水池上表面与空气直接接触，故存在自由液面。贯流式水轮机流道较短，纵横尺度相当，且机组水头与转轮直径之比相对较小，则库区自由液面与水体重力对水轮机内部流动影响明显。而现在关于贯流式机组的研究多是未考虑上下水池[179-181,183]，少数有考虑上下水池的研究也仅是将水池表面当作无滑移壁面处理[180,184]，然而这种边界条件对计算结果的影响并未涉及与探讨。因此，本章在考虑上下游水池自由液面及水体重力的情况下，对模型贯流式水轮机进行数值模拟研究，一方面研究考虑与不考虑自由液面对水轮机稳态运行工况内部流动特性的影响，另一方面研究考虑与不考虑自由液面对水轮机甩负荷过渡过程工作参数及内部流场变化影响，进而为贯流式水轮机稳态与非稳态运行工况控制提供依据。

5.2 自由液面处理方法

VOF 方法是目前处理带有自由液面流动问题的较为理想的方法，其主要创新之处在于建立体积函数 F 来表征流体占当前控制体的体积分数，并以此来创建并追踪自由表面。以气液两相流为例，若在某个时刻控制体积内全部为液体，则 $F=1$；若某个时刻控制体积内全部为空气，则 $F=0$；若控制体积内既有空气又有液体，即存在气液交界面，则 $0<F<1$。

本章采用 VOF 模型对含有自由液面的贯流式水轮机进行气液两相流模拟。分别定义 α_w 和 α_a 为计算上下游水池内水和气体所占的体积分数，气体的体积分数可以用下式表示：

$$\alpha_a = 1 - \alpha_w \tag{5.1}$$

其中，水的体积率函数 α_w 的控制方程为

$$\frac{\partial \alpha_w}{\partial t}+u_i\frac{\partial \alpha_w}{\partial x_i}=0 \tag{5.2}$$

引入了VOF模型的k-ω湍流模型与单相流的k-ω模型形式完全相同，只有密度ρ和动力黏度μ的具体表达形式不同。由于水体积分数的加权平均值给定，故密度和动力黏度均是水体积分数的函数，而不是一个常数，其表达式如下：

$$\rho=\alpha_w\rho_w+(1-\alpha_w)\rho_a \tag{5.3}$$

$$\mu=\alpha_w\mu_w+(1-\alpha_w)\mu_a \tag{5.4}$$

式中，ρ_w和ρ_a分别是水相和空气相的密度；μ_w和μ_a分别是水相和空气相的分子黏性。对水的体积分数α_w的求解，可通过式(5.3)、式(5.4)求得。

5.3 数值计算设定

本章选取模型与前两章所用模型基本一致，仅在上下游水池顶部加入一定高度的空气域，上下游水池水面高程差即为水头，其中水池大小与模型试验台水池尺寸一致。由于机组模型相似，在此不再赘述。整个计算域包含6个部分，分别是上游水池、进水流道、活动导叶区域、转轮区域、尾水管及下游水池。考虑到两相流计算耗时较长，本章甩负荷计算仅考虑导叶关闭，其关闭规律与第四章所述一致。对于活动导叶关闭的大尺度网格变动，为了保证计算能够稳定持续，对活动导叶区域采用非结构化网格划分，而其余部分均采用结构化网格划分。由于水体和气体的密度差异较大，为了能够较为清晰地捕捉两相介质在自由液面处的相界面，自由液面附近需要进行网格加密，若网格过稀少则会造成交界面过于宽大，产生较大误差。此外，在两相交界面处，水相和气相体积分数梯度变化相对较大，故液面网格加密有助于水气两相之间更好发展。图5.1所示为整个计算与网格分布及主要部件的网格局部。

本章将在考虑自由液面及不考虑自由液面两种情况下，采用数值模拟方法对水轮机甩负荷过渡过程进行研究。若不考虑自由液面，则计算方法与第四章相似；对于考虑自由液面的计算，采用图5.1所示的水轮机模型先进行定常稳态工况数值模拟，然后进入非定常数值计算，待机组过流量波动变化小于0.2%后进入甩负荷工况计算，旨在探究自由液面对水轮机甩负荷过渡过程内部流动特性及分布规律的影响。

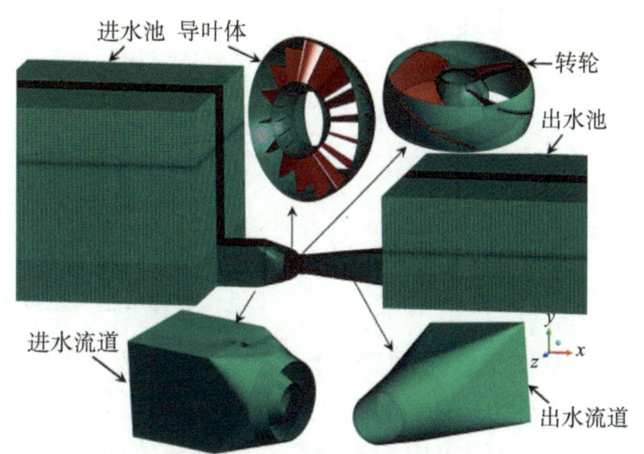

图5.1 整个计算域网格图

本章中，考虑自由液面的水轮机模型初始流场如图5.2所示，其中蓝色区域为水域的初始位置，红色区域为空气域。整个计算中考虑水流重力影响。对于水池进出口，定常计算时给定液面高度及静水压力，非定常计算时给定液面高度及压力沿水深变化；水池顶部空气域设定为开放面，空气入口；转轮区域为旋转部件，固体壁面采用光滑无滑移边界。根据第四章时间步长无关性验证结果，时间步长取为 0.000 5 s 和 0.001 s 结果相差不大，因此为了减少计算时间，本算例采用的时间步长为 0.001 s。

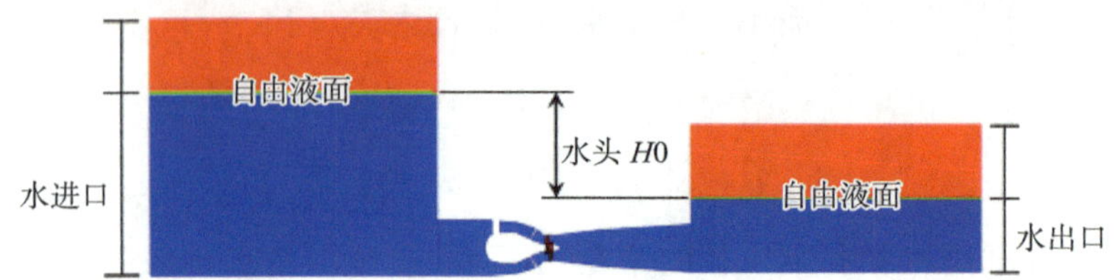

图 5.2　考虑自由液面水轮机初始流场

5.4　自由液面对水轮机稳态特性影响研究

5.4.1　外特性参数变化规律

为了获取甩负荷前初始参数，对考虑自由液面和不考虑自由液面水轮机进行稳态非定常计算，探究外特性参数变化规律。在进行非定常计算前，先对两种模型进行定常计算，待参数误差收敛至 10^{-5} 后，将定常计算结果作为初值转入非定常计算。图 5.3 和图 5.4 所示分别为水轮机稳态运行时机组流量和转轮水力矩变化曲线。

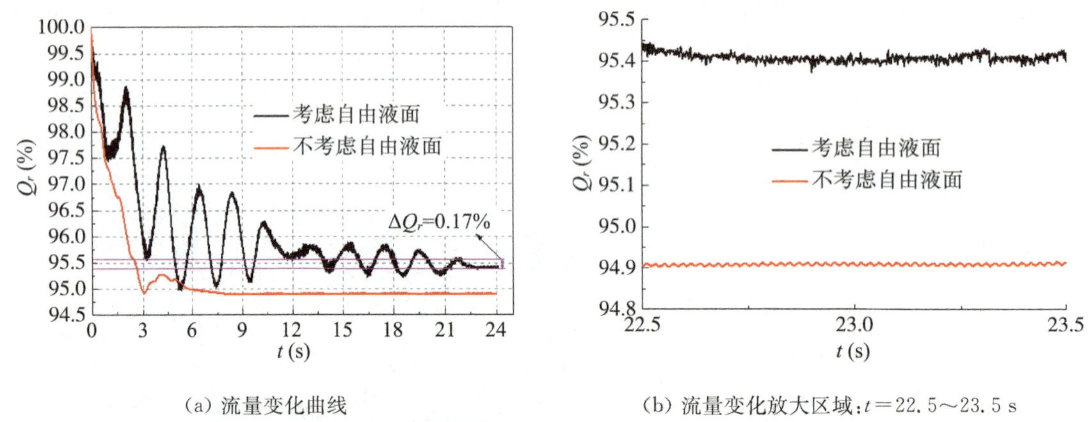

(a) 流量变化曲线　　(b) 流量变化放大区域：$t=22.5\sim23.5$ s

图 5.3　水轮机稳态运行机组流量变化规律

从图 5.3 可知，不考虑自由液面时，机组流量从定常计算初值迅速下降，在 $t=3$ s 时达到一个最小值后开始回升，此后的 3 s 时间内，流量呈现小幅波动上升下降，直至 $t=7.5$ s 时以固定周期幅值在一个固定值周围波动。可见，不考虑自由液面时，上下游水池视为密闭容器，水池内始终充满水，水池进出口边界条件发生改变，由给定静水压力变为压力沿水深变化，故机组过流量在经历极短时间的大波动后趋于一个稳定值，不再发生大幅值波动；考虑自由液面时，机组流量呈周期性波动变化，由于边界条件的改变，前 5 s 总体呈迅速下降趋势，从 $t=5$ s 开始流量曲线不再继续下降，而是呈现幅值逐渐变小的周期性波动，最终在 $t=22$ s 时，流量波动幅值减小为 0.17%，此时自由液面对机组流量的波动影响减弱。

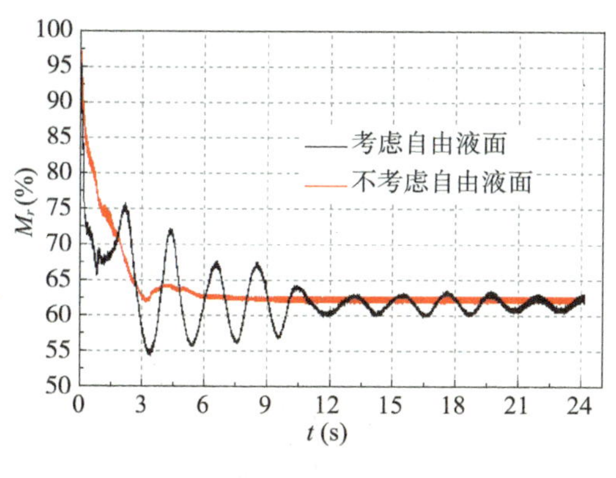

(a) 转轮水力矩变化曲线

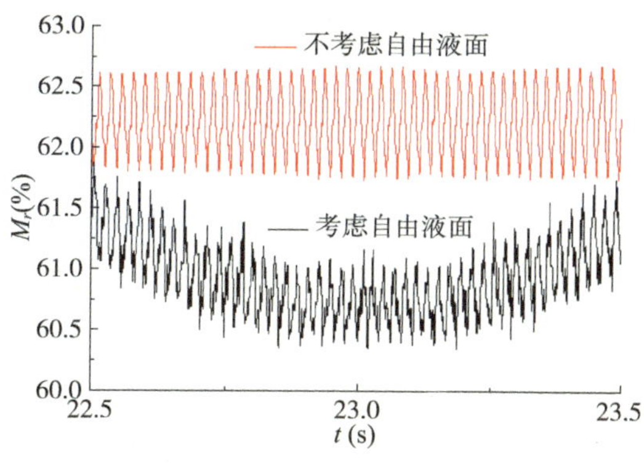

(b) 转轮水力矩变化放大区域：$t=22.5\sim23.5$ s

图 5.4 水轮机稳态运行转轮水力矩变化规律

从图 5.4 来看，水轮机稳态运行时转轮水力矩变化趋势与机组流量变化规律相似。不考虑自由液面时，转轮水力矩先经历短时间迅速下降然后回升，经历一个波峰的变化后，在 $t=7.5$ s 左右整体趋势稳定，此后的阶段以固定周期和幅值在一个固定值周围上下波动，波动幅值为 1%左右；考虑自由液面时，转轮水力矩整体呈现规律性波动，前 3 s 迅速下降后开始以固定周期上下波动于一个定值周围，且波动幅值越来越小，说明自由液面带来的影响逐渐趋于稳定，最终水力矩的波动幅值为 3%左右。

5.4.2 压力脉动特性

图 5.5～图 5.9 所示为水轮机稳态运行导叶及转轮前后压力脉动无量纲幅值时频图，f_0 为转轮转频，叶片数为 4，则叶片通过频率为 4 倍转频，即 $f_n=4f_0$。

图 5.5 所示为贯流式水轮机稳态运行压力脉动时域图。可以看出，定工况下各处的压力变化规律相似且稳定运行时幅值范围基本保持不变。考虑自由液面和不考虑自由液面的导前压力和尾水均是经历短时间下降后开始逐渐稳定，不同的是考虑自由液面的导前和尾水压力呈现周期性波动且波动幅值越来越小，最终稳定在某一固定值上下，此时波动幅值已经非常小，而不考虑自由液面的导前和尾水压力则不经历周期性波动，较早进入稳定并保持。转轮进出口处的测点压力脉动幅值较大，但其均值变化规律与导前和尾水压力变化相似。转轮进口即导叶出口处压力脉动幅值最大，主要原因是该处监测点位于旋转转轮和静止导叶交界面的位置，此处流体受明显的动静干涉作用。同时，水流在流经转轮后，经叶片做功，尾水管内流体压力较低，故尾水压力相比其他各处脉动幅值明显减小。

图 5.6～图 5.9 是贯流式水轮机稳定运行压力脉动频域图。从频域特性上看，考虑和不考虑自由液面导前压力主频均为一倍叶频 f_n，不同之处在于，不考虑自由液面还可捕捉到幅值较低的叶频谐波分量，而考虑自由液面的导前压力除幅值较高的主频外，整个流动过程夹杂着许多幅值频率不等的干扰信号，这可能是由于导叶前离上游水池距离较近，在机组经历不稳定到稳定运行过程中，水位的波动带来许多干扰信号。相似的情

况在尾水管压力脉动频域特性也可以观察到，考虑自由液面的尾水管压力脉动主频为一倍叶频，但同时可以捕捉到一些高幅低频脉动信号，如3倍转频和0.43倍转频以及一些幅值和频率不等的干扰信号。相对来说，不考虑自由液面的尾水压力主频为一倍叶频及其二次、三次和四次谐波分量，同时还能清晰观察到一倍转频 f_0 分量。从转轮前后的压力脉动频域来看，无论考不考虑自由液面，受转轮旋转和静止部件间动静干涉作用，转轮前后压力主频信号均是叶频及其谐波信号，且倍频信号幅值逐渐减小；不同之处在于，相同主频信号及其倍频位置，考虑自由液面的信号幅值弱于不考虑自由液面。

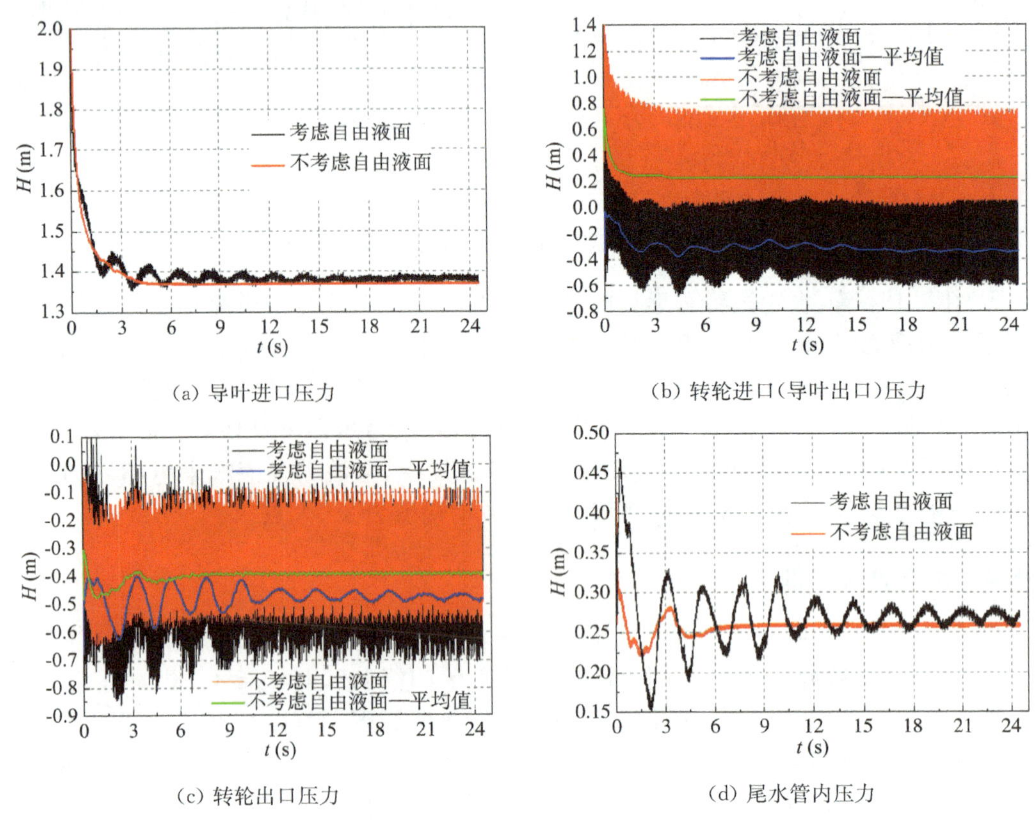

图 5.5 水轮机稳态运行流道内各处压力时域变化

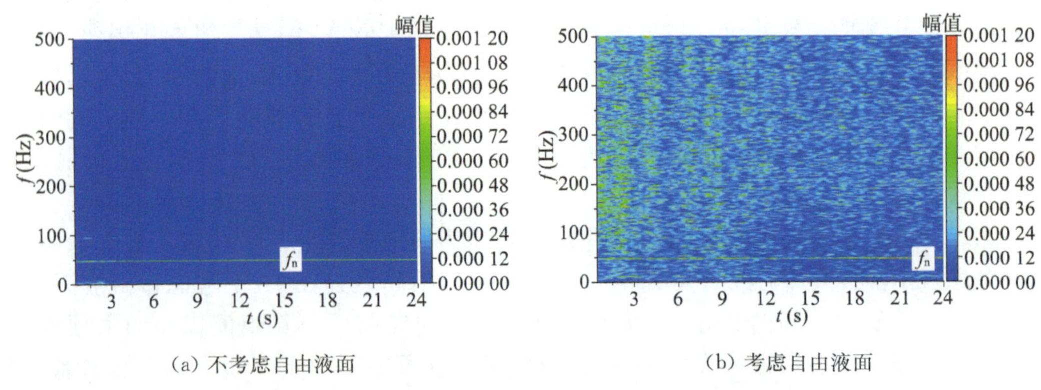

图 5.6 水轮机稳态运行导叶前压力脉动无量纲幅值图

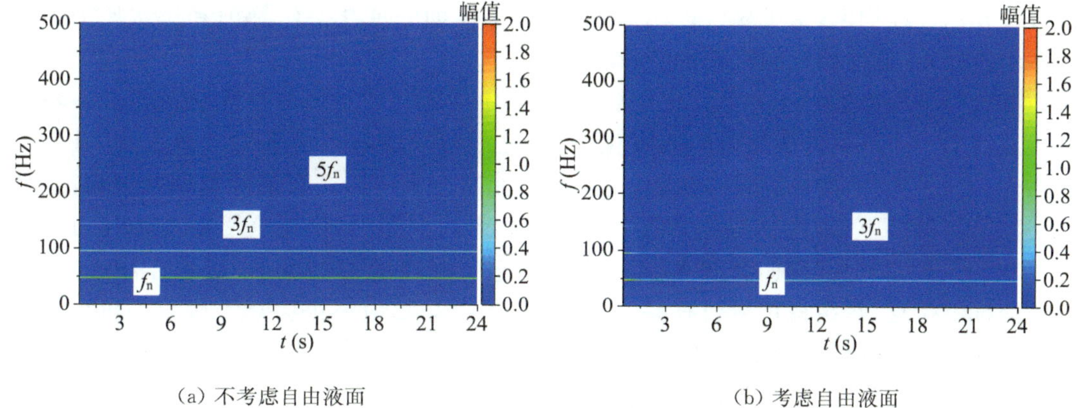

(a) 不考虑自由液面　　(b) 考虑自由液面

图 5.7　水轮机稳态运行导叶后(转轮前)压力脉动无量纲幅值图

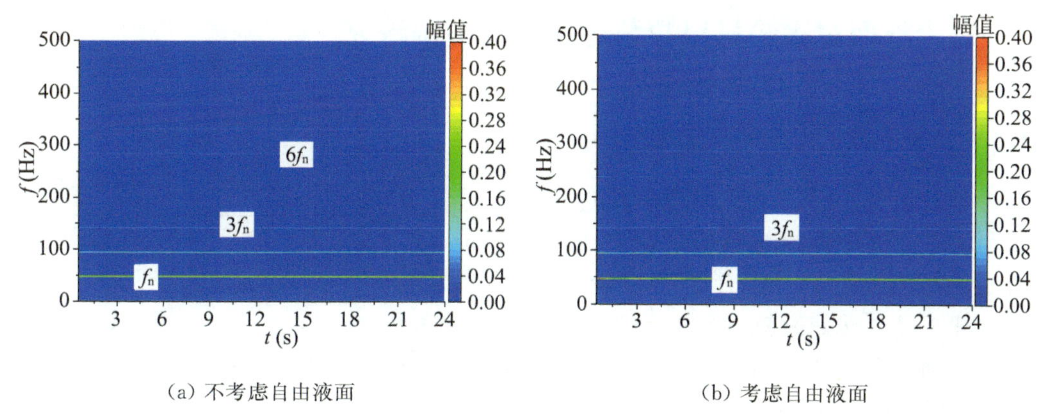

(a) 不考虑自由液面　　(b) 考虑自由液面

图 5.8　水轮机稳态运行转轮后压力脉动无量纲幅值图

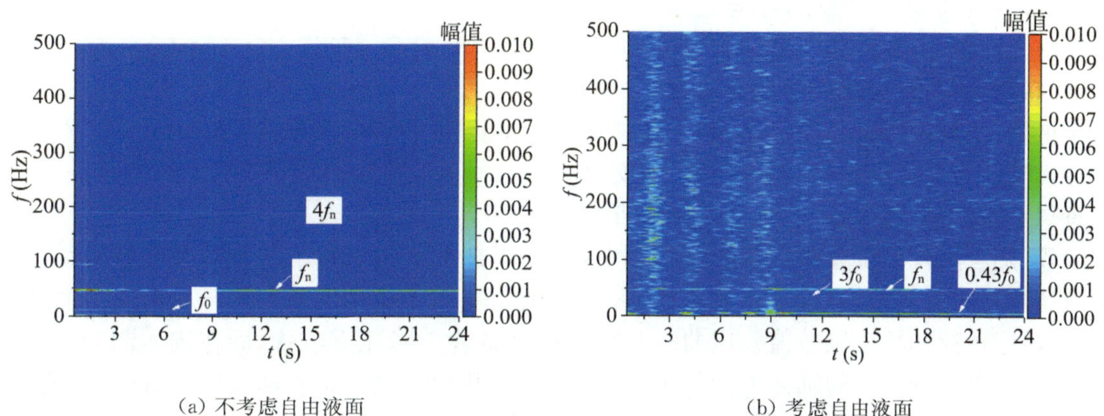

(a) 不考虑自由液面　　(b) 考虑自由液面

图 5.9　水轮机稳态运行尾水管压力脉动无量纲幅值图

从以上分析来看，转轮进出口压力脉动信号受转轮旋转影响，动静干涉作用强烈，其压力幅值变化范围较其他两处大，且从频域图能清晰观察到一倍叶频及其谐波分量，无其他频率信号；而对于远离转轮位置的导叶进口和尾水管内压力信号，这两处的压力脉动幅值明显较小，叶频信号减弱。考虑自由液面的各处压力脉动都需经历一段时间的周期性波动后逐渐稳定，由于靠近进出水池，故自由液面的变化会给导前和尾水压力带来一些干扰信号，但受转轮旋转的影响减弱。

综合外特性参数和压力脉动变化规律来说，不考虑自由液面时水轮机流量和转轮水力矩在经历了边界条件后短时间内发生突变，之后各项参数不再发生大幅变化，其平均值近似为一条直线；而考虑自由液面时，水轮机流量与水力矩一直呈现周期性波动，这种状态将一直持续下去，这主要是受上下游水池自由液面影响，由于上下游水池自由液面处水相和气相会发生传递，该处的液面波动带来机组内压力的波动，进而作用于转轮。随着时间的推移，机组稳定运行在某一工况时，各项参数最终都会趋于稳定。机组内各处压力脉动变化规律与流量和水力矩相似，在此不再赘述。因此，为了减小初始工况差异带来的瞬态过程差异性，在进行甩负荷过程计算时，考虑和不考虑自由液面均在 $t=23$ s 进入甩负荷，即稳态运行 23 s 时刻对应于甩负荷过程的开始 $t=0$ s 时刻。

5.5 自由液面对水轮机甩负荷过渡过程影响研究

5.5.1 模型验证

将考虑和不考虑自由液面甩负荷过程转速和轴向力变化曲线与模型试验曲线进行对比，结果如图 5.10 所示。可以看出，转速上升至最大转速时刻和轴向力下降至最小值时刻在甩负荷试验中相对于不考虑自由液面情况下有所滞后，而与考虑自由液面下的时刻较为接近。从转速变化曲线来看，甩负荷初始阶段两者与模型试验曲线吻合均较好，在转速下降阶段，考虑自由液面的转速曲线相比不考虑自由液面吻合度更好；从水轮机进入制动工况后，不考虑自由液面与考虑自由液面转速曲线开始时近似平行、下降速率相近，而在甩负荷最后阶段，两者与模型试验曲线差距逐渐变大，这主要是由于越来越小的导叶开度使机组内流场变得极为复杂，机组不稳定加剧，参数测量可能产生较大误差。从转轮轴向力曲线来看，甩负荷初始阶段数值模拟曲线相较于模型试验下降速率较快，而在进入制动工况前，考虑自由液面下的轴向力曲线出现延迟，此后开始与模型试验曲线吻合，同步下降，在到达最大负轴向力之前，不考虑自由液面下的轴向力曲线与其余两者近似平行下降；不考虑自由液面数值模拟与模型试验最大差异性表现在最大负轴向力值与到达时间，而考虑自由液面数值模拟与模型试验最大差异性体现在最大负轴向力值，当轴向力从最小值开始回升后的阶段，数值模拟曲线与模型试验吻合较好。考虑自由液面的曲线与试验结果更为接近，转速和轴向力最大误差为 1.5%和 8.5%，小于不考虑自由液面下转速和轴向力最大误差 4.3%和 14%。

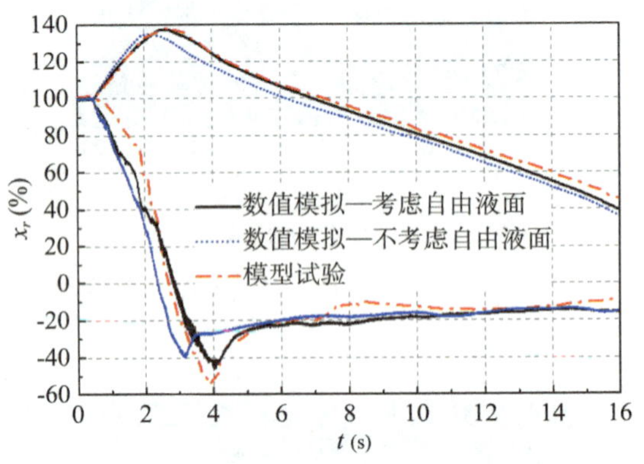

图 5.10 考虑与不考虑自由液面计算结果与模型试验结果对比

5.5.2 外特性参数变化规律

图 5.11 所示为甩负荷过程中机组段(进水流道至出水流道)水头随时间变化规律。所测机组段水头为进水流道进口截面和出水流道出口截面压力分别沿截面积分后的差值。如图可见,随着甩负荷过程的进行,机组段水头逐渐上升,表现为作用在机组段两侧的水压力逐渐增大。这是因为驱动系统运行的能量来自上下游水位的压力差,即 1 m 水头,随着甩负荷过程的进行,系统流量逐渐减小,流动逐渐稳定,进出水池流动中水头损失逐渐减小,进而机组段的压力差逐渐增大。

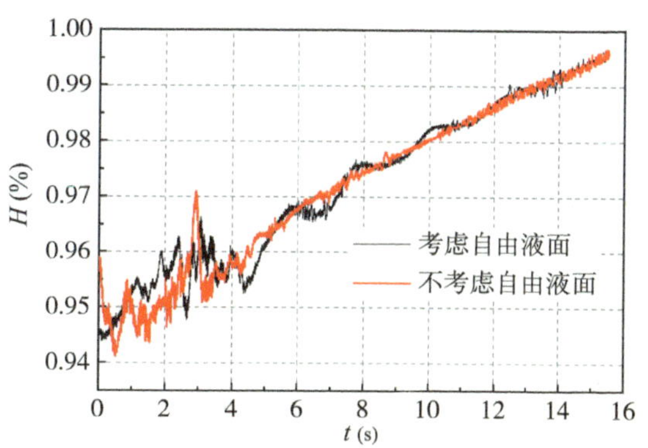

图 5.11 甩负荷过程中机组段水头变化

考虑自由液面相比于不考虑自由液面,机组段水头发生了较为明显的波动,这是由于自由液面的波动造成了压差的波动。

如图 5.12 所示为甩负荷过程中机组外特性曲线对比。图 5.12(a)为转速和流量随时间的变化规律。如图可见,甩负荷过程中,随着导叶的逐渐关闭,转轮转速随时间先上升后下降。考虑自由液面的转轮转速高于不考虑自由液面的转轮转速是因为当转轮停止输出力矩和能量后,上下游水头能量的传递分为两部分,一部分传递至水流(包括流体的动能变化和损失),一部分传递至旋转的转轮(转轮动能的变化)。不考虑自由液面的进出水池上表面为固体壁面,无滑移边界相对于自由表面边界对水流能量的耗散作用更大,即水头损失更大,因此上下游水头能量能够传递给转轮的能量较少,使得不考虑自由液面的转轮转速低于考虑自由液面的转轮转速。考虑自由液面的流量与不考虑自由液面的流量整体较为接近,都是逐渐下降;两种情况下流量的最大差值出现在 $t=3$ s,即在导叶两段关闭规律的分段点,同时此处出现了流量下降速率变化率的极大值,不考虑自由液面的情况更为明显。这是因为导叶关闭规律的切换(导叶关闭速率的突变)引起了流量速率的变化(流量下降速率的突变),进出水池上表面为固体壁面时,压力波会传递至整个计算域的进出口,而进出水池上表面为自由液面时,自由液面吸收了导叶关闭速率突变所引起的压力波,故考虑自由液面流量下降速率变化率的极大值比不考虑自由液面的流量下降速率变化率的极大值小,同时考虑自由液面的流量下降曲线较为光滑。

图 5.12(b)为转轮水力矩和转轮轴向力随时间的变化规律。在甩负荷过程中,转轮水力矩和轴向力均先下降至最小值,随着导叶关闭速率由快变慢,转轮水力矩和轴向力短暂恢复后逐渐稳定。由于考虑自由液面相比于不考虑自由液面,上下游水头能量传递给转轮的能量更多,因此相同时刻,考虑自由液面相比于不考虑自由液面下的水力矩更大,同时水力矩是驱动转轮转速变化的内因,这也是考虑自由液面的转轮转速大于不考虑自由液面转轮转速的原因。考虑自由液面转轮水力矩下降速率低于不考虑自由液面转轮水力矩的下降速率,因为考虑自由液面转轮水力矩到达最小值滞后于不考虑自由液面转轮水力矩。轴向力变化规律与原因与转轮水力矩相似。

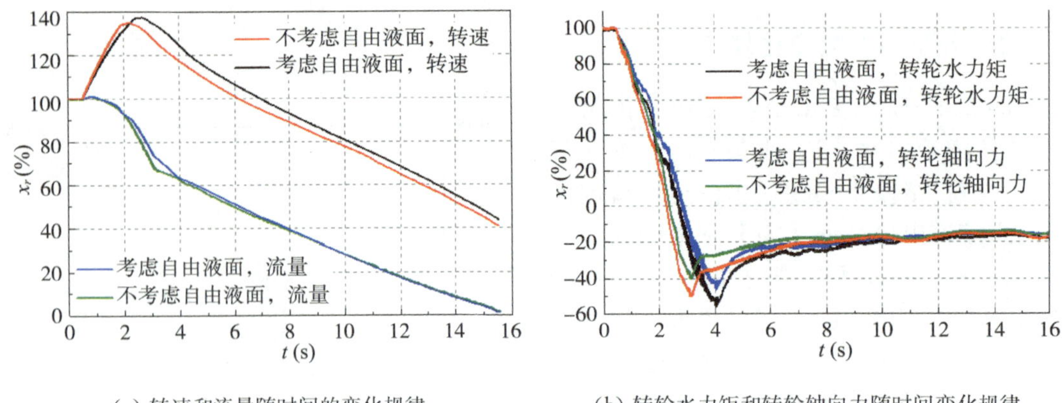

（a）转速和流量随时间的变化规律　　（b）转轮水力矩和转轮轴向力随时间变化规律

图 5.12　甩负荷过程中机组外特性曲线对比

5.5.3　压力脉动特性

图 5.13～图 5.15 所示为导叶及转轮前后测点处无量纲压力脉动信号的 STFT 结果。其中，t_b 时刻为转轮进入制动工况，即转轮水力矩为零，转速从最大值开始下降的时刻。无量纲幅值图反映的是脉动值相对于基准值的大小，功率频谱图反映的是脉动值的功率强度等级大小，两者结合能够全面刻画出物理量的脉动信息。

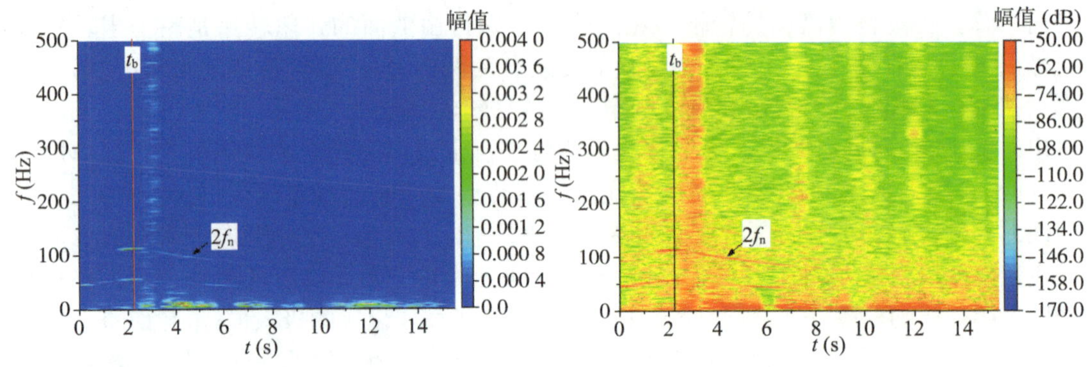

（a）不考虑自由液面机组导叶前压力脉动

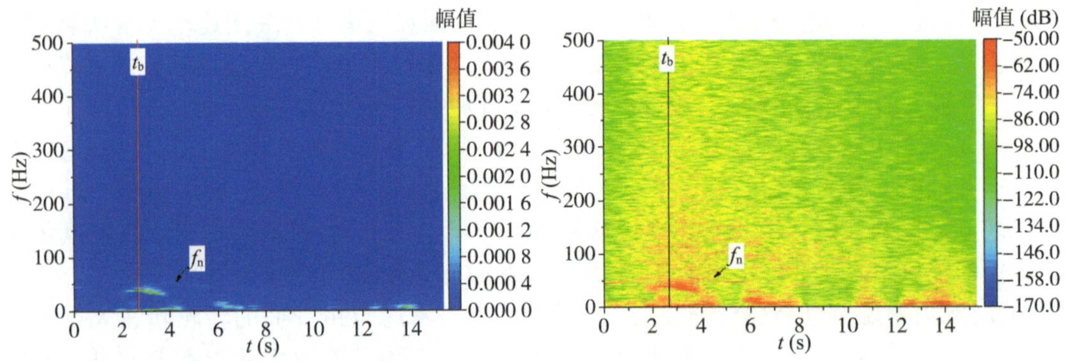

（b）考虑自由液面机组导叶前压力脉动

图 5.13　机组导叶前压力脉动（左：无量纲幅值图；右：功率频谱图）

图 5.13 所示为机组导叶前的压力脉动无量纲幅值图和功率频谱图。由图可见，相比于考虑自由液面，不考虑自由液面情况下转轮在进入制动工况后，机组导叶前水体发生了较为明显的各个频率的脉动，进而产生较大的脉动能量。这是因为转轮进入制动工况，转速上升至最大值后开始下降，转轮前水体由于惯性受到挤压，压力波由转轮处向上游传播，造成了上游压力的波动。此过程大概持续至 $t=3$ s 后，即导叶进入第二段关闭过程。而自由液面情况下并没有这种现象，表现为上下游自由液面边界对压力波的吸收作用。

图 5.14 所示为机组导叶后(转轮前)的压力脉动无量纲幅值图和功率频谱图。由图可见，压力脉动主频和谐波分量明显，表现为此处水流受明显的导叶-转轮之间的联动干涉作用。相比于考虑自由液面，不考虑自由液面情况下监测点监测到更高频率的谐波分量，整体也伴随着更多脉动能量的传递；同时在转轮转速增加的 0～2 s 阶段，监测到各个频率的脉动能量输出，表现为转轮进口流态的紊乱所引发的脉动能量增加。

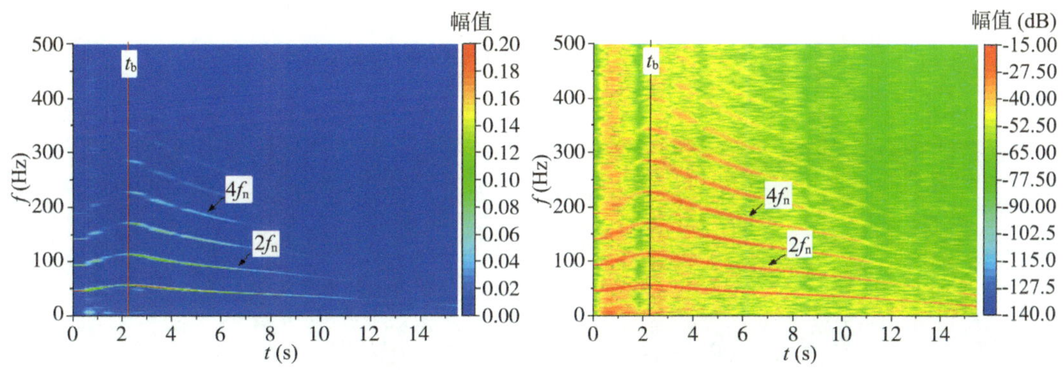

(a) 不考虑自由液面机组导叶后(转轮前)压力脉动

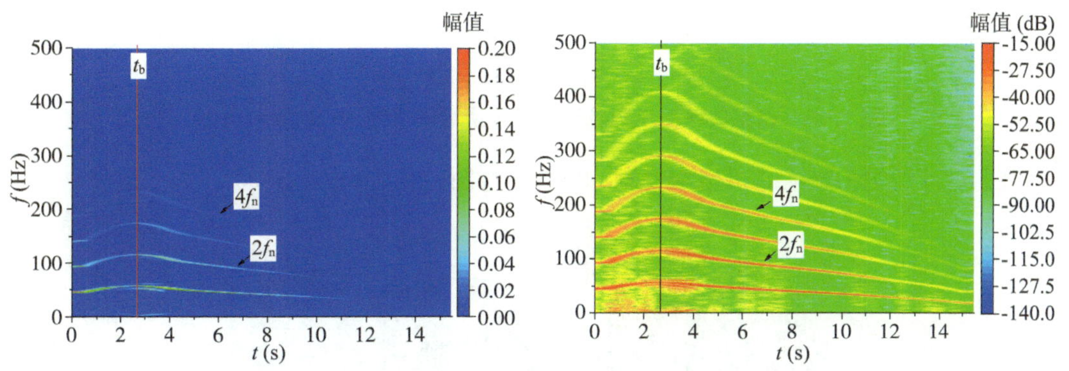

(b) 考虑自由液面机组导叶后(转轮前)压力脉动

图 5.14 机组导叶后(转轮前)压力脉动(左:无量纲幅值图;右:功率频谱图)

图 5.15 所示为机组转轮后的压力脉动无量纲幅值图和功率频谱图。由图可见，此处动静干涉作用明显，同时整个频谱图的能量输出相对于转轮前监测点较大，表现为水流经过转轮后，尾流的扰动。不考虑自由液面相比于考虑自由液面在部分阶段仍然监测到强度更大的谐波分量，同时整体脉动能量更大。注意到，转轮前的高次谐波幅值和能量输出主要出现在甩负荷过程的前半段，表现为随着流量和转速的下降，转轮入流脉动

的减弱。而转轮后的较大的高次谐波幅值和能量输出主要出现在甩负荷过程的后半段，这是因为随着转轮、流量和水流流态的变化，转轮叶片的来流和叶片的攻角很难再保持适当的匹配关系，同时受流动演变的影响，转轮尾流中会产生更为明显的脉动能量输出。

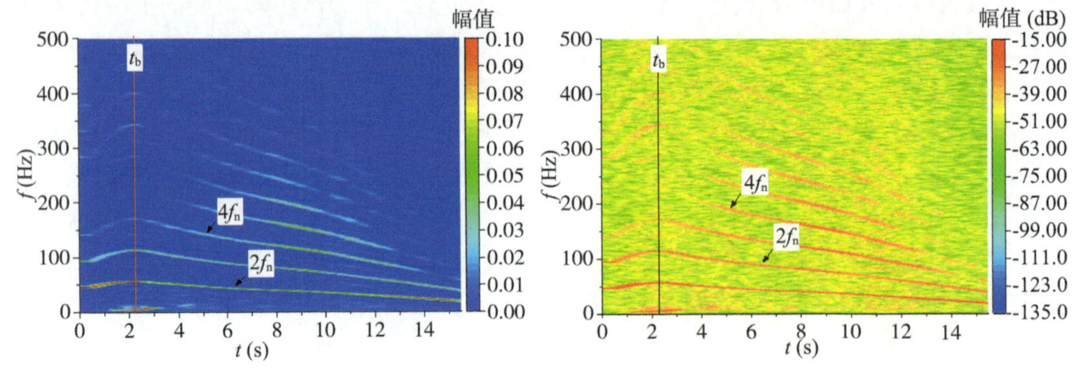

(a) 不考虑自由液面机组转轮后压力脉动

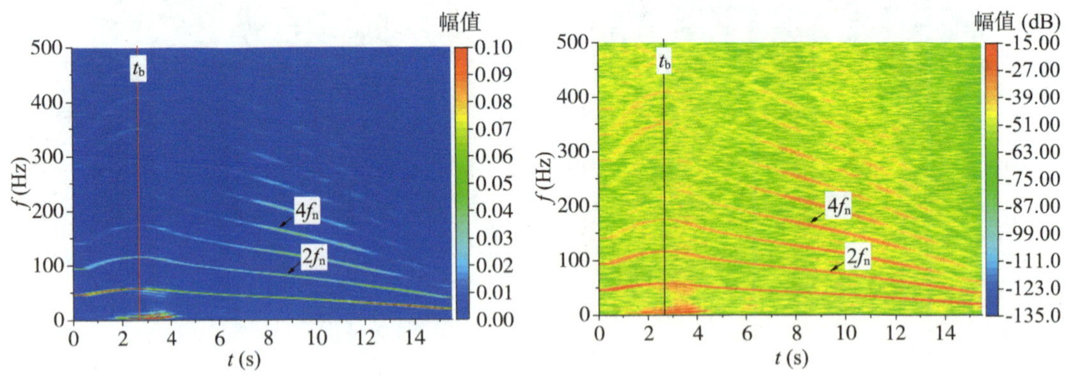

(b) 考虑自由液面机组转轮后压力脉动

图 5.15　机组转轮后压力脉动(左:无量纲幅值图;右:功率频谱图)

图 5.16 所示为贯流式机尾水管测点位置示意图。在流向方向选取了 4 个断面 1～4。

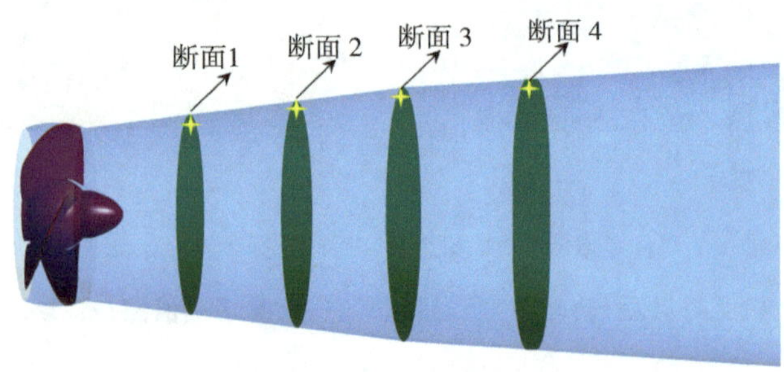

图 5.16　贯流式机尾水管测点位置示意图

为了分析水位波动对水轮机尾水管内压力脉动的影响情况，对机组进出水流道间水头波动进行无量纲化处理，具体为：引入水头差值 H^* 及无量纲水头系数 C_H 来表征机组水头的脉动特性，其定义为

$$C_H = H^* / H_0 = (H_i - H_{\text{ave}}) / H_0 \tag{5.5}$$

其中，H_i 为计算所获得的瞬态水头值；H_{ave} 为运用带加权平均的 Adjacent-Averaging 方法获得的其平均值，窗口函数选择为 200。

如图 5.17、图 5.18 所示为不考虑自由液面和考虑自由液面情况下贯流式机组无量纲水头随时间的波动变化规律。图(a)为机组无量纲水头波动系数，图(b)为机组无量纲水头幅值图。如图所示，不考虑自由液面相比于考虑自由液面情况下，a、b、c 3 个区域内有着更为明显的水头波动，表现为在甩负荷过程中，压力瞬时脉动特征较强；而考虑自由液面情况下水头波动较为集中，高幅波动区域较窄，表现为进出水池上表面为自由液面条件时对尾水管进出口压力波动的减缓作用。但考虑自由液面情况下水头幅值发生了较为明显的变化，如在图 5.18(b)中的 f、g 区域，相对于不考虑自由液面，考虑自由液面情况下水头幅值发生了明显的变化。这与图 5.11 中机组段水头变化规律差异性的原因相似。

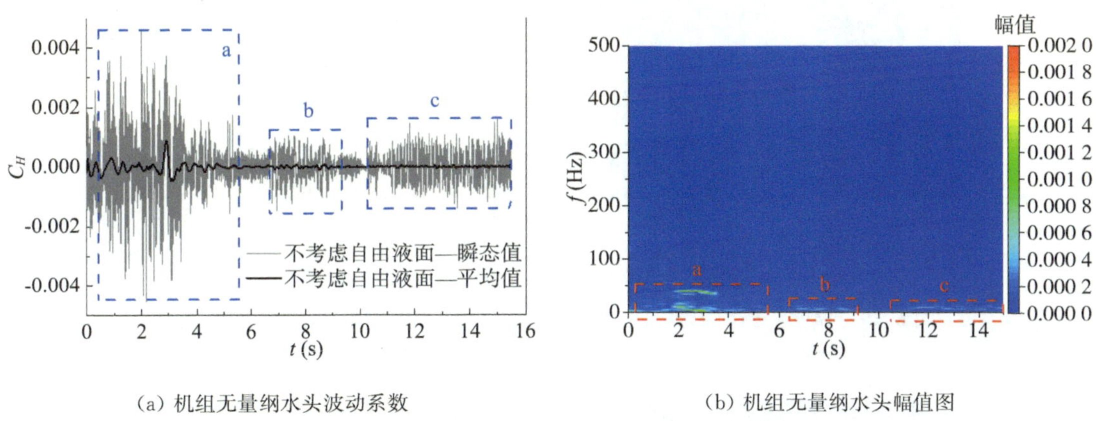

(a) 机组无量纲水头波动系数　　(b) 机组无量纲水头幅值图

图 5.17　不考虑自由液面贯流式机组无量纲水头波动

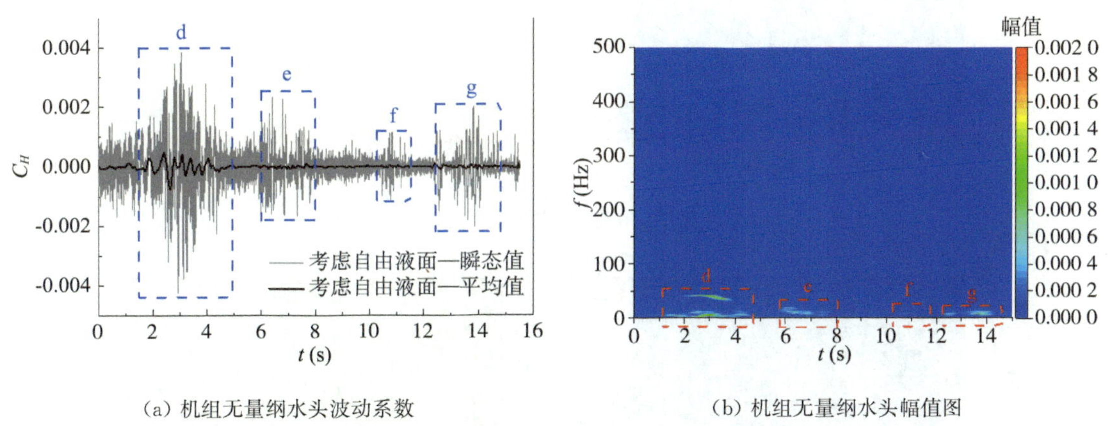

(a) 机组无量纲水头波动系数　　(b) 机组无量纲水头幅值图

图 5.18　考虑自由液面贯流式机组无量纲水头波动

图 5.19～图 5.22 为尾水管断面 1～4 上测点的压力脉动无量纲幅值图和功率频谱图。由图可见，在断面 1，此处仍然受转轮与导叶的动静干涉作用，监测点捕捉到幅值较低的一倍叶片通过频率，随着流向距离的增加，动静干涉作用逐渐减弱，同时脉动主要成分为低频脉动。相比于不考虑自由液面，考虑自由液面的情况下脉动能量输出更为集

中，如图中所示的高强度区域内；同时在脉动幅值较大区域内，脉动能量更为明显强烈。

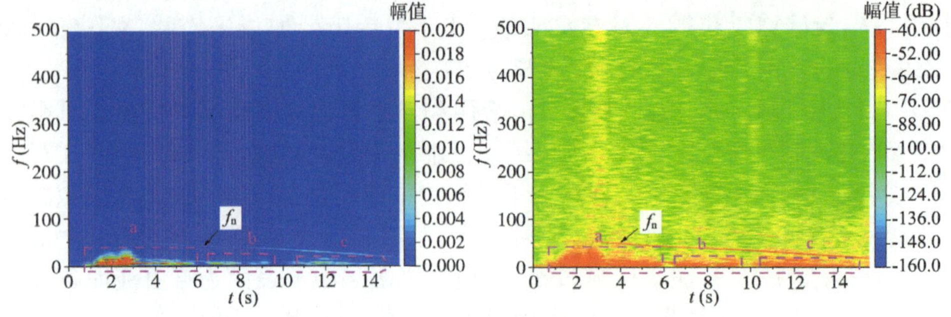

(a) 不考虑自由液面尾水管断面 1 测点压力脉动

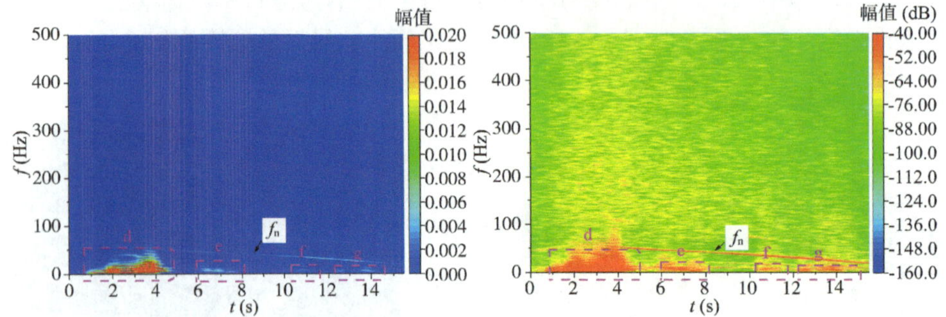

(b) 考虑自由液面尾水管断面 1 测点压力脉动

图 5.19 尾水管断面 1 测点压力脉动(左:无量纲幅值图;右:功率频谱图)

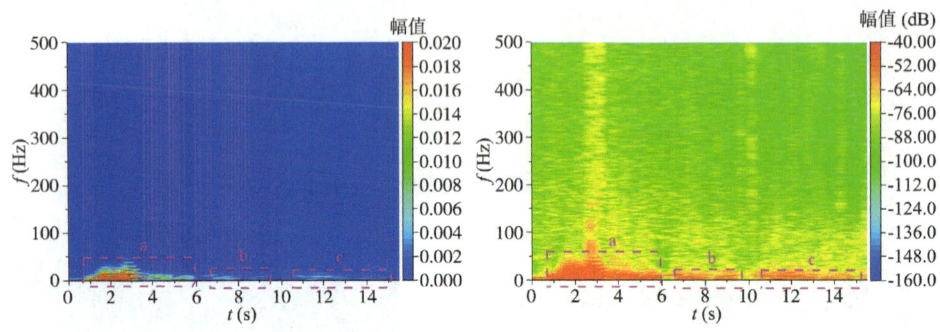

(a) 不考虑自由液面尾水管断面 2 测点压力脉动

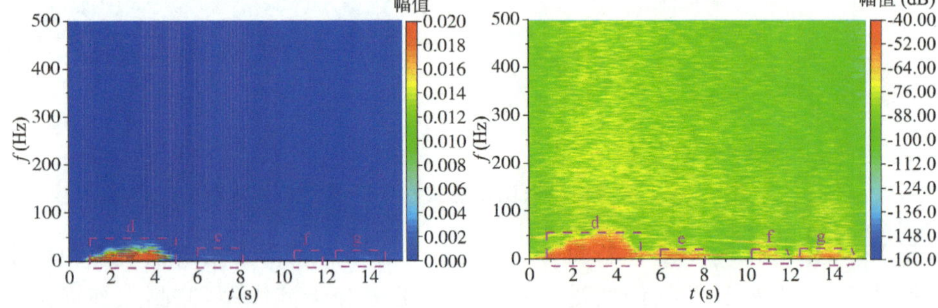

(b) 考虑自由液面尾水管断面 2 测点压力脉动

图 5.20 尾水管断面 2 测点压力脉动(左:无量纲幅值图;右:功率频谱图)

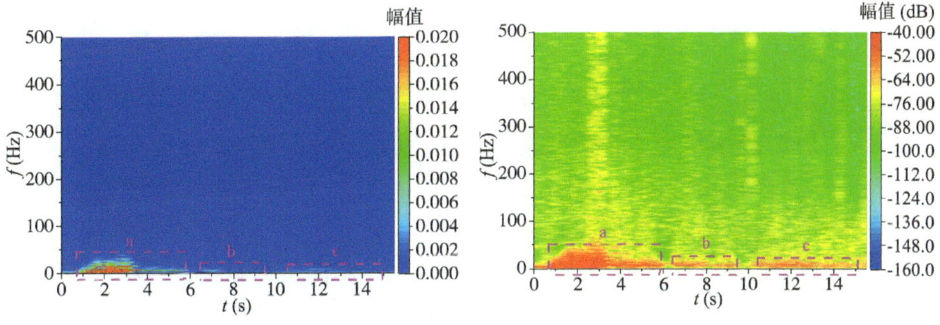

(a) 不考虑自由液面尾水管断面 3 测点压力脉动

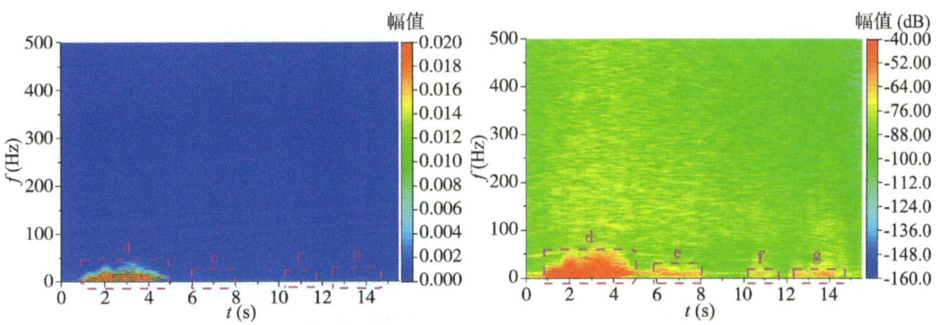

(b) 考虑自由液面尾水管断面 3 测点压力脉动

图 5.21　尾水管断面 3 测点压力脉动(左:无量纲幅值图;右:功率频谱图)

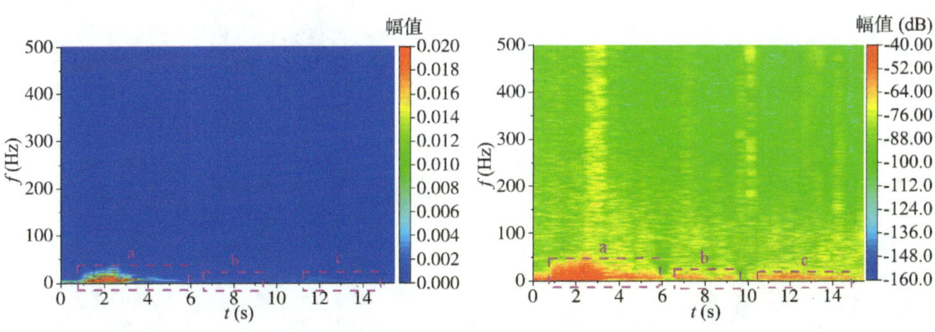

(a) 不考虑自由液面尾水管断面 4 测点压力脉动

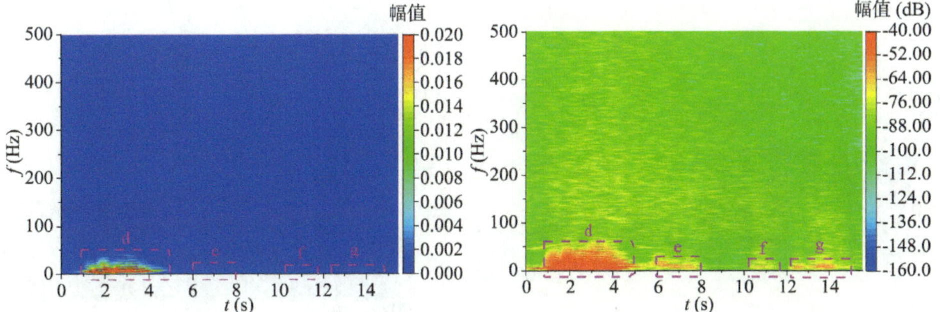

(b) 考虑自由液面尾水管断面 4 测点压力脉动

图 5.22　尾水管断面 4 测点压力脉动(左:无量纲幅值图;右:功率频谱图)

5.5.4 上下游水池流动特性

图 5.23 所示为 0～3 s 不同时刻进出水池竖直平面流线分布图，左侧为进出水池上表面为壁面，右侧为进出水池水体红线处为自由液面。由图可见，甩负荷过程当中，进水池水体上表面不考虑自由液面时，相比于考虑自由液面，有更为明显的竖直方向的运动，但整体来说两种情况下的流动差异性较小，均未出现大尺度的漩涡等不良流态。对于出水池，当 $t=0$ s 时，水体受上下壁面的剪切作用，在出水管道出口附近的出水池中出现了一个较大尺度的高速漩涡；而水体上表面为自由液面时，出水池水体上表面的自由液面

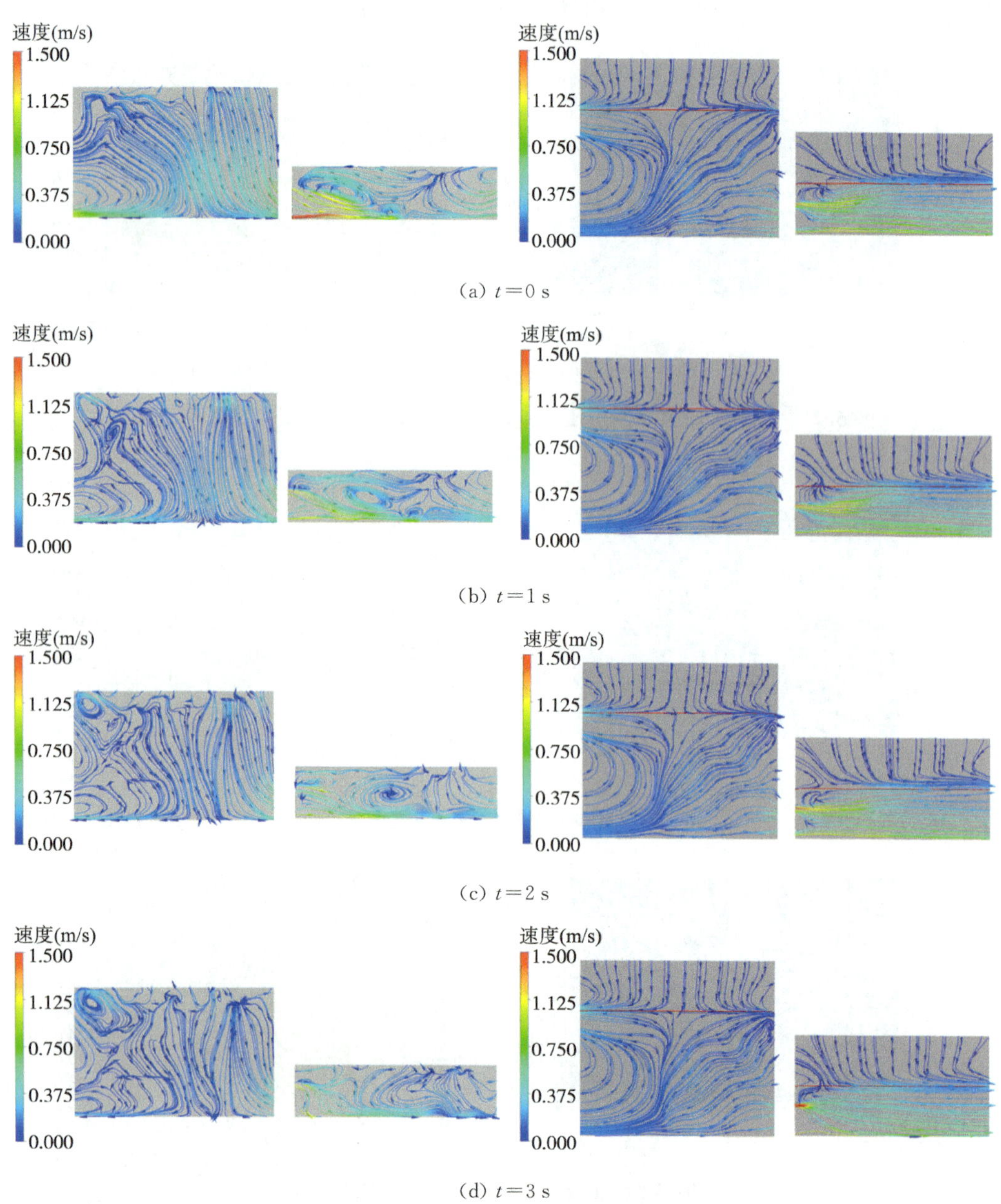

(a) $t=0$ s

(b) $t=1$ s

(c) $t=2$ s

(d) $t=3$ s

图 5.23 进出水池竖直平面流线分布图(左:不考虑自由液面;右:考虑自由液面)

在流向方向保持运动，出水池水体流动较为平滑。在甩负荷过程 $t=0\sim3$ s 的过程中，不考虑自由液面的情况下，出水池的高速漩涡在流向方向上向下游移动，并逐渐消失；而考虑自由液面的情况，出水池的流态均保持平滑流动。因此，考虑自由液面的转轮转速高于不考虑自由液面的转轮转速不仅仅因为考虑壁面所带来对水体的剪切力的作用，还包括不同边界条件下出水池中内部流态的不同，大尺度漩涡的不良流态带来了更多能量的消耗和损失。

如图 5.24 所示为不同时刻出水池湍流耗散竖直平面分布图。左侧为不考虑自由液面下的出水池，其上表面为壁面；右侧为考虑自由液面下的出水池。由图可见，不考虑自由液面的水体耗散区域明显大于考虑自由液面，这是由图 5.23 中所示的大尺度的漩涡所带来的能量损失、消耗。$t=0\sim3$ s 中，不考虑自由液面的水体湍动能耗散范围和平均强度均较大，结合图 5.23 可知，其表现为出水池内部的复杂流动所带来的湍流能量损耗；而考虑自由液面的湍流耗散主要存在于出水池靠近出水流道出口部位，表现为流道结构的变化带来的局部速度梯度的变化，进而引起出水池的局部能量耗散；而其余部分则由于水池中流态较为平顺，湍流能量损耗较少。$t=9$ s 时可见，在两种情况下，随着流量的逐渐减小，水池中水体流速减慢，由于对流的减弱，同时出水池中不良流态减弱，进而能量耗散减小，这也是随着进出水池能量损失减小、机组段水头增加的原因。

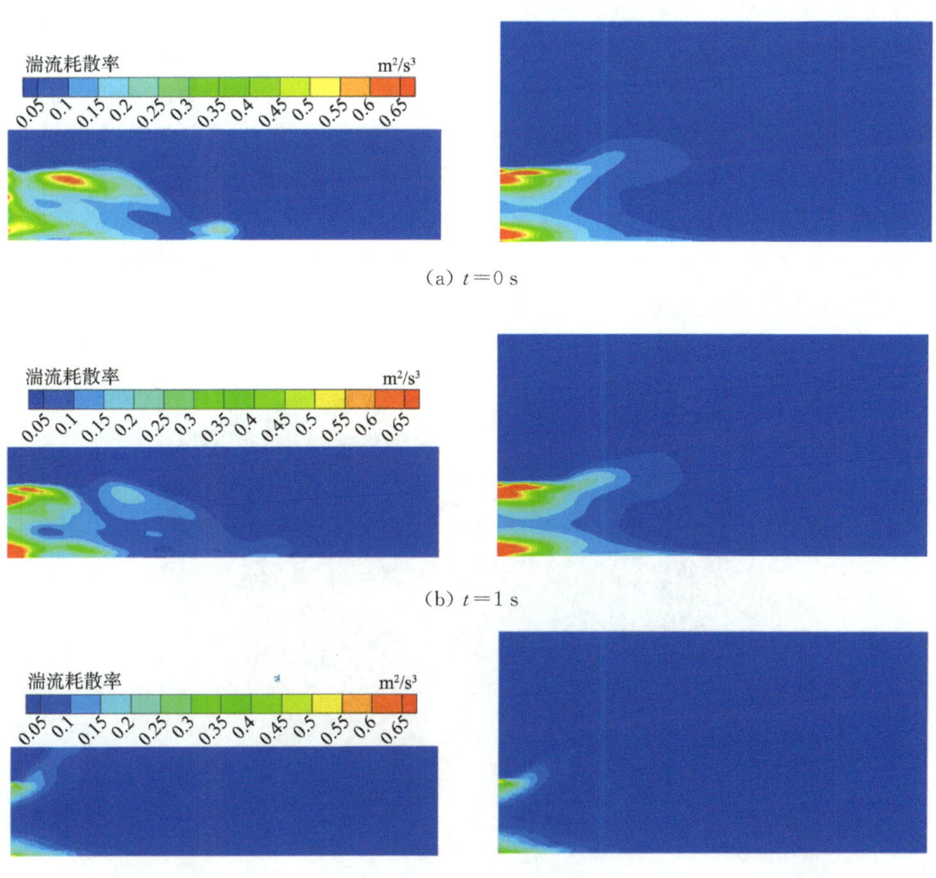

(a) $t=0$ s

(b) $t=1$ s

(c) $t=2$ s

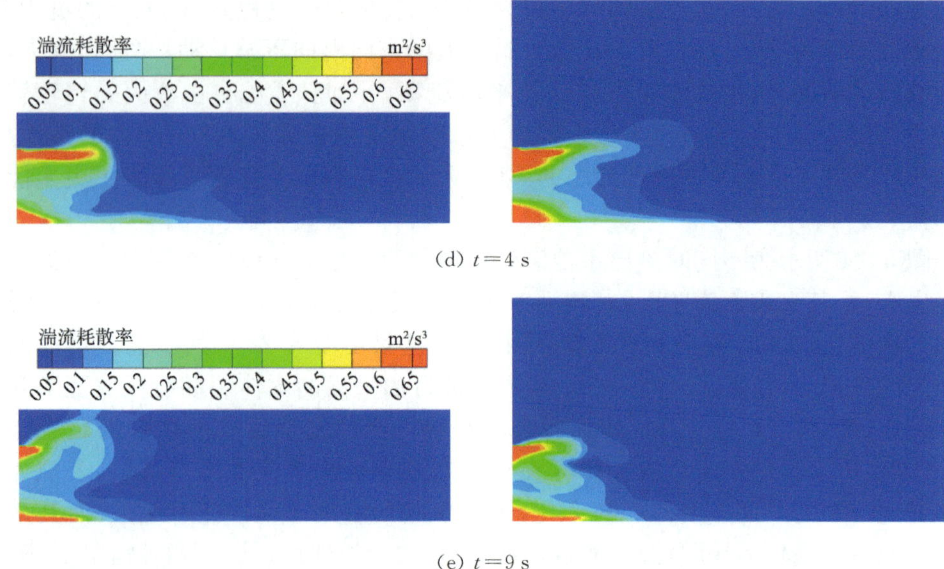

(d) $t=4$ s

(e) $t=9$ s

图 5.24 出水池竖直平面湍流耗散分布图(左:不考虑自由液面;右:考虑自由液面)

如图 5.25 所示为甩负荷过程中不同时刻下游出水池流向竖直截面的液面波高三维图。其中,下游水池初始液面高度为 0.475 m。对比图 5.11 可以看出,当下水池水位位于 0.5 s、2.5 s、5 s、7 s、9 s 时,在图 5.25 中为下水池水位波动中较高的水位,而对应于图 5.11 中,则为机组段水头波动中较低水头的时刻。这说明在考虑自由液面的情况下,上下游水池液面的波动引起了系统水头的波动,而机组两侧的水头也随之波动。自由液面在出水流道出流的作用下,上升幅度较大和液面波动明显的位置为出水池靠近出水流道侧。随着甩负荷过程的进行,出水池的液面逐渐降低并趋于平稳,说明上下游液面高度差也逐渐增大并趋于稳定,这也是机组段水头在甩负荷过程中增加的原因。

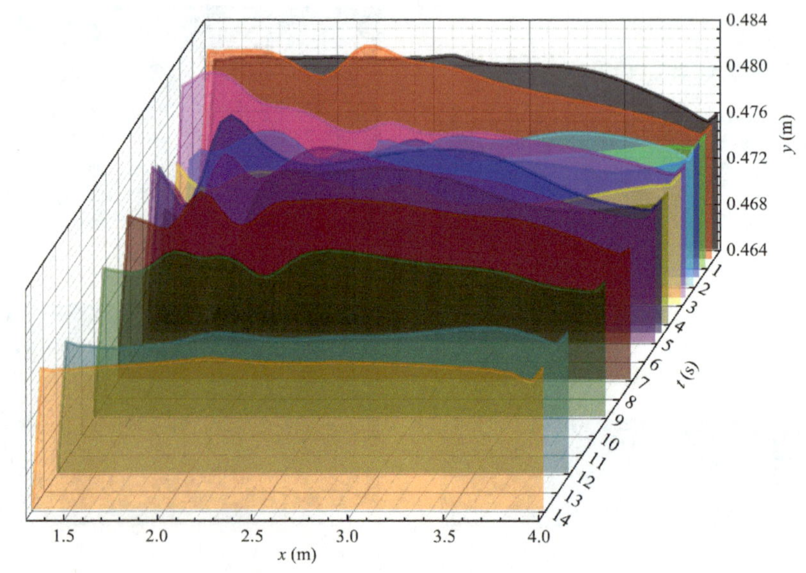

图 5.25 不同时刻出水池液面波高图

从结果对比来看,考虑自由液面的数值模拟更为接近实际情况。现有对贯流式水轮机的研究,多是针对机组段进行的稳态运行研究或并未考虑上下游水池的过渡过程研究[179-181,183],而少有的个别文献[180,184]对于含上下游水池的过渡过程研究也仅仅是将水池视为封闭容器,即并未考虑水池液面波动的影响。从以上分析来看,水池气液交界面的波动对机组稳态和非稳态性能有较大影响,特别是下游水池的液面,液面的波动虽小,然而就是这样很小的液面波动却对机组甩负荷参数产生了较大的影响,特别是增大了过渡过程中较为关注的转速最大上升以及最大负轴向力。灯泡贯流式水轮机常常运用在低水头或潮汐电站中,上下游水池的水位时常处于波动状态,这种波动对机组性能的影响应该加以重视。可以说,现有的过渡过程数值模拟方法虽然在工程上具有一定的准确性,但是所求的参数变化比较有限,得出的结论并不能全面真实地指导机组实际运行。因此,从数值模拟手段对过渡过程研究的作用出发,是为了能够避免过渡过程试验带来的安全与资金问题,采用数值模拟方法预测过渡过程性能时,要将机组真实运行边界考虑在内才能够获得相对真实的参数预测。

5.6 小结

本章主要内容是对考虑和不考虑自由液面下的灯泡贯流式水轮机进行稳态运行及导叶关闭的甩负荷过渡过程进行三维数值模拟,首先对比分析了设计工况下自由液面对水轮机模型稳态运行参数的影响,其次对比分析了自由液面对导叶关闭的甩负荷过程中外特性参数变化、测点压力脉动瞬变规律以及上下游水池内流特性的影响,通过对比可知考虑自由液面的数值模拟更加接近模型试验结果,说明考虑自由液面的边界条件能够更加真实地模拟水轮机实际运行动态特性。

水轮机在设计工况稳态运行时,边界条件的改变使得水轮机流量和转轮水力矩发生瞬时改变,自由液面使机组流量和转轮水力矩经历类周期性波动到周期性波动,且幅值越来越小的变化过程。水轮机内各处压力经历极短时间下降后逐渐呈现脉动幅值稳定的周期性变化,自由液面对靠近上下游水池的导前和尾水管压力脉动影响作用强于转轮进出口,压力脉动主频主要出现在叶频及其谐波分量处,远离转轮,主频幅值减小,同时也可捕捉到转频及其倍频。

在导叶关闭的甩负荷过程中,自由液面弱化了导叶关闭对流量的决定性作用,同时自由液面减缓了转轮水力矩下降速率,使得转轮升速时间有所延长,即最大转速高于不考虑自由液面的情况,但同时增大了最大负轴向力值;自由液面对机组内压力脉动的主要影响体现在减弱了转轮前后压力脉动信号高频谐波分量的强度;考虑自由液面情况下水头波动较为集中、高幅波动区域较窄,表现为进出水池上表面为自由液面条件时对尾水管进出口压力波动的减缓作用。

自由液面的存在使得出水池水体流动较为平滑,而不考虑自由液面出水池出现大尺度旋涡,水体湍动能耗散范围和平均强度均较大;考虑自由液面的转轮转速高于不考虑自由液面不仅仅因为考虑壁面所带来对水体的剪切力的作用,还包括不同边界条件下出水池中内部流态的不同,大尺度漩涡的不良流态带来了更多能量耗散;同时进出水池上表面为壁面时,壁面的剪切作用下流态的紊乱造成了上下水池更大的水头损失。考虑自由液面的情况下,上下游水池液面的波动引起了系统水头的波动,而机组水头的波动会引起流场压力的波动,而压力场的变化又会通过转轮水力矩影响着机组转速的变化。

第 6 章
总结与展望

6.1 研究总结

随着中高水头水资源开发罄尽，世界各国都将目光转向低水头水资源，灯泡贯流式水轮机由于具有能量参数高、平面尺寸小、运行性能好等优点，成为低水头径流电站设计建造中的优选机型。在电站日常运行中，由于工作条件的经常变化必然导致水轮机处于不同工况点之间的过渡过程中，诸如甩负荷过渡过程，虽历时短暂但期间常伴随着工况参数的急剧变化。为保证机组安全可靠运行，需要对其过渡过程稳定性问题进行深入研究。

本篇以数值模拟和模型试验为研究手段，以灯泡贯流式水轮机模型全过流系统为研究对象，开展了水轮机的静态和动态过程试验研究：研究了桨叶和导叶联动关闭过程中水轮机全过流系统甩负荷三维过渡过程水力特性；对比分析了上下游水池上表面分别为无滑移壁面和自由液面情况下水轮机稳态运行和甩负荷过程水力特性的差异性。具体包括：

(1) 开展了贯流式水轮机模型全过流系统大量工况的试验测定，获得了水轮机模型全面的稳态及动态试验特性。通过模型稳态试验揭示了单位力矩与单位水推力随水轮机调节元件及机组转速变化的规律；通过模型动态试验，获得了机组力矩、轴向水推力、转速以及测点压力等外特性参数数值大小及其瞬变规律。稳态特性试验结果表明：当桨叶角度为常数时，单位扭矩随着单位转速的减小和导叶开度的增加而增加；当桨叶角度不变时，导叶开度越大，则单位流量随单位转速增加而增加，在小导叶开度，单位转速对单位流量的影响很小；从轴向力特性曲线可以看出，当导叶开度不变时，单位轴向力随着单位转速的增加而减小且随着桨叶角度的减小而增加。动态特性试验表明：导前压力与导后压力变化规律是相似的，与尾水压力变化相反，导后压力变化值远大于导前压力；从轴向力过程曲线可以看出，导叶关闭分段点位置适当选取可以控制最大反向水推力；从转速变化过程线可以看出，贯流式机组的转动惯量较小，转速上升迅速，很快达到极值，实际运行中要注意防止机组过速。通过对比不同调节方案，获取导叶关闭规律与桨叶关闭规律对甩负荷过渡过程的影响，通过正交优化方法，获得设计水头下甩全负荷时导叶、桨叶的最佳关闭规律。

(2) 从非惯性坐标系的质点运动方程角度出发，结合转轮旋转力矩平衡方程，获得甩负荷过程中转轮实时转速，基于动网格技术和网格重构技术实现导叶和桨叶联动关闭的运动过程。具体是通过坐标系转换捕捉桨叶旋转轴实时位置，从而确定叶片自转角速度在3个坐标系方向的分量来精确控制桨叶的旋转，进而解决了桨叶自转与随转轮公转的复合运动规律精确指定的难题，首次实现了桨叶参与调节的转桨式水轮机甩负荷过渡过程研究。

(3) 通过对水轮机模型桨叶和导叶联动关闭过程的甩负荷数值模拟，获得了机组外特性参数的变化规律，测点压力脉动瞬变规律以及内部流场演变规律，揭示了灯泡贯流式机组甩负荷过渡过程三维瞬变机理。结果表明：机组最大转速值、最大负轴向力值及导前压力变化曲线的模拟值与试验值吻合较好。水轮机最大转速为初始转速的1.339倍，水力矩与轴向力先后过零点，而轴向力与水力矩过零点时间不同是因为轴向力的作用面除了叶片还有轮毂与泄水锥，且最大负轴向力为初始工况的43%；机组内各处压力脉动主频为叶频及其谐波分量，转速的变化会通过导叶与桨叶之间联动干涉及转轮出口处动静干涉作用引起流场压力的高频脉动，且越靠近转轮脉动幅值越大；在导叶关闭速度较快的初始阶段，受上游正向水击波冲击作用，导叶前压力出现多个低频脉动分量。导叶和桨叶联动关闭恶化了转轮入流条件，叶片进口冲角的变化是引起转轮内流场不稳定的重要原因；由于重力场影响，叶片在旋转过程中承受交变作用力，增加了过渡过程中水轮机转轮部分的不稳定性；转轮流道内回流区撞击叶片表面产生局部高流速区，使叶片力矩与轴向力在6～8 s时间段内发生不稳定波动，进而转轮室内不稳定流动结构在动静干涉作用下，使转轮出口出现低频脉动分量。尾水管内低压偏心涡带向下游传播时，受由重力场带来的压力分布不均影响，形成涡带的断裂导致复杂的流动结构，引发尾水管内压力变化，水力稳定性急剧恶化。

(4) 分析了自由液面对贯流式水轮机稳态运行及导叶关闭的甩负荷过渡过程的影响，揭示了自由液面波动与水轮机水力特性参数变化规律之间的内在关联。自由液面对水轮机稳态运行的影响主要体现在：自由液面使机组流量和转轮水力矩经历类周期性波动到周期性波动，且幅值越来越小的变化过程；水轮机内各处压力经历极短时间下降后逐渐呈现脉动幅值稳定的周期性变化，其中自由液面对靠近上下游水池的导前和尾水管压力脉动影响作用强于转轮进出口。自由液面对水轮机导叶关闭甩负荷过渡过程的影响主要体现在：自由液面弱化了导叶关闭对流量的决定性作用，同时减缓了转轮水力矩下降速率，使得转轮升速时间有所延长，即最大转速高于不考虑自由液面的情况，但增大了最大负轴向力值；自由液面的存在减弱了转轮前后压力脉动信号高频谐波分量的强度；考虑自由液面情况下水头波动较为集中、高幅波动区域较窄，表现为进出水池上表面为自由液面条件时对尾水管进出口压力波动的减缓作用；自由液面的存在使得出水池水体流动较为平滑，而不考虑自由液面出水池出现大尺度旋涡，水体湍动能耗散范围和平均强度均较大；考虑自由液面的转轮转速高于不考虑自由液面不仅仅因为考虑壁面所带来对水体的剪切力的作用，还包括不同边界条件下出水池中内部流态的不同，大尺度漩涡的不良流态带来了更多能量耗散；同时进出水池上表面为壁面时，在壁面的剪切作用下流态的紊乱造成了上下游水池更大的水头损失。考虑自由液面的情况下，上下游水池液面的波动引起了系统水头的波动，而机组水头的波动会引起流场压力的波动，而压力场的变化又会通过转轮水力矩影响着机组转速的变化。考虑自由液面的数值模拟转速与轴向力曲线与模型试验结果更为吻合。

6.2 展望

本篇的研究工作取得了一些成果，但由于研究时间和条件的限制，所做工作仍然有限，今后有待进一步研究的问题包括：

（1）本篇所有研究工作均是以灯泡贯流式水轮机模型为研究对象展开，而模型机的运行性能与真机存在一定的差异性，因此开展原型机全过流系统的稳态及非稳态流动特性研究，对比模型与原型机组对过渡过程性能预测的差异性与准确性还需进一步研究验证。

（2）对于桨叶参与调节的过渡过程，实际电站桨叶关闭或开启角度往往很大，本篇受限于模型及动网格限制，仅仅实现了桨叶小角度关闭（10°左右），而对于桨叶不同角度的开启和关闭还未全面计算，因此如何实现桨叶大角度启闭并且解决动网格带来的网格质量下降问题还有待进一步研究。

（3）本篇对含有自由液面对水轮机稳态及甩负荷过程的研究，仅按照试验台水池模型大小建模，水池尺寸对水轮机性能的影响还有待进一步研究。

参考文献

[1] 刘振亚. 全球能源互联网[M]. 北京:中国电力出版社, 2015.

[2] 马一太, 邢英丽. 我国水力发电的现状和前景[J]. 能源工程, 2003(4):1-4.

[3] 李菊根. 水力发电实用手册[M]. 北京:中国电力出版社, 2014.

[4] 刘振亚. 中国电力与能源[M]. 北京:中国电力出版社, 2012.

[5] 程夏蕾,赵建达. 超低水头小型水电站技术发展[J]. 小水电, 2009(2):3-5.

[6] 陈世丹. 中小河流水能资源开发方式浅谈[J]. 水力发电, 2013,39(10):79-81.

[7] ZHOU D Q, DENG Z Q. Ultra-low-head hydroelectric technology: a review [J]. Renewable and Sustainable Energy Reviews, 2017, 78:23-30.

[8] ELBATRAN A H, YAAKOB O B, AHMED Y M, et al. Operation, performance and economic analysis of low head micro-hydropower turbines for rural and remote areas: a review [J]. Renewable and Sustainable Energy Reviews, 2015, 43:40-50.

[9] BOZHINOVA S, HECHT V, KISLIAKOV D, et al. Hydropower converters with head differences below 2.5 m [J]. Proceedings of the Institution of Civil Engineers-Energy, 2013, 166(3): 107-119.

[10] ALEXANDER K V, GIDDENS E P. Microhydro: cost-effective, modular systems for low head [J]. Renewable Energy, 2008, 33(6):1379-1391.

[11] 李玲玉. 微水头灯泡贯流式水轮机优化及水力性能研究[D]. 南京:河海大学, 2014.

[12] 王冠军,王海,柳长顺等. 关于加快低水头水电开发的思考[J]. 水利发展研究, 2011, 11(5): 29-31.

[13] 中国科学院海洋领域战略研究组. 中国至 2050 年海洋科技发展路线图[M]. 北京: 科学出版社, 2009.

[14] WANG S J, YUAN P, LI D, et al. An review of ocean renewable energy in China [J]. Renewable and Sustainable Energy Reviews, 2011, 15(1): 91-111.

[15] 张健,宣耀伟,章正国,等. 舟山潮流能发电分析[J]. 中国水运, 2012, 12(11): 140-142.

[16] 张宪平. 海洋潮汐能发电技术[J]. 电气时代, 2011(10): 30-32.

[17] 林馨,林国庆. 福建潮汐发电的开发前景与存在问题[J]. 电力与电工, 2010, 30(3): 18-24.

[18] JAWAHAR C P, MICHAEL P A. A review on turbines for micro hydro power plant [J]. Renewable and Sustainable Energy Reviews, 2017, 72:882-887.

[19] SENIOR J, SAENGER N, MÜLLER G. New hydropower converters for very low-head differences [J]. Journal of Hydraulic Research, 2010, 48(6):703-714.

[20] ELBATRAN A H, YAAKOB O B, AHMED Y M, et al. Operation, performance and economic analysis of low head micro-hydropower turbines for rural and remote areas: a review [J]. Re-

newable and Sustainable Energy Reviews, 2015, 43:40-50.

[21] 田树棠,等. 贯流式水轮发电机组实用技术——设计·施工安装·运行检修(上册)[M]. 北京:中国水利水电出版社,2010.

[22] QIU H B, FAN X B, YI R, et al. Eddy current density asymmetric distribution of damper bars in bulb tubular turbine generator [J]. Archives of Electrical Engineering, 2017, 66(3): 571-581.

[23] HUANG C Z, LI J, YANG Z C, et al. Modal Analysis on a Runner Chamber for a Large Hydraulic Bulb Tubular Turbine [J]. Applied Mechanics and Materials, 2014, 678: 561-565.

[24] YANG C X, ZHENG Y, LI L Y. Optimization design and performance analysis of a pit turbine with ultralow head [J]. Advances in Mechanical Engineering, 2014(3):1-7.

[25] 王正伟,杨校生,肖业祥. 新型双向潮汐发电水轮机组性能优化设计[J]. 排灌机械工程学报,2010,28(5):417-422.

[26] 沈祖诒. 潮汐电站[M]. 北京:中国电力出版社,1997.

[27] 中水珠江规划勘测设计有限公司. 灯泡贯流式水电站[M]. 北京:中国水利水电出版社,2009.

[28] KHAN M J, BHUYAN G, IQBAL M T, et al. Hydrokinetic energy conversion systems and assessment of horizontal and vertical axis turbines for river and tidal applications: a technology status review[J]. Applied Energy, 2009, 86(10):1823-1835.

[29] 李榕年. 潮汐贯流发电机组技术综述[J]. 电气应用,1988(1):15-19.

[30] WYLIE E B, STREETER V L. Fluid Transients [M]. Beijing: Water Power Press, 1983.

[31] 陈乃祥. 水利水电工程的水力瞬变仿真与控制[M]. 北京:中国水利水电出版社,2005.

[32] 陈家远. 水力过渡过程的数学模拟及控制[M]. 成都:四川大学出版社,2008.

[33] 水电水利规划设计总院,清华大学. 贯流式水轮机过渡过程三维仿真应用研究成果报告[R]. 北京:清华大学,2009.

[34] 陈立卫,朱春英,樊存. 新型潮汐机组的6种运行工况[J]. 大电机技术,2009(4): 6-8+16.

[35] NEILL S P, HASHEMI M R, LEWIS M J. Tidal energy leasing and tidal phasing[J]. Renewable Energy, 2016, 85:580-587.

[36] 段宏江,张继成. 大型潮汐电站关键技术浅析[J]. 西北水电,2012(S1): 28-33.

[37] TRIVEDI C, GOGSTAD P J, DAHLHAUG O G. Investigation of the unsteady pressure pulsations in the prototype Francis turbines-Part 1: Steady state operating conditions [J]. Mechanical Systems and Signal Processing, 2018, 108:188-202.

[38] 杨建东,赵琨,李玲,等. 浅析俄罗斯萨扬-舒申斯克水电站7号和9号机组事故原因[J]. 水力发电学报,2011,30(4):226-234.

[39] 湖南省水力发电工程学会,湖南省电力公司. 水电站事故(障碍)案例与分析[M]. 北京:中国电力出版社,2004.

[40] 常近时. 水力机械装置过渡过程[M]. 北京:高等教育出版社,2005.

[41] 李仁年,侯华. 贯流式水轮机国内外研究现状及发展前景[C]//水电站机电技术研讨会论文集. 2010:1-6.

[42] 梁章堂,胡斌超. 贯流式水轮机的应用与技术发展研讨[J]. 中国农村水利水电,2005(6):89-90+93.

[43] 刘全慧. 贯流式水轮机的应用与技术发展[J]. 科技创新与应用,2012(17):113.

[44] 国家能源局. 灯泡贯流式机组发展概况(一)[EB/OL]. (2012-02-07)[2023-01-02]. http://www.nea.gov.cn/2012-02/07/c_131395669.htm.

[45] BANAL M, BICHON A. The Rance tidal energy power station, some results after 15 years of operation[J]. Journal of the Institute of Energy, 1982, 55: 423.

[46] 马彦龙. 灯泡贯流式机组发展前景展望[J]. 电站系统工程，2010(4):68-69.

[47] 王正伟,杨校正,肖业祥. 新型双向潮汐发电水轮机组性能优化设计[J]. 排灌机械工程学报，2010,28(5):417-421.

[48] 韩凤琴,黄乐平,杨粟晶，等. 可调节活动导叶的形状解析[J]. 工程热物理学报，2010,31(2):263-266.

[49] HAN F Q, YANG L, YAN S, et al. New bulb turbine with counter-rotating tandem-runner [J]. Chinese Journal of Mechanical Engineering, 2012, 25(5):191-925.

[50] 詹巧月,周晨阳,韩凤琴. 基于转轮入口流动的最优导叶开度预测[J]. 工程热物理学报，2013,25(5):919-925.

[51] 李凤超,樊红刚,王正伟,等. 贯流式机组桨叶与导叶全三维联合设计[J]. 水力发电学报，2012,31(2):206-209+234.

[52] 李凤超,樊红刚,王正伟,等. 贯流式水轮机桨叶涡动力学优化设计[J]. 清华大学学报(自然科学版)，2011,51(6):836-839.

[53] YANG W, WU Y L, LIU S H. An optimization method on runner blades in bulb turbine based on CFD analysis [J]. Science China Technological Science, 2011, 54(2):338-344.

[54] FERRO L M C, GATO L M C, FALCÃO A F O. Design and experimental validation of the inlet guide vane system of a mini hydraulic bulb-turbine [J]. Renewable Energy, 2010, 35(9):1920-1928.

[55] FERRO L M C, GATO L M C, FALCÃO A F O. Design of the rotor blades of a mini hydraulic bulb-turbine [J]. Renewable Energy, 2011, 36(9):2395-2403.

[56] LI L Y, ZHENG Y, ZHOU D Q, et al. Hydraulic characteristics of the new type bulb turbine with micro-head[C]//ASME 2013 International Mechanical Engineering Congress and Exposition Conference, Nov. 15-21, San Diego, CA, USA, 2013.

[57] 苏博文. 基于 CFD 三叶片贯流式水轮机转轮改型研究[D]. 西安:西安理工大学,2018.

[58] 康灿,李利婷,鲁国辉. 导叶开度对贯流式水轮机性能及流动特征的影响[J]. 排灌机械工程学报，2016,34(5):406-413.

[59] COELHO J G, BRASIL JR A C P. Numerical simulation of draft tube flow of a bulb turbine[J]. International Journal of Energy and Environment (Print), 2013, 4(4):539-548.

[60] 王辉斌,莫剑,田海平,等. 灯泡贯流式水轮发电机组优化运行试验研究[J]. 水力发电学报,2010,29(6):211-216.

[61] 付亮,寇攀高,尹京平,等. 灯泡贯流式机组协联优化试验分析[J]. 水利水电技术,2014,45(7):84-87.

[62] 李广府,卢池,姚丹. 基于模型试验的灯泡式水轮机轴向水推力研究[J]. 中国农村水利水电,2014(12):176-179.

[63] VUILLEMARD J, AESCHLIMAN V, FRASER R, et al. Experimental investigation of the inlet flow of a bulb turbine[C]//27th IAHR Symposium on Hydraulic Machinery and Systems Conference, Sep. 22-26, Montreal, Canada, 2014.

[64] LOISEAU F, DESTRATS C, PETIT P, et al. Bulb turbine operating at medium head: XIA JIANG case study[C]// 26th IAHR Symposium on Hydraulic Machinery and Systems Conference, Aug. 19-23, Beijing, 2012.

[65] LIU Z, HUANG Z Q, ZOU S Y, et al. Field tests of guide vanes and runner blades of a large bulb turbine for output deficiency diagnosis [J]. Applied Mechanics and Materials, 2012, 121:1057-1061.

[66] 张颖杰. 浅谈水力振动的形成及对灯泡贯流式水轮机的影响[J]. 中国新技术新产品,2012(3):95.

[67] 周斌,万天虎,李华. 灯泡贯流式水轮发电机组稳定性测试与分析[J]. 电网与清洁能源,2011,27(11):88-92.

[68] 钱忠东,魏巍,冯晓波. 灯泡贯流式水轮机全流道压力脉动数值模拟[J]. 水力发电学报,2014,33(4):242-249.

[69] 梁永树,徐艺恩. 灯泡贯流水轮机振动的处理措施[J]. 广东水利水电,2016(10):40-42.

[70] 郑源,蒋文青,陈宇杰,等. 贯流式水轮机低频脉动及尾水管涡带特性研究[J]. 农业机械学报,2018,49(4):165-171.

[71] 王文忠. 丰海电站灯泡贯流式水轮机运行振动及异常噪声原因分析与处理[J]. 水电站机电技术,2012,35(2):57-60.

[72] SUDSUANSEE T, NONTAKAEW U, TIAPLE Y. Simulation of leading edge cavitation on bulb turbine [J]. Songklanakarin Journal of Science & Technology, 2011, 33(1):51-60.

[73] 李广府,卢池. 灯泡式水轮机叶片表面空化形态的试验研究[J]. 水力发电学报,2017,36(10):102-109.

[74] SUN L G, GUO P C, ZHENG X B. Numerical investigation of cavitation performance on bulb tubular turbine[C]// 7th International Conference on Pumps and Fans Conference, Oct. 18-21, Hangzhou, China, 2015.

[75] 蔡卫江,陈登山,黄嘉飞. 贯流机组调速器的控制策略[J]. 水电自动化与大坝监测, 2008, 32(3): 12-14+73.

[76] MOUSAVI G S M. An autonomous hybrid energy system of wind / tidal / microturbine / battery storage [J]. International Journal of Electrical Power and Energy Systems, 2012, 43(1): 1144-1154.

[77] 罗进,周洁. 带尾水调压井电站大波动过渡过程理论研究[J]. 现代机械,2001(3):68-70.

[78] 李修树,胡铁松,陈恺祥,等. 变顶高尾水系统小波动过渡过程中水流运动理论研究[J]. 长江科学院院报,2005(1):1-4.

[79] 张成冠. 10MW 灯泡贯流式水轮机的现场试验[J]. 大电机技术, 1988(10):55-59+54.

[80] TRIVEDI C, AGNALT E, DAHLHAUG O G. Experimental Investigation of a Francis Turbine during Exigent Ramping and Transition into Total Load Rejection [J]. Journal of Hydraulic Engineering, 2018, 144(6): 04018027.

[81] TRIVEDI C, CERVANTES M J, BHUPENDRAKUMAR G, et al. Pressure measurements on a high-head Francis turbine during load acceptance and rejection [J]. Journal of Hydraulic Research, 2014, 52(2): 283-297.

[82] TRIVEDI C, AGNALT E, DAHLHAUG O G. Experimental study of a Francis turbine under variable-speed and discharge conditions [J]. Renewable Energy, 2018, 119:447-458.

[83] TRIVEDI C, CERVANTES M J, GANDHI B K, et al. Experimental investigations of transient pressure variations in a high head model Francis turbine during start-up and shutdown [J]. Journal of Hydrodynamics, 2014, 26(2):277-290.

[84] 寿梅华. 在古田四级电站进行的水轮机过渡过程试验[J]. 水力发电,1982(4):71.

[85] 张秀彬,刘世忠,寿梅华,等. 古田溪一、四级电站水轮机过渡过程试验成果的简要分析[J]. 水力发电,1983(6):31-35.

[86] 王永强. 大波动过渡过程对水轮机模型试验的新要求[J]. 西北水电技术,1987(3):47-51.

[87] 冯雁敏,张美琴. 某 250MW 抽水蓄能机组典型大波动过渡过程试验分析[J]. 水电能源科学,

2018,36(10):147-151.

[88] 常近时.水轮机甩负荷过渡过程的解析计算法[J].华北水利水电学院学报,1980(1):89-97.

[89] 常近时.贯流式水轮机基本力特性的解析表达式[J].中国农业大学学报,1996(6):70-73.

[90] 王湘生,陈合爱.用简单图解法分析调压室水位波动的稳定性[J].江西水利科技,1994(3):237-244.

[91] 常近时.混流式水泵水轮机装置泵工况断电过渡过程的解析计算方法[J].水利学报,1991(11):61-67.

[92] 杨琳,陈乃祥.水泵水轮机转轮全特性与蓄能电站过渡过程的相关性分析[J].清华大学学报:自然科学版,2003,43(10):1424-1427.

[93] 余国锋,王煜,叶文波.水轮发电机组大波动过渡过程计算模拟仿真研究[J].能源研究与信息,2014,30(1):35-38.

[94] WYLIE E B, STREETER V L, SUO L S. Fluid transients in system [M]. Englewood Cliffs, NJ: Prentice Hall Inc., 1993.

[95] 刘延泽,常近时.灯泡贯流式水轮机装置甩负荷过渡过程基于内特性解析理论的数值计算方法[J].中国农业大学学报,2008,13(1):89-93.

[96] 邵卫云.含导叶不同步装置的水泵水轮机全特性的内特性解析[J].水力发电学报,2007,26(6):116-119.

[97] 李卫县,孙美凤.基于水轮机内特性的过渡过程计算[J].吉林水利,2008(4):31-35.

[98] CHANG J S. A method of characteristics based on internal character analysis for determination of transients in hydro-turbine installation[C]//Proceedings of the Conference on Hydraulic Machinery, Sep. 13-15, Ljubljana, Slovenia, 1988.

[99] 彭敬.复杂混流式水轮机装置系统甩负荷过渡过程的分析及优化[D].北京:中国农业大学,2001.

[100] THANAPANDI P, PRASAD R. Centrifugal pump transient characteristics and analysis using the method of characteristics [J]. International Journal of Mechanical Science, 1995, 37(1):77-89.

[101] VANJA T, SANJA B. A mixed MOC/FDM numerical formulation for hudraulic transients [J]. Tehnički Vjesnik-Technaical Gazette, 2015, 22(5):1141-1147.

[102] WICHOWSKI R. Hydraulic transients analysis in pipe networks by the method of characteristics (MOC) [J]. Archives of Hydro-Engineering and Environmental Mechanics, 2006, 53(3):267-291.

[103] ROHANI M, AFSHAR M H. Simulation of transient flow caused by pump failure: point-implicit method of characteristics [J]. Annals of Nuclear Energy, 2010, 37(12):1742-1750.

[104] 索丽生.锥管水击计算的特征线法[J].水力发电学报,1997(3):61-68.

[105] 姚征,陈康民.CFD通用软件综述[J].上海理工大学学报,2002,24(2):137-144.

[106] 何文学,李茶青.水电站大波动过渡过程研究现状及发展趋势[J].水利水电科技进展.2003,23(4):58-61.

[107] 王洋,王玲花.水电站过渡过程研究历史及现状综述[J].吉林水利,2014(9):29-33.

[108] HILL M G. An integral method for subcritical compressible flow [J]. Journal of Fluid Mechanics, 1986, 165(2):231-246.

[109] ABDALLAH S, SMITH C. Three-dimensional solutions for inviscid incompressible flow in turbo-machines [J]. Journal of Turbomachinery, 1990, 112(3):391-398.

[110] LI D Y, FU X L, ZUO Z G, et al. Investigation methods for analysis of transient phenome-

na concerning design and operation of hydraulic-machine systems—A review [J]. Renewable and Sustainable Energy Reviews, 2019, 101:26-46.

[111] KARNEY B W. Applied hydraulic transients [M]. Kelowna, BC: Ruus Consulting, 1997.

[112] 丁浩. 水电站压力引水系统非恒定流[M]. 北京:水利电力出版社,1986.

[113] 乔德里. 实用水力过渡过程[M]. 陈家远,孙诗杰,张治斌,译. 成都:四川省水力发电工程学会, 1985.

[114] CHAUDHRY H M. Applied hydraulic transients [M]. New York: Van Nostrand Reinhold, 1987.

[115] 克里夫琴科. 水电站动力装置中的过渡过程 [M]. 常兆堂,周文通,吴培豪,译. 北京:水利出版社, 1981.

[116] GHIDAOUI M S, ZHAO M, MCLNNIS D A, et al. A review of water hammer theory and practice [J]. Applied Mechanics Reviews, 2005, 58(1):49-76.

[117] KOELLE E, LUVIZOTTO E. Operational simulation of pumped storage plant, including transient and oscillatory phenomena [J]. Computer Methods in Water Resource Ⅱ, 1991: 317-328.

[118] PETRY B, 黄宝南. 抽水蓄能电站过渡过程的研究[J]. 水利水电快报, 1995(17): 22-28.

[119] RAO C K, ESWARAN K. Pressure transients in incompressible fluid pipeline networks [J]. Nuclear Engineering and Design, 1999, 188(1):1-11.

[120] 彭小东,鞠小明,高晓光. 轴流转桨式水轮机水力过渡过程计算研究[J]. 四川水利,2009,30(2): 15-18.

[121] 刘进杨. 基于全特性曲线抽水蓄能电站典型过渡过程特性分析[D]. 西安:西北农林科技大学,2017.

[122] 白亮. 贯流式水电站过渡过程及其水位波动规律研究[D]. 西安:西安理工大学,2017.

[123] AFSHAR M H, ROHANI M, TAHERI R. Simulation of transient flow in pipeline systems due to load rejection and load acceptance by hydroelectric power plants [J]. International Journal of Mechanical Sciences, 2010, 52(1): 103-115.

[124] WAN W, HUANG W. Investigation on complete characteristics and hydraulic transient of centrifugal pump [J]. Journal of Mechanical Science and Technology, 2011, 25(10): 2583-2590.

[125] NICOLET C, ALLIGNÉ S, BERGANT A, et al. Simulation of water column separation in Francis pump-turbine draft tube[C]//26th IAHR Symposium on Hydraulic Machinery and Systems Conference, Aug. 19-23, Beijing, 2012.

[126] NICOLET C, ALLIGNE S, BERGANT A, et al. Parametric study of water column separation in Francis pump-turbine draft tube [J]. La Houille Blanche, 2012, 3: 44-50.

[127] NICOLET C, KAELBEL T, ALLIGNÉ S, et al. Simulation of water hammer induced column separation through electrical analogy[C]//4th IAHR International Meeting on Cavitation and Dynamic Problems in Hydraulic Machinery and Systems, Oct. 26-28, Belgrade, Serbia, 2011.

[128] WYLIE E B, STREETER V L. Multidimensional Fluid Transients by Latticework [J]. Journal of Fluids Engineering, 1980, 102(2):203-209.

[129] STREETER V L, WYLIE E B. Two and three-dimensional fluid transients [J]. Journal of Fluids Engineering, 1968, 90(4):501-509.

[130] SHIN Y W, VALENTIN R A. Numerical analysis of fluid hammer waves by the method of characteristics [J]. Journal of Computational Physics, 1976, 20(2):220-237.

[131] SHIN Y W, KOT C A. Two-dimensional fluid-transient analysis by the method of near-characteristics [J]. Journal of Computational Physics, 1978, 28(2):211-231.

[132] WYLIE E B. Linearized two-dimensional fluid transients [J]. Journal of Fluids Engineering, 1985, 106(2):227-232.

[133] 常近时. 轴流式水轮机动态轴向水推力的解析与瞬变规律的新解法[J]. 科学通报,1984(5):314-317.

[134] DESCHÊNES C, FRASER R, FAU J P. New trends in turbine modelling and new ways of partnership[C]//International Conference on Hydraulic Efficiency Measurement, Jul. 17-19, Toronto, Ontario, Canada, 2002.

[135] TRIVEDI C, CERVANTES M J, DAHLHAUG O G. Numerical Techniques Applied to Hydraulic Turbines: A Perspective Review [J]. Applied Mechanics Reviews, 2016, 68(1): 010802.

[136] LI D Y, FU X L, ZUO Z G, et al. Investigation methods for analysis of transient phenomena concerning design and operation of hydraulic-machine systems—a review [J]. Renewable and Sustainable Energy Reviews, 2019, 101:26-46.

[137] 周大庆,吴玉林,刘树红. 轴流式水轮机模型飞逸过程三维湍流数值模拟[J]. 水利学报,2010,41(2):233-238.

[138] 周大庆,钟淋涓,郑源,等. 轴流泵装置模型断电飞逸过程三维湍流数值模拟[J]. 排灌机械工程学报,2012,30(4):401-406.

[139] 李金伟. 混流式水轮机甩负荷暂态过程的三维数值计算[C]//第十七次中国水电设备学术讨论会论文集. 2009:5.

[140] LI J W, YU J, WU Y L. 3D unsteady turbulent simulations of transients of the Francis turbine [C] //25th IAHR Symposium on Hydraulic Machinery and Systems Conference, Sep. 20-24, Timişoara Romania, 2010.

[141] CHERNY S, CHIRKOV D, BANNIKOV D, et al. 3D numerical simulation of transient processes in hydraulic turbines [C]//25th IAHR Symposium on Hydraulic Machinery and Systems Conference, Sep. 20-24, Timişoara Romania, 2010.

[142] AVDYUSHENKO A Y, CHERNY S G, CHIRKOV D V, et al. Numerical simulation of transient processes in hydroturbines [J]. Thermophysics and Aeromechanics, 2013, 20(5): 577-593.

[143] CHERNY S, CHIRKOV D, BANNIKOV D, et al. 3D numerical simulation of transient processes in hydraulic turbines [C]//25th IAHR Symposium on Hydraulic Machinery and Systems, Timisoara: IAHR Symposium, 2010:1-9.

[144] 袁义发,樊红刚,李凤超,等. 计及管道特性的调压室三维流场计算研究[J]. 水力发电学报,2012,31(1):168-172+161.

[145] XIA L S, CHENG Y G, ZHOU D Q. 3-D simulation of transient flow patterns in a corridor-shaped air-cushion surge chamber based on computational fluid dynamics [J]. Journal of Hydrodynamics, Ser. B,2013, 25(2): 249-257.

[146] CHENG Y G, LI J P, YANG J D. Free surface-pressurized flow in ceiling-sloping tailrace tunnel of hydropower plant: simulation by VOF model[J]. Journal of Hydraulic Research, 2007, 45(1): 88-99.

[147] 张蓝国,周大庆,陈会向. 抽蓄电站全过流系统水泵工况停机过渡过程 CFD 模拟[J]. 排灌机械工程学报,2015,33(8):674-680.

[148] ZHANG L G, ZHOU D Q. CFD research on runaway transient of pumped storage power station caused by pumping power failure[C]//6th International Conference on Pumps and Fans with Compressors and Wind Turbines, Sep. 19-22, Beijing, 2013.

[149] 周大庆,张蓝国. 抽水蓄能电站泵工况断电过渡过程数值试验[J]. 华中科技大学学报(自然科学

版),2014,42(2):16-20.

[150] ZHOU D Q, ZHANG L G. CFD research on Francis pump-turbine load rejection transient under pump condition [C]//ASME 2013 International Mechanical Engineering Congress and Exposition Conference, Nov. 15-21, San Diego, CA, USA, 2013.

[151] ZHOU D Q, CHEN H X, ZHANG L G. Investigation of pumped storage hydropower power-off transient process using 3D numerical simulation based on SP-VOF hybrid model [J]. Energies, 2018, 11(4):1-16.

[152] ZHOU D Q, CHEN H X, CHEN S F. Research on hydraulic characteristics in diversion pipelines under a load rejection process of a PSH station [J]. Water, 2019, 11(1):0044.

[153] NICOLLE J, MORISSETTE J F, GIROUX A M. Transient CFD simulation of a Francis turbine startup [C]//26th IAHR Symposium on Hydraulic Machinery and Systems Conference, Aug. 19-23, Beijing, 2012.

[154] NICOLLE J, GIROUX A M, MORISSETTE J F. CFD configurations for hydraulic turbine startup [C]//27th IAHR Symposium on Hydraulic Machinery and Systems Conference, Sep. 22-26, Montreal, Canada, 2014.

[155] LI D Y, WANG H J, LI Z G, et al. Transient characteristics during the closure of guide vanes in a pump turbine in pump mode [J]. Renewable Energy, 2018, 118:973-983.

[156] FU X L, LI D Y, WANG H J, et al. Energy analysis in a Pump-Turbine during the load rejection process [J]. Journal of Fluids Engineering, 2018, 140(10): 4040038.

[157] FU X L, LI D Y, WANG H J, et al. Analysis of transient flow in a pump-turbine during the load rejection process [J]. Journal of Mechanical Science and Technology, 2018, 32(5): 2069-2078.

[158] FU X L, LI D Y, WANG H J, et al. Influence of the clearance flow on the load rejection process in a pump-turbine [J]. Renewable Energy, 2018, 127:310-321.

[159] FU X L, LI D Y, WANG H J, et al. Dynamic instability of a pump-turbine in load rejection transient process [J]. Science China (Technological Sciences), 2018, 61(11): 1765-1775.

[160] 李文锋,冯建军,罗兴锜,等. 基于动网格技术的混流式水轮机转轮内部瞬态流动数值模拟[J]. 水力发电学报,2015,34(7):64-73.

[161] MAO X L, GIORGIO P, ZHENG Y. Francis-type reversible turbine field investigation during fast closure of wicket gates [J]. Journal of Fluids Engineering, 2018, 140(6):061103.

[162] MAO X L, MONTE A D, BENINI E, et al. Numerical study on the internal flow field of a reversible turbine during continuous guide vane closing [J]. Energies, 2017, 10(7):1-22.

[163] LI Z J, BI H L, KARNEY B, et al. Three-dimensional transient simulation of a prototype pump-turbine during normal turbine shutdown [J]. Journal of Hydraulic Research, 2017, 55(4): 520-537.

[164] LI Z J, BI H L, WANG Z W, et al. Three-dimensional simulation of unsteady flows in a pump-turbine during start-up transient up to speed no-load condition in generating mode [J]. Proceedings of the Institution of Mechanical Engineers, Part A: Journal of Power Energy, 2016, 230(6): 570-585.

[165] 李师尧,程永光,张春泽. IB-LB耦合格式模拟贯流式水轮机三维瞬变流[J]. 华中科技大学学报(自然科学版),2016,44(1):122-127.

[166] LIU J T, LIU S H, SUN Y K, et al. Three dimensional flow simulation of load rejection of a prototype pump-turbine [J]. Engineering with Computers, 2013, 29(4): 417-426.

[167] LIU J T, LIU S H, SUN Y K, et al. Three-dimensional flow simulation of transient power interruption process of a prototype pump-turbine at pump mode [J]. Journal of Mechanical Science and Technology, 2013, 27(5): 1305-1312.

[168] XIA L S, CHENG Y G, YOU J F, et al. Mechanism of the S-shaped characteristics and the runaway instability of pump-turbines [J]. Journal of Fluids Engineering, 2017, 139(3):1-14.

[169] PAVESI G, CAVAZZINI G, ARDIZZON G. Numerical simulation of a pump-turbine transient load following process in pump mode [J]. Journal of Fluids Engineering, 2018, 140(2): 9.

[170] PAVESI G, CAVAZZINI G, ARDIZZON G. Numerical analysis of the transient behaviour of a variable speed pump-turbine during a pumping power reduction scenario [J]. Energies, 2016, 9(7):0534.

[171] CHEN H X, ZHOU D Q,ZHENG Y, et al. Load rejection transient process simulation of a Kaplan turbine model by co-adjusting guide vanes and runner blades [J]. Energies, 2018, 11(12): 1-18.

[172] RUPRECHT A, HELMRICH T, ASCHENBRENNER T. et al. Simulation of vortex rope in a turbine draft tube[C]// Proceedings of the Hydraulic Machinery and Systems 21st IAHR symposium, Sep. 9-12, Lausanne, Switzerland,2002.

[173] ZHANG X X, CHENG Y G, YANG J D, et al. Simulation of the load rejection transient process of a Francis turbine by using a 1-D-3-D coupling approach [J]. Journal of Hydrodynamics, 2014, 26(5): 715-724.

[174] ZHANG X X, CHENG Y G. Simulation of hydraulic transients in hydropower systems using the 1-D-3-D coupling approach [J]. Journal of Hydrodynamics, 2012, 24(4): 595-604.

[175] 张晓曦. 一维输水系统与三维水泵水轮机耦合的抽水蓄能电站过渡过程三维瞬变流研究[D]. 武汉:武汉大学,2015.

[176] WU D Z, YANG S, WU P, et al. MOC-CFD coupled approach for the analysis of the fluid dynamic interaction between water hammer and pump [J]. Journal of Hydraulic Engineering, 2015, 141(6): 06015003.

[177] 刘巧玲. 离心泵系统特性的一维与三维瞬态耦合数值模拟研究[D]. 杭州:浙江大学,2013.

[178] 杨帅. 基于 MOC-CFD 耦合方法的泵送系统瞬态特性研究[D]. 杭州:浙江大学,2015.

[179] KOLŠEK T, DUHOVNIK J, BERGANT A. Simulation of unsteady flow and runner rotation during shut-down of an axial water turbine [J]. Journal of Hydraulic Research, 2006, 44(1): 129-137.

[180] 夏林生,程永光,张晓曦,等. 灯泡式水轮机飞逸过渡过程 3 维 CFD 模拟[J]. 四川大学学报(工程科学版),2014,46(5):35-41.

[181] 罗兴锜,李文锋,冯建军,等. 贯流式水轮机飞逸过渡过程瞬态特性 CFX 二次开发模拟[J]. 农业工程学报,2017,33(13):97-103+315.

[182] 张晓曦. 灯泡式水轮机三维过渡过程 CFD 模拟[C]//第十一届全国水动力学学术会议暨第二十四届全国水动力学研讨会并周培源诞辰 110 周年纪念大会文集(下册). 2012:8.

[183] LI Y M, SONG G Q, YAN Y L. Transient hydrodynamic analysis of the transition process of bulb hydraulic turbine [J]. Advances in Engineering Software, 2015, 90:152-158.

[184] 杨志炎,程永光,夏林生,等. 灯泡式水轮机甩负荷过渡过程三维数值模拟[J]. 武汉大学学报(工学版),2018,51(10):854-860+875.

[185] 唐澍,符建平,薛付文,等. 三峡左岸电站 3 号机启动试运行水压脉动与机组振动测试[C]//水力发电国际研讨会论文集(下册). 2014.

[186] 邱华. 水力机械状态检修关键技术研究[D]. 北京：清华大学，2002.
[187] 李德忠，冯正翔，丁仁山，等. 二滩水电厂各机组运行稳定性综合分析[J]. 水电能源科学，2007，25(4)：79-84.
[188] 关醒凡，袁寿其，张建华，等. 轴流泵系列水力模型试验研究报告[J]. 水泵技术，2004(3)：3-7+21.
[189] 陈松山，葛强，周正富，等. 泵装置模型试验模拟方法分析[J]. 水力发电学报，2006，25(5)：135-140.
[190] 常近时，刘世忠，张秀彬. 模式口水电站二号机突减负荷过渡过程试验及其分析[J]. 大电机技术，1983(3)：34-40+2.
[191] 耿延芳，杨开林，寿梅华，等. 葠窝水电厂 2 号机的启动过渡过程及空扰试验[J]. 水力发电，1984(11)：37-43.
[192] 常近时，白朝平，寿梅华. 天生桥二级水电站水轮机装置甩负荷过渡过程的动态特性[J]. 水力发电，1995(7)：35-38+59.
[193] 张成冠. 斜流式水泵水轮机过渡过程特性的模型与原型试验成果[J]. 水力发电，1987(3)：38-45.
[194] 严亚芳，王煦时，沈宓飞，等. 葛洲坝水电厂 ZZ500 水轮机动态模型试验研究[J]. 河海科技进展，1994(1)：76-81.
[195] 游光华，刘德有，王丰，等. 天荒坪抽水蓄能电站甩负荷过渡过程实测成果仿真分析[J]. 水电能源科学，2005，23(1)：24-27.
[196] 龙斌. 两个典型水电站过渡过程计算及甩负荷试验分析[J]. 人民珠江，2012，33(4)：42-44.
[197] 王庆，陈泓宇，德宫健男，等. 抽水蓄能电站一洞四机同时甩负荷的研究与试验结果的分析[J]. 水电与抽水蓄能，2017，3(1)：75-81.
[198] 付亮，黄波，邹桂丽，等. 基于真机实测的双机共尾水调压室水电站同甩负荷仿真[J]. 水利水电技术，2018，49(11)：116-122.
[199] 付亮，鲍海艳，田海平，等. 基于实测甩负荷的水轮机力矩特性曲线拟合[J]. 农业工程学报，2018，34(19)：66-73.
[200] ZENG W, YANG J, HU J, et al. Effects of pump-turbine s-shaped characteristics on transient behaviours[C]// HYPERBOLE Symposium 2017, Feb. 2-3, Porto, Portugal, 2017.
[201] 李志峰. 离心泵启动过程瞬态流动的数值模拟和实验研究[D]. 杭州：浙江大学，2009.
[202] TRIVEDI C, CERVANTES M J, GANDHI B K, et al. Transient pressure measurements on a high head model Francis turbine during emergency shutdown, total load rejection, and runaway [J]. Journal of Fluids Engineering, 2014, 136(12)：1-18.
[203] TRIVEDI C, CERVANTES M J, GANDHI B K. Investigation of a high head Francis turbine at runaway operating conditions [J]. Energies, 2016, 9(3)：149.
[204] TRIVEDI C, GANDHI B K, CERVANTES M J, et al. Experimental investigations of a model Francis turbine during shutdown at synchronous speed [J]. Renewable Energy, 2015, 83：828-836.
[205] TRIVEDI C, GOGSTAD P J, DAHLHAUG O G. Investigation of the unsteady pressure pulsations in the prototype Francis turbines during load variation and startup [J]. Journal of Renewable and Sustainable Energy, 2017, 9(6)：064502.
[206] AMIRI K, MULU B, RAISEE M, et al. Unsteady pressure measurements on the runner of a Kaplan turbine during load acceptance and load rejection [J]. Journal of Hydraulic Research, 2016, 54(1)：56-73.
[207] WALSETH E C, NIELSEN T K, SVINGEN B. Measuring the dynamic characteristics of a

low specific speed pump-turbine model [J]. Energies, 2016, 9(3):1-12.

[208] HOUDE S, FRASER G, CIOCAN G, et al. Experimental study of the pressure fluctuations on propeller turbine runner blades: part 2, transient conditions[C]// 26th IAHR Symposium on Hydraulic Machinery and Systems Conference, Aug. 19-23, Beijing, 2012.

[209] RUCHONNET N, BRAUN O. Reduced scale model test of pump-turbine transition [C]//6th IAHR International Meeting on Cavitation and Dynamic Problems in Hydraulic Machinery and Systems, Sep. 9-11, Ljubljana, Slovenia, 2011.

[210] 张师帅. CFD技术原理与应用[M]. 武汉：华中科技大学出版社，2016.

[211] CHEN H X, ZHOU D Q, KAN K, et al. Transient characteristics during the co-closing guide vanes and runner blades of a bulb turbine in load rejection process[J]. Renewable Energy, 2021, 165: 28-41.

[212] TSINOBER A. An informal conceptual introduction to turbulence [M]. Berlin: Springer, 2009.

[213] ASHGRIZ N, MOSTAGHIMI J. An introduction to computational fluid dynamics[J]. Fluid Flow Handbook, 2002, 1: 1-49.

[214] ANDERSON J D, WENDT J. Computational fluid dynamics [M]. New York: McGraw-Hill, 1995.

[215] 王福军. 计算流体动力学分析：CFD软件原理与应用[M]. 北京：清华大学出版社，2004.

[216] MASON P J. Large-eddy simulation: a critical review of the technique[J]. Quarterly Journal of the Royal Meteorological Society, 1994, 120(515): 1-26.

[217] MOENG C H, SULLIVAN P P. Large eddy simulation[J]. Encyclopedia of Atmospheric Sciences, 2015, 2: 232-240.

[218] FURSIKOV A V, IMANUVILOV O Y. Exact controllability of the Navier-Stokes and Boussinesq equations [J]. Russian Mathematical Surveys, 1999, 54(3): 565-618.

[219] WILCOX D C. Reassessment of the scale-determining equation for advanced turbulence models [J]. AIAA journal, 1988, 26(11): 1299-1310.

[220] HUANG P G, BARDINA J, COAKLEY T. Turbulence modeling validation, testing, and development [J]. NASA Technical Memorandum, 1997.

[221] SPALART P R, ALLMARAS S. A one-equation turbulence model for aerodynamic flows [J]. AIAA Paper, 1992.

[222] Kan K, Chen H X, Zheng Y, et al. Transient characteristics during power-off process in a shaft extension tubular pump by using a suitable numerical model[J]. Renewable Energy, 2021, 164: 109-121.

[223] MENTER F R. Two-equation eddy-viscosity turbulence models for engineering applications [J]. AIAA Journal, 2002, 40(2): 254-266.

[224] WILCOX D C. Turbulence modeling for CFD[M]. La Canada, CA: DCW Industries, 1998.

[225] SHAHEED R, MOHAMMADIAN A, KHEIRKHAH GILDEH H. A comparison of standard k-ε and realizable k-ε turbulence models in curved and confluent channels[J]. Environmental Fluid Mechanics, 2019, 19: 543-568.

[226] CRAFT T J, GERASIMOV A V, IACOVIDES H, et al. Progress in the generalization of wall-function treatments [J]. International Journal of Heat and Fluid Flow, 2002, 23(2): 148-160.

[227] EYMARD R, GALLOUËT T, HERBIN R. Finite volume methods[J]. Handbook of Numerical Analysis, 2000, 7: 713-1018.

[228] SHYY W, THAKUR S, WRIGHT J. Second-order upwind and central difference schemes

for recirculatingflow computation[J]. AIAA Journal, 1992, 30(4): 923-932.

[229] PATANKER S V, SPALDING D B. A calculation processure for heat, mass and momentum transfer in three-dimensional parabolic flows [J]. International Journal of Heat and Mass Transfer, 1972, 15:1787-1806.

[230] VAN DOORMAL J P, RAITHBY G D. Enhancements of the SIMPLE method for predicting incompressible fluid flows [J]. Numerical Heat Transfer, 1984, 7(2): 147-163.

[231] 周俊杰,徐国权,张华俊. 工程技术与实例分析[M]. 北京:中国水利水电出版社,2010.

[232] DRAKE R, MANORANJAN V S. A method of dynamic mesh adaptation[J]. International Journal for Numerical Methods in Engineering, 1996, 39(6): 939-949.

[233] 隋洪涛,李鹏飞,马世虎,等. 精通 CFD 动网格工程仿真与案例实战[M]. 北京:人民邮电出版社,2013.

[234] BAIN T, DAVIDSON L, DEWSON R, et al. User defined functions[J]. SQL Server 2000 Stored Procedures Handbook, 2003: 178-195.

[235] HIRT C W, AMSDEN A A,COOK J L. An arbitrary Lagrangian-Eulerian computing method for all flow speed [J]. Journal of Computational Physics, 1974, 14(3):227-253.

[236] DEMIRDŽIĆ I, PERIĆ M. Space conservation law in finite volume calculations of fluid flow [J]. International Journal for Numerical Methods in Fluids, 1988, 8(9): 1037-1050.

[237] 刘大恺. 水力机械流体力学[M]. 上海:上海交通大学出版社,1988.

[238] 陈会向. 贯流式水轮机甩负荷过渡过程水力特性数值模拟与试验研究[D]. 南京:河海大学,2019.

[239] CHEN H X, ZHOU D Q, KAN K, et al. Experimental investigation of a model bulb turbine under steady state and load rejection process[J]. Renewable Energy, 2021, 169: 254-265.

[240] 屈波,陈军. 流体机械动态试验台研制[J]. 水利水电技术,2006(5):97-99+106.

[241] Matsushima K, Murayama M, Nakahashi K. Unstructured dynamic mesh for large movement and deformation[C]// 40th Aerospace Sciences Meeting and Exhibit, Jan. 14-17, Reno, USA,2002.

[242] 郭嫱,王宇,黄先北,等. 喷水推进泵叶轮空化涡流的数值模拟研究[J]. 船舶力学,2022,26(1):30-37.

[243] HALLER G. An objective definition of a vortex [J]. Journal of Fluid Mechanics, 2005, 525: 1-26.